나는 농담으로 과학을 말한다

지식을 향유하는 놀라운 방법

나는 농담으로 과학을 말한다

오후 지음

whale books

"당신이 알고 있는 것을
여러분의 할머니가 이해할 수 있게 설명하지 못한다면,
당신은 그것을 진정으로 알고 있는 것이 아니다."

- 알베르트 아인슈타인

프롤로그

농담 반, 진담 반

2219년 대학을 졸업하고 지구에서 일자리를 구하지 못한 A는 새로운 기회를 찾아 행성 '프록시마B'로 워킹홀리데이를 떠난다. 그는 행성 이동 중 알 수 없는 이유로 200년 전(2019년) 지구에 불시착한다. 미래인이 왔다는 소식을 들은 다양한 분야의 과학자와 공학자가 미래 과학 기술의 비밀을 알아내기 위해 A에게 몰려든다.

물리학자: 미래에는 우주 여행이 가능한가요?

A: 네, 지금도 프록시마B로 가는 중이었는데 갑자기 이곳으로 떨어졌습니다.

물리학자: 4광년 떨어진 곳이군요. 그렇다면 광속 한계를 돌파하거나 우회할 수 있게 된 건가요?"

A: 백 년 전쯤에 광속을 돌파했다고 들었습니다.

물리학자: 그렇군요. 어떻게요? 저희는 불가능하다고 알고 있는데요.

A: ….

물리학자: 어떻게 광속을 돌파했죠?

A: 음… 그것까지는 제가 잘….

물리학자: 그럼 타고 가던 우주선의 구조나 에너지에 대해서 혹시 아시나요?

A: 그게 어… 그냥 태양계에서는 태양력을 받아서 가속된다고 들었던 거 같은데요.

물리학자: 좀 더 자세하게 설명해주세요.

A: 마이너스 에너지가… 그러니까… 잘 모르겠네요. 저는 그냥 우주선을 타기만 해서요.

순간 정적이 감돈다. A는 멋쩍은 웃음을 지어 보인다. 로봇공학자가 치고 나온다.

로봇공학자: 미래에는 강한 인공지능AI이 등장하나요?

A: 강한 인공지능이오?

로봇공학자: 인공지능이 스스로 생각도 하고 판단도 하고 그러나요?

A: 뭔지는 모르겠지만, 대부분 일을 로봇이 맡아서 처리해줍니다.

로봇공학자: 그들에게 감정이 있나요?

A: 이상한 질문이네요. 저희는 그런 생각은 하지 않는데… 그게 중요한가요?

로봇공학자: AI의 구조가 어떤 식이죠? 인간의 뇌를 본뜬 건가요? 기계학습? 딥러닝? 빅데이터 기반인가요?

A: 음… 그런 건 잘 모르겠는데요. 그냥 필요한 일이 있어서 신청하면 그 친구들이 옵니다.

또다시 이어지는 긴 침묵.

환경 전문가 : 혹시 미래에는 에너지 문제나 환경 문제는 없나요?

A: 에너지요?

환경 전문가: 네, 석유가 고갈된다든지, 기후 변화로 지구에 살 수 없다든지.

A: 아! 석유요? (모처럼 아는 것이 나온 것에 즐거워하며) 역사 시간에 배웠어요. 땅에서 나는 검은 거, 옛날에는 그거 불태워서 썼다고. 지금은 쓰지 않고요. 환경 오염 관련 뉴스는 가끔 나오기는 하는데, 타 행성을 개척한 이후에는 지구 인구가 많이 줄어서 큰 위기는 벗어났다고 들었습니다.

환경 전문가: 기술적으로 조금 자세히 설명해주실래요?

A: 기술적으로요? 음… 아… 그러니까… 저는 그냥 사용만 해서….

침묵이 이어지자 A는 결정적 한마디를 덧붙인다.

A: 죄송합니다. 제가 문과생이어서요.

여기저기서 탄식이 흘러나왔다. 그렇다. 미래인 A는 문과생이었다.

●▶▶

아무 말이나 쓴 것이므로 진지하게 읽을 필요는 없다. 예전에 비슷한 설정의 이야기를 들은 적이 있는데, 어디서 들은 건지 기억나지 않아 내 마음대로 썼다. 진짜 과학자라면 훨씬 현명한 질문을 할 것이라 믿는다(이제 보니 과학자와 질문의 매치도 좀 잘못된 거 같다). 아무튼 하고 싶은 말은 미래에 사는 사람이 현재로 온다고 해서 딱히 우리보다 기술에 대해 많이 알 거 같지는 않다는 것이다. 당신이 조선 시대로 간다고 생각해보라.

"내가 사는 시대에는 에어컨이라는 게 있어서, 여름에 차가운 바람이 나와."

"우와, 어떻게요?"

당신은 답변할 수 없을 것이다. 당신은 그들에게 전기, 인터넷, 스마트폰, 자동 소총, 지하철, 자동차, 비행기, 플라스틱의 유용함을 이야기할 순 있겠지만, 그걸 만들어내는 기술과 원리에 대해서는 전혀 설명하지 못할 것이다.

영화 〈매트릭스〉처럼 목 뒤에 칩을 꽂아 지식을 배우지 않는 이상, 미래인이라고 해서 우리와 별반 다를 것 같진 않다. 그 사람이 문과생이라면 더더욱(200년쯤 뒤에는 문과, 이과 같은 기준이 남아 있지 않겠지만).

하지만 문과생 여러분, 좌절하지 마시라. 사실 미래인 A가 이과생이라 하더라도 딱히 더 나은 대답을 하진 못했을 거다. 대부분 사람은 문과든 이과든 혹은 예체능이든, 자신의 협소한 전문 분야를 빼고는 거의 알지 못한다. 가끔은 자신의 전문 분야조차 제대로 아는 것 같지 않다.

세상의 절반을 모르는 사람들

당신은 '신라' 하면 어떤 인물이 가장 먼저 떠오르는가?

박혁거세, 김춘추, 김유신, 관창, 진흥왕, 선덕여왕… 내가 아는 인물은 이 정도다. 학창 시절 공부를 열심히 한 사람들은 여기에 몇 명을 더 추가할 수 있을 것이다. 하지만 당신이 몇 명을 기억하든 그들은 대부분 왕이었거나 왕에 버금가는 권력자일 것이다. 한국에서 역사를 배운 사람들은 늘 권력자를 기억한다.

그럼 해외에서 한국사를 배운 사람들은 '신라' 하면 누구를 먼저 떠올릴까? 사람마다 다르겠지만, 박노자 교수가 쓴《당신들의 대한민국》에 따르면, '대박사 박종일'을 가장 먼저 떠올린다. 그런데 대체 박종일이 누구지? 한국에서 중고등학교를 적당히 졸면서 다닌 사람들은 이 이름을 처음 들었거나, 들어봤어도 기억하지 못할 것이다.

대박사 박종일은 성덕대왕신종(a.k.a 에밀레종)을 만든 신라 시대 기술자다. 당시에는 기술자도 학자로 불렀다. 대학자니 장인급 기술자임을 추측해볼 수 있다. 왜 해외의 역사가들은 그를 기억할까? 아마 에밀레종의 뛰어난 기술력이 이후 영향을 끼쳤기 때문일까? 모르겠다. 우리가 어찌 알겠나, 배우지도 않았는데. 반면 우리는 자신이 잘못하고는 말의 목을 자른 사이코패스에 대해서는 노래까지 만들어 배운다. 심지어 그 노래 제목은 '한국을 빛낸 100명의 위인들'이다.

이런 식의 교육은 끊임없이 반복된다. 우리는 백제를 거쳐 선진적인 불교문화가 일본에 전파된 걸 자랑스럽게 가르치지만, 정작 일본으로 넘어가 불교문화를 전파한 이들이 누구인지 가르치진 않는다. 그들은 한국 역사에서 비천하게 여기는 기술자들이기 때문이다(당시 일본에 넘어간 불교문화의 핵심은 사상이 아니라 건축 같은 기술 분야였다). 반면 백제의 패장인 계백 장군과 의자왕은 모두가 기억한다. 계백은 훌륭한 장군이었을 거고, 의자왕은 비운의 왕이었겠지. 그런데 그게 지금의 우리와 무슨 상관이란 말인가. 현대에 그들을 배우는 건 대체 무슨 의미가 있을까?

우리는 우리의 역사를 오직 왕의 역사로 기억한다. 우리가 기억하는 서사는 훌륭한 왕과 비운의 왕, 충신과 간신, 그들의 정책과 사상, 그리고 전쟁뿐이다. 나라가 세워지고 영토를 확장하고 번성하고 망하고, 반복, 반복, 몇천 년의 과정을 이 스토리 하나로 변주하고 또 변주한다. 당신이 역사에 이름을 아는 사람을 모두 적어보라. 당신이 쓴 이름의 90%는 왕, 혹은 그에 맞먹는 귀족, 그리고 그들을 떠받친 사상가와 종교 지도자일 거다. 10%는 기술자나 과학자, 예술가겠지만, 그조차도 대부분 르네상스 이후 사람일 가능성이 높다.

이번에는 당신의 삶을 돌이켜보라. 무엇이 당신의 인생을 풍요롭게 만드는가? 대부분 과학이나 기술, 예술과 연관이 있을 것이다. 그런데도 사람들은 그런 것들은 하찮게 여기며, 개나 소나 할 수 있는 정치는 무언가 대단한 것으로 여긴다. 몇백 년 전에 살았던 왕의 이름을 달달 외우면서도 자신의 삶을 지배하는 인터넷은 누가 개발했는지, 세계 인구가 지금처럼 많아질 수 있게 해준 화학 비료는 어떻게 만들어졌는지, 여성을 가성에서 해방했다는 세탁기는 누가 개발했고, 소독약은 언제 처음 쓰였는지, 에어컨, 컴퓨터, 기차는 누가 현실화했는지 전혀 알지 못한다. 종교개혁을 한 루터Matin Luther를 모르면 무식한 사람 취급을 받지만, 종교개혁을 실질적으로 가능케 한 구텐베르크Gutenberg에 대해서는 잘 알지 못한다. 그나마 우리가 그의 이름이라도 알고 있는 것은,

그가 보급한 금속활자 인쇄 기술이 이후 정치와 사상에 압도적인 영향을 끼쳤기 때문이다.

단순히 역사의 문제가 아니다. 우리는 양자역학 시대를 살아가지만, 양자역학 이론은 고사하고 그 이론을 정립한 과학자들의 이름조차 알지 못한다. 그나마 슈뢰딩거Erwin Schrodinger를 알지만, 그를 아는 것도 업적 때문이 아니라 살았는지 죽었는지도 모르는 그의 고양이 때문이다. 뉴스를 보라. 대부분 정치 이야기다. 정치가 지루해질 때쯤 강력범죄가 등장하고, 뒤이어 유명 인사의 스캔들이 나온다. 아무리 기다려도 우리 일상을 바꿀지도 모를 과학 뉴스는 나오지 않는다.

그런데 더 중요한 건 아무도 이런 사실에 불만이 없다는 거다. 과학 뉴스가 나온다 해도 우리는 대부분 알아듣지 못할 것이고, 채널을 돌릴 것이다. 인정하자. 우리는 우리 삶을 떠받치고 있는 과학 기술에 대해 거의 알지 못한다.

뛰어난 선지자이신 우리 부모님은 나에게 "기술을 배워야 먹고산다" 노래를 하셨지만, 그들이 만든 세상은 어찌 이리도 기술을 무시한단 말인가. 그러니 부모님 말씀을 듣지 않고 문과에 진학한 청개구리인 나는 뒤늦게나마 이런 책이라도 써야겠다고 마음먹었다.

그럼 이 책을 통해 여러분은 부족한 과학 지식을 가득 채우고 기술을 익힐 수 있을까?

꿈 접으시라. 책 한 권으로 그런 게 가능했다면 우리가 여태껏 과학을 모를 리 없다. 과학과 기술 관련 지식은 자주 접하지 않아서 어렵게 느끼는 것도 있지만, 실제로 어렵다. 우리가 그 모든 걸 아는 건 불가능하다. 사회가 발전하면 발전할수록 기술은 복잡해질 것이고, 우리는 점점 과학에서 멀어질 것이다. 사람마다 모르는 범위에 차이는 있겠지만, 어쨌든 모든 사람은 과학을 모른다. 어쩌면 그래서 역사와 예술, 인문학에 기대는지도 모른다. 그건 적어도 이해할 수 있으니까. 정말 이해하는 거 같진 않지만, 적어도 이해한다는 착각을 할 수 있으니까.

나는 당신에게 과학 지식을 전달할 만큼 정확히 알진 못한다. 나도 문과생이다. 다만 그 속에 숨겨져 있는 재미있는 이야기를 찾아내서 들려줄 생각이다. 이 책에는 당신이 이해 못할 수식은 등장하지 않는다. 각주도 없다(각주가 붙지 않는 과학책이라니 이 얼마나 놀라운가! 이렇게 가끔 괄호가 붙겠지만). 혹시 책을 읽고 관련 정보를 찾아볼 이상한 사람들을 위해 가끔 복잡한 이름과 용어를 써놓긴 하겠지만, 이해가 안 된다면 그냥 넘어가도 된다. 그렇다고 얇은 책을 쓸 생각은 없다. 사람들은 흔히 쉽고 얇은 책을 좋아한다고 말하는데, 나는 그렇게 생각하지 않는다. 사람들은 쉽지만 깊은 책을 원한다. 다만 그런 책이 별로 없을 뿐이다. 남들이 아는 수준에서 만족하는 사람은 없다.

그럼 이 책이 그런 기대를 채워주는 책일까? 모르겠다. 어떻게 스스로 그렇다고 말하겠는가. 그냥 속는 셈 치고 한번 읽어보시라. 적어도 TMI는 많이 숨어 있다. 그게 무슨 도움이 되나 싶겠지만, 원래 교양이란 삶에 별 쓸모 없는 걸 굳이 알아가는 과정이니까. 이런 사치를 누리는 것 또한 과학 기술이 우리에게 선사한 또 하나의 선물이 아니겠는가. 비록 우리가 그 기술을 전혀 이해하지 못한다 하더라도.

CONTENTS

3 지금은 플라스틱 시대
: 플라스틱 윤리와 자본주의 정신

4 우리는 어디에나 있다
: 성전환, 수술, 그리고 끝나지 않는 이야기

5 허세가 쏘아 올린 작은 별
: 까라면 까는 소련의 우주 노동자들

6 잠자는 인문학은 과학의 꿈을 꾸는가
: 빅데이터로 바라본 사회, 빅데이터가 바꿀 사회

7 기상무한육면각체의 비밀
: 날씨는 우리를 어떻게 바꾸고, 우리는 날씨를 어떻게 바꾸나

※ 일러두기

- 본편 7개는 모두 다른 소재를 다룹니다.
- 연결되지 않으니 꼭 순서대로 읽을 필요는 없습니다.
- 다만 시대와 난이도를 고려해 순서를 정했으니, 특별한 이유가 없다면 그냥 순서대로 읽으세요.
- 하루 한 챕터를 권장합니다. 챕터가 끝나면 쉬었다 넘어가세요.
- 물론 모든 건 읽는 사람 마음입니다.

1

악마가 너의 죽음을 알기 전에

질소를 찾아 나선 인류의 대장정

"세상을 깊이 통찰한 이는
'인간이 천박하다'는 사실 속에
깊은 지혜가 숨어 있음을 안다."

- 프리드리히 니체

난이도 ★★

기본은 역사 이야기. 처음 들어보는 이름과 화학 기호가 연속해서 등장하는 부분이 잠깐 있다. 집중해서 읽으면 초등학생도 이해할 수 있지만, 어렵다면 스킵하면서 넘어가도 좋다. 참고로 초등학생은 한국에서 지적 수준이 가장 높은 집단이다.

〈어벤저스〉 시리즈의 최종 빌런인 '타노스'는 각 행성을 지배하고 있는 종족(지구로 치면 인간)의 절반을 무작위로 죽여버린다. 그가 단순히 사이코패스여서 이런 짓을 한 것은 아니다. 그에게도 나름의 이유가 있다. 자원은 한정돼 있는데 천적이 없는 지배 종족의 개체수는 끊임없이 늘어난다. 그는 만약 이 상태가 지속되면 자원 부족으로 우주 전체가 전쟁과 기아에 시달릴 수밖에 없다고 판단한 것이다.

〈킹스맨〉의 악당인 '발렌타인' 역시 비슷하다. 그는 지구를 하나의 생명체로 보는 '가이아 이론'의 신봉자다. 인구가 줄지 않는 이상 지구 회복의 가능성이 없다고 판단한 그는 일부 선택된 상류층만 남긴 채 인류를 제거할 계획을 세운다. 지구를 하나의 생명체로 본다면, 그 안에서 본체를 위협할 정도로 확장하는 인류는 없애야 할 암 덩어리인 셈이다.

이런 영화에는 꼭 악당이 자신의 생각을 장황하게 늘어놓는 장면이 등장한다. 주인공은 악당의 생각을 듣고 깜짝 놀라지만, 관객들은 악당의 장광설을 들을 때마다 "이미 다 아니까 빨리 죽이기나 해"라고 소리치고 싶은 심정이다.

그들은 보통 구구절절한 대사를 치다가 주인공을 이길 타이밍을 놓친다. 악당들은 자신들의 생각이 특별하다고 믿지만, 영화나 문학 작품에서 이런 악당의 등장은 꽤 오랜 역사를 가지고 있다. 대의를 위해 비상식적인 폭력도 용인된다고 믿는 미친 과학자들(타노스는 해적 두목에 더 가깝지만), 시대에 따라 인물과 배경은 조금씩 바뀌지만 큰 구조는 언제나 비슷하다. 현재는 AI가 이 역할을 이어받아 인류를 말살한다.

그런데 인류는 어쩌다 이런 악당을 생각하게 되었을까? 세상이 너무 평화롭다 보니 이야기 속에서 현실에 존재하지 않는 악당을 만들어낸 것일까? 혹시 이런 악당이 등장하게 된 특별한 역사적 사건이 있었던 건 아닐까?

인구는 기하급수적으로 늘어나는데, 식량은 산술급수적으로 늘어난다

18세기 후반 영국은 산업혁명으로 생산력이 급격히 증가했다. 인구가 폭발적으로 증가했고, 사람들은 일자리를 찾아 도시로 몰려들었다. 도시에는 빈곤이 넘쳐났고, 위생 악화는 수많은 병을 초래했다. 하지만 당시 주류 학자들은 무사태평했다. 그들은 과학의 발달과 계몽주의가 이런 사소한(?) 문제는 가볍게 해결하고 사회를 더 발전시킬 것을 믿어 의심치 않았다.

하지만 경제학자이자 인구통계학자인 토마스 맬서스Thomas Robert Malthus(그는 로버트로 불리길 원했으나, 모든 사람이 그의 이름에서 로버트만 쏙 빼고 부른다)의 생각은 달랐다. 그는 미국 정치인이자 과학자인 벤저민 프랭클린Benjamin Franklin(당신이 아는 그 프랭클린)에게 통계자료를 받아 인구와 식량의 상관관계를 분석한다. 맬서스는 이 자료를 바탕으로, 1798년 〈인구의 원리가 미래 사회 발전에 미치는 영향〉(이하 인구론)을 발표한다.

내용은 간단하다. 인구는 25년마다 1, 2, 4, 8, 16, 32, 64, 128, 256… 이렇게 기하급수적으로 증가하지만, 식량은 1, 2, 3, 4, 5, 6, 7, 8, 9…처럼 산술급수적으로 증가하기 때문에, 머지않아 식량이 인구를 감당할 수 없는 지점에 도달할 것이라는 것이다.

역사 속의 인구 증가는 늘 빈곤으로 이어졌는데, 그는 이것이 식량의 한계 때문이라고 설명한다. 생산력 확대가 인구 증가로 이어지지만, 인구 증가는 위생을 악화시키고 1인당 소비할 수 있는 식량을 줄여 질병과 전쟁이 발생하고, 그 결과 다시 인구가 줄어든다. 인구가 줄어들면 반대로 1인당 식량이 늘어나고, 그럼 인구가 다시 늘어나고, 위생 악화, 소비 식량 감소, 질병, 전쟁, 인구 감소…. 그의 주장에 따르면

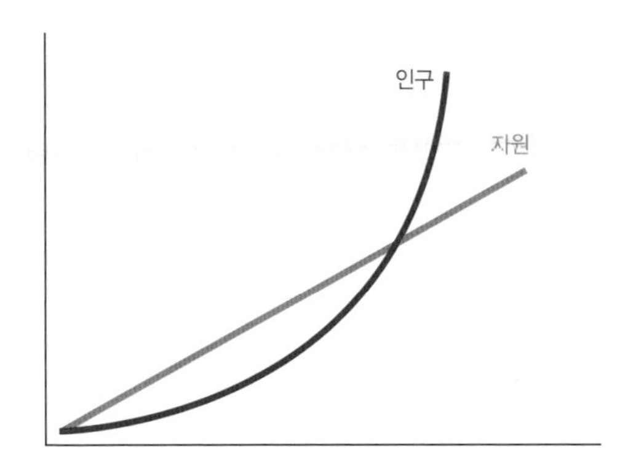

인류는 이 과정을 끊임없이 반복할 뿐이다.

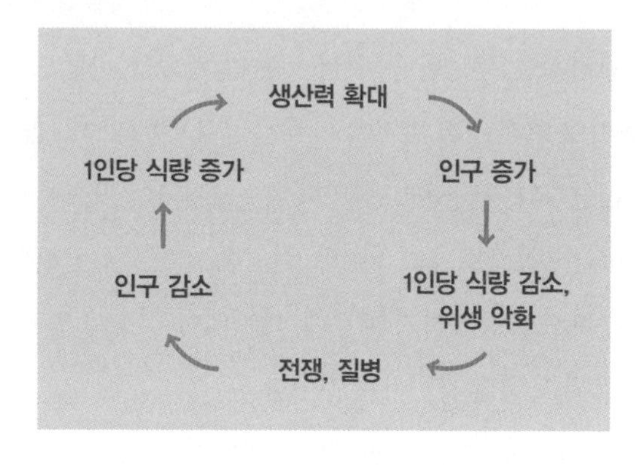

걸렸다, 닝겐! 무한의 쳇바퀴.

실제로 당시 영국의 상황은 맬서스의 주장과 비슷하게 돌아가고 있었다. 산업혁명이 일어나 생산력은 이전 시대에 비할 바 없이 늘어나지만, 인구는 그보다 더 빨리 증가해 여전히 사회는 빈곤한 이들로 넘쳐났다. 빈곤 해결을 위해서는 생산력을 더 늘려야 했는데, 생산력이 더 늘어나니 그에 따라 인구 역시 더 늘어났고, 결국 사회는 성장과 빈곤만을 끊임없이 반복했다. 그는 발전이 한계에 봉착하면, 세계는 질병과 폭력, 그리고 전쟁의 함정에 빠지게 될 것이라 경고했다. 이를 맬서스 트랩Malthusian Trap이라고 한다.

맬서스 트랩은 비관적이지만 날카로운 주장이다. 문제는 그가 제시한 해결책이다. 그는 모두의 이익을 위해 인구를 줄여야 하는데, 그러기 위해서 도시 빈민들에게 이루어지는 복지 제도를 폐지해야 한다고 주장했다. 복지로 하층민을 먹여 살리면 그들이 자식을 낳아서 악순환을 가중한다는 것이다. 그는 통제가 제대로 되지 않을 경우 강제 피임 등을 통해 하층민의 출산을 제한하고 전쟁 같은 극단적인 방법도 고려해야 한다고 주장했다. 이런 주장이 어떤 문제점을 포함하고 있는지 따로 설명할 필요는 없을 것 같다. 어째 논리가 도입부에 소개한 빌런들과 비슷하지 않은가? 현대 히어로 영화에 등장하는 빌런의 원형이 탄생한 순간이다.

물론 맬서스가 영화 속 악당처럼 하층민을 당장 절멸해야 한다고 직접적으로 말하지는 않았다. 하지만 그렇게 해석될 여지는 충분했다. 그를 옹호하는 사람들은 반대파가 그의 주장을 과도하게 해석한 것이라 말하지만, 귀족 출신으로 하층민을 무시했던 맬서스의 평소 언행을 돌이켜보면 이런 해석을 오해라고 보긴 어렵다. 누군가를 혐오하고 차별하는 사람의 이야기를 자세히 들어보라. 늘 나름의 이유가 있다. 하지만 논리적인 것처럼 보인다고 해서 차별이 차별이 아닌 게 되지는 않는다.

당연히 반대파들은 그를 잔혹한 악마로 몰아붙였다. 하지만 당시는 신분 차별이 만연한 시대였고, 상당수 지도자가 문제의식 없이 그의 주장을 받아들였다. 〈인구론〉이 발표된 뒤로 실제로 많은 국가에서 빈민에 대한 복지 정책을 줄였다. 지도층에게 맬서스의 주장이 울고 싶은데 뺨 때려준 격이었다.

맬서스의 주장은 이후 100년이 넘도록 살아남았다. 살아남은 수준

(위) 타노스 (아래) 발렌타인 그리고 (우) 맬서스.
이 셋은 직업도 종족도 스타일도 다르지만 비슷한 주장을 했다.

이 아니라 한때는 정설로 받아들여져 시대를 지배했다. 이후 밝혀진 과학적 사실 또한 그의 주장을 뒷받침했다. 농업 기술이 아무리 발전하고 노동력을 아무리 투입해도 식량 생산은 결국 한계에 봉착할 것이고, 식량 생산은 늘어나는 인구를 감당할 수 없다는 것이다.

●▶▶

식량은 농업을 기반으로 한다. "나는 육식주의자!"라고 외치는 사람도 있겠지만, 당신이 먹는 동물은 뭘 먹고 살았겠나. 우리는 흔히 식물은 동물과 달리 다른 생명을 착취하지 않고 스스로 에너지를 얻는다고 말한다. 하지만 식물도 무에서 유를 창조할 순 없다. 식물이 성장하기 위해서는 다양한 에너지가 필요한데, 그중 하나가 '질소'다. 질소가 있어야 생명체에 필요한 단백질과 알칼로이드가 만들어진다.

자연적인 상태라면 식물은 토양에 포함된 질소만으로도 충분히 성장할 수 있다. 하지만 대규모 농업을 하기 위해서는 훨씬 많은 질소가 필요하다. 과거에는 농사를 몇 년 지으면 땅의 기력이 쇠해서 휴지기를 가졌는데, 땅의 기력이 쇠한다는 건 질소가 부족하다는 뜻이다. 인간과 동물의 배설물로 만든 퇴비를 논밭에 뿌리는 것도 질소를 보충해 주기 위해서다. 배설물에는 암모니아(NH_3)가 포함되어 있는데, 암모니아에는 질소(N)가 포함되어 있다(앞으로 물질이 나오면 화학식을 쓸 텐데, 어려워하지 말고 N이 있느냐 없느냐만 보면 된다). 화전을 일군 것도 같은 이유다. 나무가 타면 질소 화합물이 나온다. 우리 조상들이 화학을 이해해서 이런 행동을 하진 않았겠지만, 그들은 경험으로 이런 행위가 농사에 도움이 된다는 것을 알았다.

질소는 흔한 원소다. 지구 대기의 78%가 질소다. 대기 중에 질소 비율이 왜 이 정도로 높은지는 아직 밝혀지지 않았다. 어쨌든 인간의 입장에서 농업에 필수 요소인 질소가 흔하다는 건 좋은 일이다. 그런데 이 흔한 질소를 농업에 바로 사용할 수가 없다. 공기 속 질소는 원자 2개가 합쳐진 형태(N_2)로 존재한다. 그런데 이 두 원자는 애정 행각을 벌이는 커플처럼 강하게 붙어 있어서 웬만해서는 떨어지지 않는다. 이를 전문 용어로 '3중 결합'이라 한다. '원자가 강해봐야 얼마나 된다고,

강제로 떼면 되지' 싶겠지만, 생각처럼 쉬운 일이 아니다. 자연 상태에서 질소가 분해되는 경우는 번개가 치는 순간 정도다. 번개 정도의 거대한 에너지가 있어야 아주 소량의 질소를 얻을 수 있다. 참고로 번개가 내리칠 때 중심 온도는 태양 표면 온도(약 6,000℃)의 8배 정도로 추정된다. 추정인 이유는 아무도 이를 정확히 측정할 만큼 미치지 않았기 때문이다.

질소를 얻는 또 하나의 방법은 뿌리혹 박테리아Leguminous Bacteria를 이용하는 것이다. 뿌리혹 박테리아는 공기 속의 질소를 고정해서 식물이 이용할 수 있게 만들어준다. 이 박테리아는 콩과 식물의 뿌리에 기생한다. 그래서 과거부터 인류는 땅의 지력이 다하면 콩을 심었다. 콩

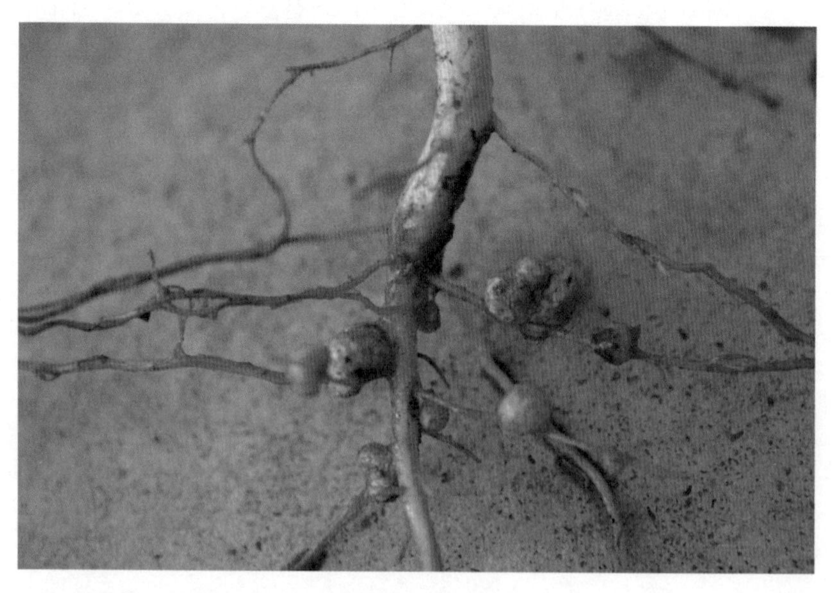

뿌리혹 박테리아, 에일리언 알처럼 생겼지만 모두에게 유익하다.

은 지력이 떨어져도 잘 자랐고, 뿌리혹 박테리아 덕분에 오히려 지력이 회복됐다.

하지만 번개나 뿌리혹 박테리아를 통한 질소 공급은 한계가 있다. 질소가 조금씩 늘어나기는 했지만 산업혁명 이후 폭발적으로 늘어난 인구에 비할 바는 아니었다. 맬서스의 예언대로 19세기가 되자 식량 문제가 본격적으로 대두되기 시작한다.

물론 인류도 이 상황을 가만히 구경만 하고 있던 것은 아니다. 일단 모든 배설물을 끌어모아 비료로 사용했다. 19세기 도로에는 차 대신 마차가 다녔다. 마차는 주로 말이 끌었는데, 말은 아무 데서나 용변을 봤다. 그럼에도 국가에서는 똥 치우는 사람을 고용할 필요가 없었다. 도시 빈민들이 말이 싸놓은 똥을 모두 가져갔기 때문이다. 그들은 이 똥을 농부들에게 팔았다. 지금의 폐지 줍는 것과 비슷하다. 가격은 폐지보다 훨씬 후했다고 한다. 하지만 세상 똥을 다 긁어 모은다고 해도 질소는 부족했다. 인간이든 동물이든 에너지를 쓰고 남는 걸 뽑아내지, 먹는 걸 다 뽑아내진 않는다. 똥은 무한 동력이 아니다.

농업의 효율성을 올리려는 시도도 이어졌다. 땅의 넓이가 같아도 기술에 따라 수확량이 배 이상 차이 난다. 국가는 농민들에게 감자처럼 생산성이 좋은 식물의 재배를 장려했고, 때에 따라 강압하기도 했다. 영국의 수탈로 먹을 것이 부족했던 아일랜드는 감자에 대한 의존도가 특히 높았는데, 감자 역병이 돌면서 엄청난 기근에 시달렸다. 기근 이전에 800만이었던 아일랜드 인구는 400만으로 반 토막 났다. 하지만 이런 목숨을 건 노력에도 불구하고 식량 부족은 조금씩 현실로 다가왔고, 그럴수록 강대국은 질소 찾기에 혈안이 되었다.

새똥의 축복과 저주

19세기 이전 유럽은 주로 초석(KNO_3, 질산칼륨)을 비료로 사용했다. 초석은 비료뿐 아니라 화약을 제조하는 데도 필요하다. 그래서 전쟁이 벌어지면 화약 제조에 초석이 우선적으로 공급됐다. 역사상 무기는 많은 경우 식량보다 우선했다. 사람과 동물의 소변에는 소량의 질산염 NO_3이 포함되어 있는데, 미국 남북전쟁 당시 물자가 부족했던 북군은 개인 요강까지 털어 화약을 만들었다. 식량보다 중요한 무기라니 한숨부터 나오지만, 세상사 늘 그런 것 아니던가. 하지만 다행히 인간이 전쟁만 한 건 아니었기에, 평화로운 시기에 초석은 주로 비료를 만드는 데 사용됐다.

당시 유럽에서 필요한 초석은 대부분 인도에서 가져왔다(당시 전 세계 초석의 80%가 인도산). 인더스강 하구에는 초석이 엄청나게 쌓여 있었다. 인도뿐 아니라 대부분 문명이 강 하구에서 발생했는데, 이는 강 하구 퇴적물에 질소가 많아 농사에 유리했기 때문이다. 특히 소를 숭배하는 인도에서는 소의 배설물까지 쌓이다 보니 초석이 유독 많았다. 유럽에서 산업혁명이 일어나고 인구가 급증하기 시작하면서 영국은 인도에서 본격적으로 초석을 채취하기 시작한다. 18세기 인도는 연간 1,000

톤 정도의 초석을 채취당했으나 19세기가 되면 그 양이 20배로 늘어난다. 존경하는 소님들도 그 정도로 똥을 싸대지는 못했고, 무한해 보이던 인도의 초석이 줄어들자 초석 가격이 급등한다. 인도를 통제하던 영국은 초석을 이용해 다른 국가에 영향력을 행사했고, 영국의 라이벌들은 인도 초석을 대체할 무언가를 찾아야 했다. 이때 발견된 것이 남미 지역의 구아노Guano다.

구아노는 박쥐와 바닷새의 배설물이 수만 년간 쌓인 퇴적물로 남미에 수백 미터가 쌓여 있었다. 배설물이니 당연히 질소가 포함되어 있고 비료로 사용할 수 있다. 현지 사람들은 구아노를 "자연이 만들어낸 보물"이라고 불렀다. 특별한 채취 방법이 필요하지도 않았다. 그냥 해안 절벽에 구아노가 쌓여 있었고, 사람들은 이를 채취해 실어 나르기만 하면 됐다. 구아노는 남미의 동식물에게 엄청난 에너지를 제공하는 물질이었고 무분별한 채취는 생태계 파괴를 가져왔지만, 언제나 그렇듯 강대국은 환경을 중요하게 여기지 않았다. 질소가 없으면 먹고 살 수가 없는 마당에 그런 사소한 것은 전혀 문제가 되지 않았다.

구아노의 주산지였던 페루는 갑자기 돈방석에 앉게 된다. 돈이 흘러들어오자 페루는 연간 9%가 넘는 경제 성장을 이룬다. 하지만 남이 돈 버는 걸 가만히 보고 있을 서구 열강이 아니다. 영국은 부패한 페루 정치권을 꼬드겨(안타깝게도 이런 곳에는 늘 부패한 정부가 있다), 구아노로 벌어들인 수익을 설탕 플랜테이션 사업에 투자하게 만든다. 페루로서도 새 산업을 육성할 필요가 있었다. 하지만 감언이설에 속아서 하는 사업이다 그렇듯 플랜테이션 사업은 실패하고 구아노마저 바닥을 드러내자 페루 경제는 끝없는 수렁으로 빠져든다.

그런데 이때 칠레와 볼리비아, 그리고 페루 사이에 있는 아타카마 사막에서 엄청난 규모의 초석이 발견된다. 정확히는 질산나트륨$NaNO_3$으로 질산칼륨인 초석과는 다른 물질이지만, 질소가 들어 있었기에 사람들은 그냥 초석이라 불렀다. 사막 한가운데 어쩌다 초석이 쌓였는지 명확한 이유는 밝혀지지 않았다. 사실 원인은 전혀 중요하지 않았다. 중요한 건 그곳에 질소가 있다는 것이다. 구아노를 대체할 산업을 찾

구아노 채취 모습. 새똥 보기를 금같이 하라.

던 페루로서는 더할 나위 없는 소식이었다. 당시 남미 지역 국가들은 독립한 지 얼마 되지 않아서 국경이 명확하지 않았기에 일단 해당 지역을 선점하는 것이 중요했다. 페루는 볼리비아와 손잡고 해당 지역을 점령한다. 그들은 구아노와 초석을 국유화해 수출을 통제하고 가격을 올려 그 힘으로 경제 위기를 극복할 계획을 세운다.

하지만 열강들이 이를 구경만 할 리 없다. 그들에게는 구아노와 초석이 필요했지만, 돈을 더 지불할 생각은 없었다. 평소에는 치고받고 싸우던 영국, 프랑스, 독일, 이탈리아, 그 외 모든 유럽 국가들이 구아노와 초석 앞에서 하나가 된다. 그들은 칠레를 이용해 페루와 볼리비아에 전쟁을 일으킨다. 태평양 전쟁이다(War of the Pacific, 제2차 세계대전 중 미국과 일본의 전쟁은 Pacific War다. 한국에서는 둘 다 태평양 전쟁이라 부른다). 후에 석유로 종목만 바뀌 벌어질 자원 전쟁의 시초라 볼 수 있다. 새똥 때문에 전쟁을 벌이다니 한심하다 싶지만, 석유도 결국 동물의 시체일 뿐이다.

전쟁은 당연히 서구를 등에 업은 칠레의 승리로 끝이 난다. 아타카마 사막을 차지한 칠레는 초석을 바탕으로 국가를 발전시켰고 서구 열강들은 이전처럼 남미의 초석을 퍼 날랐다. 반면 전쟁에서 진 페루는 폐허가 됐고, 경제는 나락으로 떨어졌다. 볼리비아는 칠레에 해안 영토를 뺏기고 내륙 국가가 된다. 그래서 현재 바다가 없지만, 해군은 그대로 남아 있다. 볼리비아는 티티카카 호수에 잠수함과 전함을 띄워놓고 복수의 날이 오기를 고대하며 칼을 갈고 있다고 한다.

페루, 볼리비아, 칠레, 그리고 절묘한 위치의 아타카마 사막. 현재는 대부분 칠레의 영토지만, 원래 볼리비아가 저 지역에 항구를 가지고 있었다.

하지만 전쟁까지 벌이며 차지하려 했던 구아노와 초석 역시 무한한 것은 아니다. 무엇보다 산지가 정해져 있는 자원은 지금의 석유가 그렇듯, 각자의 이해관계에 따라 언제든 공급에 차질이 생길 수 있다. 질소는 비료뿐 아니라 화약을 만드는 데도 필요한 전략 자원이다. 그런 자원을 오직 수입에 의존해야 한다는 것은 언제나 불안 요소일 수밖에 없다.

과학자들은 식량 생산이 인구 20억 이상을 부양하지 못할 것이라 경고했지만, 분열되어 있던 세계는 제대로 된 대책을 세우지 못한다. 19세기 후반이 되면 세계 인구는 16억에 육박한다. 그렇다고 영화 속

악당처럼 인류를 죽일 수도 없는 노릇이었다. 괜히 19세기 말이 세기 말의 상징이 된 것이 아니다. 인류는 방법을 찾지 못한 채 우울과 퇴폐를 향유했다. 결국 맬서스의 예언대로 전쟁과 기아가 인류를 멸망시킬 것인가? 운명의 날이 다가오고 있었다.

공기를 빵으로 만든 연금술

여러분은 의아하게 생각할지도 모르겠다. 우리는 맬서스가 말한 인류 멸망의 시기를 지나왔고, 그의 예언이 틀렸다는 것을 안다. 전쟁과 기아는 발생했지만, 맬서스가 〈인구론〉을 발표할 당시 10억이었던 세계 인구는 현재 70억이 넘는다. 인류는 어떻게 절체절명의 위기를 벗어날 수 있었을까?

1898년, 화학자이자 영국과학아카데미 원장이었던 윌리엄 크룩스 William Crookes는 "영국 및 문명국은 곧 식량 부족 사태에 직면할 것"이라며, 대책을 마련할 것을 동료들과 후배 과학자들에게 호소했다. 인류애적으로 들리지만, 사실 그의 생각은 질소를 얻으려고 전쟁을 했던 것과 별반 다르지 않았다. 그는 비료가 부족해지면 밀 생산이 줄어들고, 그러면 국력이 약해지고, 그러면 밀을 주식으로 하지 않는 야만인들이 서구를 정복하게 될 것이라는 공포에 사로잡혀 있었다. 어처구니없는 생각이다. 비료가 부족해지면 밀뿐 아니라 다른 모든 식량이 부족해진다. 야만인도 먹어야 싸우지. 하지만 이 연설은 효과를 발휘했다. 인류애든 자국 중심주의든 서구 중심주의든 의도는 상관없었다. 그의 연설 이후 빌헬름 오스트발트Wilhelm Ostwald, 발터 네른스트Walther Nernst, 앙리 르 샤틀리에Henry Louis Le Châtelier 등 당대의 내로라하는 화학자들이 질소 고정 문제에 뛰어든다.

그들은 다각도에서 질소에 접근했다. 어떤 이는 제철소에서 철을 만드는 과정에 주목했는데, 철을 만들면 부산물로 질소화합물인 염화암모늄(NH_4Cl)이 생겨났다. 염화암모늄을 적절히 분해하고 합성하면 비료를 만들 수 있는 암모니아(NH_3)를 얻을 수 있다. 하지만 투입되는 비용에 비해서 생성되는 질소 화합물은 너무 적었다. 조금의 질소를 얻기 위해 철을 무한정 만들 수는 없다.

일부 연구자들은 자연을 그대로 모방했다. 번개가 칠 때 질소가 분해되니, 인공적으로 강한 전기 스파크를 일으켜 질소를 분해하는 것이다. 자연은 위대했고, 이 방법은 효과가 있었다. 하지만 이 과정에는 너무 많은 에너지가 필요했다. 비료를 만들려고 전 세계 에너지를 다 끌어다 써야 할 판이었다.

오스트발트는 공기에 에너지를 가해 질소를 분리하는 번개 방법 대신, 대기 중의 질소와 수소를 결합시켜 암모니아를 만드는 방법을 찾기 위해 노력했다. 크룩스의 연설이 있고 2년 뒤인 1900년, 그는 철사에 열과 압력을 가해 암모니아 합성에 성공한다. 오스트발트는 특허신청을 하고, 독일의 화학회사 바스프(BASF, 지금도 활동 중인 세계 최대 규모의 화학회사)에 자신의 기계를 비싼 값으로 팔 계획을 세운다. 그런데 바스프의 신입 연구원이었던 카를 보슈Carl Bosch는 오스트발트의 기계를 테스트하던 중, 기계에서 나온 암모니아가 공기 중에서 만들어진 것이 아니라, 기계 속 불순물에 포함되어 있던 암모니아에서 나온 것이라는 사실을 밝혀낸다. 즉, 오스트발트는 암모니아로 암모니아를 만든 것이다. 새로 분해된 질소는 전혀 없었다. 초짜 연구원에게 쪽을 당한 오스트발트는 특허 신청을 철회하고 질소 고정을 포기한다. 이렇게 질소 고정은 잡힐 듯 잡힐 듯 잡히지 않았고, 대부분의 연구자가 지쳐 떨어졌다.

모두가 반쯤 포기하고 있던 1908년, 독일의 무명 화학자 프리츠 하버Fritz Haber가 암모니아 합성에 성공한다. 그 역시 단번에 성공한 것은 아니었다. 그는 오스트발트처럼 암모니아 합성 방식을 시험했다. 1,000℃ 정도로 달구어진 철 위로 가스 혼합물을 통과시켜 암모니아 생성을 지켜봤다. 1,000℃인 것은 이 정도 온도는 되어야 질소의 3중 결합이 깨지기 때문이다. 그런데 만들어진 암모니아는 1,000℃를 버티지 못하고 파괴되어버렸다. 하버의 첫 번째 실험을 정리하면 이렇다.

(1) 암모니아를 만들려면 공기 중 질소를 분해해야 한다.

(2) 질소를 분해하기 위해서는 1,000℃ 이상의 열이 필요하다.

(3) 분해된 질소는 수소 3개와 결합해 암모니아가 된다.

(4) 하지만 암모니아는 1,000℃를 버티지 못하고 대부분 파괴된다.

(5) 이런… Verdammt!

하버의 실험에서 암모니아 수율은 0.01%였다. 사실상 0이다. 다른 이들처럼 그도 실패한 것이다. 하버는 자신의 실험을 논문으로 정리해서 발표한 후 암모니아 합성을 포기한다.

그런데 이때 전혀 예상 못한 사건이 벌어진다. 하버의 논문을 본 네른스트(앞에서 쪽을 당한 오스트발트의 제자)가 같은 방식으로 실험을 했는데, 암모니아 수율이 전혀 다르게 나온 것이다. 최신식 연구 시설을 갖추고 있던 네른스트는 자신의 결과가 맞다고 확신했고, 하버를 "실험조차 제대로 하지 못하는 애송이"라며 공개적으로 비난했다. 하버는 극심한 스트레스에 시달린다. 당시 네른스트는 베를린 대학의 정교수였고, 열역학 제3 법칙을 발견해 차기 노벨상 수상이 유력했으며, 돈도 많았고, 달변가였으며, 유대인도 아니었다. 반면 하버는 지방 대학의 평범한 연구원이었고, 유대인이었다. 만약 네른스트의 비난이 사실로 드러난다면, 과학자로서 하버의 인생이 끝장날 판이었다.

결국 하버는 네른스트의 비난을 반박하기 위해 다시 실험에 뛰어든다. 그는 기계를 다루는 데 익숙한 젊은 화학자 로버트 르 로시뇰Robert Le Rossignol을 영입해 자신의 실험과 네른스트의 실험이 왜 다른 결과가 나왔는지를 따진다. 그들은 이 과정에서 새로운 사실을 발견한다. 같은 실험 조건에서 기압을 높였더니 암모니아의 수율이 훨씬 좋아지는 것이다. 하버와 네른스트의 결과가 달랐던 건 실험 장비로 인해 기압 조건이 달랐기 때문이다.

하버와 로시뇰은 처음에는 30기압(우리가 일상적으로 느끼는 기압이 1이고, 30기압은 일상 기압의 30배)으로 시작해서 200기압까지 실험 강도를 높인다. 기압이 높을 때는 온도가 다소 낮아도 질소가 분해됐고, 이는 암모니아가 파괴되는 것을 줄였다. 뜻밖에 성공 가능성을 발견한 그들은 수율을 끌어올리기 위해 이것저것 다양한 원소를 촉매로 사용한다. 마침내 200기압, 600℃, 오스뮴(Os)을 촉매로 사용해 수율을 8.25%까지 끌어올린다. 절대적으로 높은 수치라고 할 순 없지만, 이전과 비교하면 무에서 유를 창조한 수준이다.

●▶▶

하지만 하버를 후원했던 바스프 사(아까 그 기업)는 상용화에 회의적이었다. 당시에는 10기압 정도의 실험에서도 폭발 사고가 종종 일어났는데, 200기압을 실험실도 아니고 공장에서 돌린다는 것은 무모한 일이었다. 또한 촉매인 오스뮴은 희귀한 물질이어서, 회사의 경영진은 수익성이 없다고 판단했다. 그때 회의에 참석했던 한 사람이 손을 들고 조용히 의견을 말한다. "하버의 실험은 위험을 감수하고서라도 지원할 만한 가치가 있습니다." 오스트발트 연구의 허점을 밝힌 보슈였다. 그는 오스트발트에게 먹인 한 방으로 중요 회의에 참석할 정도로 바스프의 중요 인사가 되어 있었다.

보슈는 하버의 실험을 이어받아 연구 전면에 나선다. 그는 상업화의 가장 큰 적인 오스뮴을 대체할 촉매를 찾아 나섰다. 연구팀은 당시까지 발견된 모든 원소를 실험했지만, 저렴하면서도 효과적인 촉매는 나오지 않았다. 우라늄(U) 역시 촉매로 효과적이었지만 오스뮴만큼 비쌌다. 그들은 포기하지 않고, 쉽게 구할 수 있는 철부터 다시 실험을 진행했다. 이번에는 순수 철이 아니라 합성물인 철광석을 그대로 사용했다. 전 세계의 철광석이 연구소로 모였다. 그중에서 스칸디나비아산 자철석(철과 산소의 결합물)을 촉매로 사용하자 상당한 양의 암모니아가 만들어졌다. 다른 지역에서 나온 철광석으로 동일한 실험을 했으나 수율이 낮았고, 오직 스칸디나비아산 자철석만 수율이 높았다. 연구팀은 철에 어떤 원소가 결합하느냐에 따라 수율이 달라진다고 가정한 뒤에, 순수한 철에 다양한 원소를 추가해 수율 변화를 관찰했다. 그들은 밤낮없이 연구에 매달렸고, 결국 철에 알루미늄 산화물과 칼슘을 더하면 오스뮴을 능가하는 수율이 나옴을 알게 된다.

촉매 외에도 상용화에는 넘어야 할 산이 많았다. 200기압을 버티는 대규모 공장은 당시 전 세계 어디에도 없었다. 그들은 암모니아 공장에 필요한 기계를 모두 직접 제작해야 했다. 이론적으로 가능한 것과 기술적으로 가능한 것은 또 다른 문제다. 하버의 실험 이후 상용화까지 5년의 시간이 걸렸고, 보슈가 이끈 연구자는 천 명이 넘었다. 당연히 모든 돈은 바스프 사가 냈다. 암모니아의 발명(가능성)만으로 이미 스타가 된 하버는 자신의 성공에 취해 있었고, 암모니아 상용화 과정에는 별다른 역할을 하지 않았다. 하버가 최초로 성공했지만, 상용화는 보슈와 바스프 사의 노력으로 이뤄진 것이다. 하버만큼이나 보슈의 역할이 컸기에, 지금도 이 제작 방식을 '하버-보슈 공법'이라 부른다. 바스프는 독일 오파우Oppau 지역에 공장을 만들고 비료 대량 생산에 들어간다.

1921년, 오파우 공장에서 폭발 사고가 일어난다. 노동자 600명이 사망하고 2,000명이 부상을 입은 엄청난 규모의 폭발이었다. 사고의 원인은 정확히 밝혀지지 않았지만, 사고의 규모만 봐도 질소 고정이 얼마나 위험하고 많은 에너지가 들어가는 일인지 알 수 있다(산업 규모가 과거와 비교할 수 없을 정도로 거대해진 지금도 전 세계 에너지의 1% 이상이 오로지 질소 비료를 만드는 데 사용된다). 하지만 이런 참사조차 비료 생산을 막지는 못했다. 식량 생산을 늘려야 했던 인류에게 다른 선택은 없었다.

인공 비료가 대중화된 지 3년 만에 식량 생산량은 인구 증가량의 2배를 기록한다. 인구는 기하급수적으로, 식량은 산술급수적으로 늘어난다는 가정에서 출발한 맬서스의 이론은 완전히 붕괴한 것이다. 100년간 인류를 광기로 몰았던 식량 위기가 사라졌다. 하버는 '공기로 빵을 만든 과학자', '공기의 연금술사'라는 별명과 함께 세계의 영웅이 된다. 질소 고정을 연금술에 비교하는 경우가 많지만, 질소 고정은 연금술보다 훨씬 위대하다. 금속을 금으로 바꾸는 데는 어쨌든 원재료가 필요하지만, 질소 고정의 원재료는 공기이므로 사실상 무료다. 결과물도 더 위대한다. 금은 없어도 그만이지만, 밥 없이 살 수는 없다.

하지만 하버의 개발이 모두에게 인정받은 것은 아니었다. 일부 학자들은 하버가 기존에 존재하던 아이디어를 차용한 것뿐이라며 그의 특허 신청에 제동을 걸었다. 실제로 하버가 암모니아 합성에 사용한 방법은 오스트발트의 실험 방식과 거의 똑같아서, 하버의 연구가 순전히 그의 것이라 말하기는 어려운 측면이 있다. 특허청은 이 조사를 하필 하버를 비난했던 네른스트에게 맡겼다. 모두가 하버의 특허가 취소될 일만 남았다며 생각했다. 하지만 네른스트는 과학적 성취를 무시할 정도로 쪼잔한 사람은 아니었다. 그가 "과정이야 어찌 됐든 하버가 이룩한 결과를 인정한다"는, 뒤끝은 살짝 느껴지지만 어쨌든 하버의 공로를 인정하는 조사 결과를 발표하면서 특허 논쟁은 일단락된다. 1918년 하버는 암모니아 합성 공로로 노벨화학상을 단독 수상한다. 오스트발트와 보슈, 그리고 로시뇰이 함께 받지 않은 것에 대해서는 아직도 뒷말이 많다(오스트발트는 1909년, 보슈는 1931년 각각 노벨화학상을 받는다. 로시뇰은…).

인류를 구원한 최강 빌런

그럼 이제 인류를 구한 영웅의 신상을 털어보자.

프리츠 하버는 1868년 폴란드 브로츠와프에서 태어났다. 당시 이곳은 독일의 영토였다. 그는 유대인이었고, 유대인은 대대로 유럽에서 핍박받는 민족이었다. 하지만 하버가 살던 19세기 독일은 유대인에 대한 차별이 적었고, 유대인이 하고 싶은 것은 얼마든지 할 수 있었다. 우리가 아는 많은 유대인 철학자, 의사, 작가, 교수가 이 당시 독일에서 활동했다. 특히 과학 분야에서는 과학자의 20%가 유대인이었다. 하버의 부모 역시 성공한 사업가였다. 물론 유대인에 대한 차별이 사회 전반에 깔려 있었지만, 하버는 진보적인 교육을 받았고 진보하는 세계를 믿었기에, 유대인 차별이 곧 사라질 것을 의심하지 않았다. 그는 24세에 유대교에서 기독교로 개종하는데, 자신이 유대인인 걸 숨기기 위해서가 아니라, 유대인도 너무 자신들의 세계에 빠질 필요는 없다고 생각했기 때문이다. 그는 종교가 아니라 과학을 믿었고, 유대교든 기독교든 그에게는 큰 의미가 없었다.

당시 독일은 다른 유럽 국가에 비해 천연자원이 적고 제대로 된 식민지도 없었지만, 비스마르크 시대에 만들어진 선진 시스템은 과학 기술의 발전을 이끌었다. 특히 철강 산업과 화학 분야에서 독일은 압도적인 1등 국가였다. 그 기술력 덕분에 외화 유치에 성공할 수 있었고, 적은 식민지로도 다른 나라와 경쟁할 수 있었다. 하버는 자신이 받은 교육이 독일이기에 가능하다는 것을 알았고 그만큼 조국을 사랑했다. 그는 평생을 자랑스러운 독일인으로 살았다.

하버에게 질소를 분해하는 것은 국가를 위한 필생의 과업이었다. 당시 독일은 비료를 칠레산 초석에 의존했다. 지금도 종종 '식량 안보'라는 표현을 사용해가며 자국 농산물을 강조하는데, 국가주의가 횡행하던 당시에는 오죽했을까. 그는 질소를 고정함으로써 독일이 다른 나라와의 경쟁에서 앞서나가기를 원했다. 화학 비료는 식량이 아니라 국가 무기였던 셈이다. 우리가 큰 업적을 이룬 사람을 군인도 아닌데 '태극전사'라고 부르듯이, 그는 화학 비료 발명으로 세계를 평정한 전쟁영웅 대접을 받았다. 그는 교수 자리를 얻어 모두가 우러러보는 명사가 되었다.

하지만 밖에서 훌륭한 사람이 꼭 훌륭한 가장이 되는 것은 아니다. 그의 부인인 클라라 임머바르Clara Immerwahr는 독일 대학 최초의 여성 화학 박사다. 그녀는 성차별이 만연한 시대에 여성으로서 교육받고 연구하기 위해 오랜 시간 투쟁을 벌였다. 그녀는 하버의 동료였고, 그래서 결혼 후에도 자신이 계속 연구할 수 있을 것이라 기대했다. 하지만 현실은 언제나 시궁창이다. 하버는 동료 화학자가 아니라 폭군이었다. 그는 자신의 일만을 중요하게 생각했고, 클라라는 집에 박혀서 자신의 뒷바라지만을 해주길 원했다. 둘은 자주 충돌했고 하버는 공공연하게 바람을 피웠으니 부부 사이는 당연히 멀어졌다.

1914년, 제1차 세계대전이 발발한다. 하버는 자랑스러운 독일인답게 군에 입대하려 하지만 나이 때문에 거절당한다(그는 이미 40대 중반이었다). 대신 그는 무기 개발에 뛰어든다. 독일은 영국 해군에 막혀 해외로부터의 물자 보급이 어려운 상황이었고, 무기부터 식량까지 모든 걸 자급자족해야 했다. 식량이든 무기든 하버의 질소 고정 기술 없이는 전쟁을 치를 수 없었다. 하버는 전쟁 내내 전쟁에 필요한 온갖 것을 만들었다. 그 절정은 독가스 개발이다.

하버는 전쟁 초기부터 독가스를 사용해야 한다고 강력히 주장했다. 하지만 독가스의 사용은 당시에도 국제법으로 금지되어 있었기에 독일군은 망설였다. 그런데 프랑스가 먼저 독가스를 사용하는 바람에 독일은 명분을 획득하게 된다. 하버는 기회를 놓치지 않았다. 그는 국제법에 적힌 "총기류나 포탄을 이용한 독가스 살포 금지" 항목을 편할 대로 해석한다. 독가스를 쏘면 국제법 위반이지만, 독가스가 들어간 실린더를 전방에 놓아두고 그냥 방출되게 하는 것은 위반이 아니라는 것이다. 결국 독일군은 하버에게 독가스 개발을 명령한다.

하버의 독가스 개발을 알게 된 부인 클라라는 분개한다. 그녀는 언론을 통해 "남편의 연구는 만행이며 과학을 악용하는 짓"이라며 그를 맹비난한다. 하버 역시 언론에 대고 "클라라는 반역자"라며 마녀사냥을 시전한다. 공적인 논쟁인지 사생활인지 분간이 가지 않는 격조 높은 부부싸움에도 하버는 물러서지 않았다. 결국 염소(Cl)를 이용한 독가스 개발에 성공한 그는 1915년 2차 임프르 전투에서 첫 번째 대규모 살포를 시행한다. 결과는 대성공. 염소 가스는 사람의 점막을 공격하는데, 노출되면 일단 눈이 멀고, 숨을 쉬면 콧속의 점막을 녹이고, 폐로 들어가 물과 결합하면 염산이 되어 장기를 녹인다. 이 얼마나 끔찍하며 완벽한 무기인가. 이를 전혀 몰랐던 연합군 병사 15,000여 명이 속수무책으로 당했고, 나머지 병사들도 전우의 끔찍한 죽음을 목격하고 패닉에 빠진다. 승전 소식을 들은 독일 황제는 크게 기뻐하며 하버에게 철십자 훈장을 내렸다.

승전 축하 파티가 있던 날 밤, 클라라는 남편의 권총을 꺼내 자신의 가슴을 쏘아 사살한다. 하지만 그녀의 극단적인 선택도 하버를 멈추지 못했다. 다음 날 그는 부인의 장례를 13세 아들에게 맡긴 채, 독가스를 살포하기 위해 전선으로 향하는 기차에 몸을 실었다. 이때의 충격 때문인지 아들 역시 30여 년 후 스스로 목숨을 끊는다. 하버는 부인이 죽은 다음 해, 부인이 살아 있을 때부터 바람을 피우던 상대와 재혼한다.

하버의 독가스는 제1차 세계대전을 뒤흔들었다. 그는 "강한 무기가 전쟁을 단축할 것"이라 주장했지만, 결과는 정반대였다. 제1차 세계대전은 보병 부대가 참호를 파고 버티는 참호전이 주를 이뤘는데, 밀폐된 참호에서 독가스가 터지자 피해는 걷잡을 수 없이 커졌다. 독일군이 독가스를 사용하자 연합군도 독가스로 응전하면서 전쟁은 미궁에 빠져들었고, 전쟁이 길어지자 양측 모두 인명 피해가 크게 늘어났다.

1918년, 4년간 지속된 제1차 세계대전은 상대방에 의해서가 아니라 내부 저항으로 막을 내린다. 하지만 하버는 독가스의 성능 개선 작업을 이어간다. 다시 전쟁이 일어나게 되면 그때는 자신의 조국이 이겨야 하기 때문이다. 지금도 그렇지만 화학 무기는 가난한 나라에서 쓸 수 있는 가장 효과적인(가장 끔찍한) 무기다. 또한 독가스는 살충제로 이용 가능했기 때문에, 식량 생산을 증진하기 위해서도 개발이 필요했다.

패전국이 된 독일은 전쟁 배상금으로 신음한다. 이에 하버는 바닷물에서 금을 채취하는 방법을 연구했다. 그는 이 연구로 조국이 빚을 갚고 다시 영광의 길로 나아갈 수 있다고 믿었다. 식량의 연금술사가 진짜 연금술에 뛰어든 것이다. 바닷물에는 각종 미네랄과 온갖 종류의 금속이 포함되어 있고, 그중에는 금도 있다. 바닷물 1톤에는 대략 6mg의 금이 들어 있다. 1g은 1,000mg이다. 즉, 금 1g을 모으려면 167톤의 바닷물이 필요하다. 참고로 금 1g은 5만 원이 채 되지 않는다. 하지만 바닷물의 양을 생각해보라. 금을 쉽게 모을 수만 있다면 그 양은 어마어마할 것이다. 하버는 5년간 바다를 떠돌며 금을 채취하기 위해 다양한 방법을 시도했으나 결과는 좋지 않았다. 다른 학자들은 국가의 개가 된 그를 조롱했지만, 국가에 대한 그의 믿음은 변하지 않았다.

경제가 박살난 독일에서는 '국가사회주의 독일 노동자당(나치)'이 득세한다. 그들은 억눌려 있던 유대인 혐오를 전면에 내세운다. 1933년, 히틀러는 총리에 임명되자마자 인종법을 실행해 유대인 차별을 공식적으로 선언한다. 아인슈타인을 포함해 독일의 유대인 과학자들은 대부분 망명길에 오른다. 독일의 영웅 하버조차 자신이 만든 연구소의 소장직을 쫓겨나듯 사임했다. 히틀러의 측근들조차 "하버는 유대인이지만 가치가 있다"며 선처를 요구했지만, 히틀러가 그런 말이 통할 상대였다면 애초에 그런 정책을 시행하지도 않았을 것이다. 하버는 가족까지 바치며 조국 독일을 사랑했지만, 그 사랑은 짝사랑이었다. 짝사랑은 늘 비정한 법이다.

하버는 자신의 인생 전체가 거절당했다고 느꼈고, 그 충격으로 완전히 무너졌다. 그는 친구에게 보낸 편지에 이렇게 고백한다.

> "이렇게 씁쓸한 적이 없었네. 그리고 시간이 지날수록 이런 감정은 점점 커지고 있어. 나는 독일인이네. 그리고 그 사실에 아주 구역질이 나."

결국 독일인 하버는 조국을 떠나 망명길에 오른다. 영국으로 갔으나, 독가스 개발자라는 악명이 그림자처럼 따라다녔다. 과학계의 거장이라며 존경을 표한 이들도 있었지만, 제1차 세계대전을 경험한 이들은 그를 경멸했다. 1934년, 하버는 팔레스타인에 위치한 한 유대인 연구소의 소장직을 제안받는다. 당시 유대인들은 팔레스타인에서 점점 세를 넓혀가고 있었다. 의사는 그의 장거리 여행을 말렸지만, 그는 그 제안을 받아들였다. 평생 유대인이 아닌 독일인으로 살려고 노력했던 그가 생의 마지막을 유대인 국가에서 보내기 위해 길을 나선 것이다. 그는 팔레스타인으로 가던 도중 스위스 바젤에서 심장 마비로 사망한다. 향년 65세였다.

이후 하버의 독가스 연구를 이어받은 독일의 과학자들은 치클론 B Zyklon B를 완성한다. 이 독가스는 나치의 유대인 학살에 사용되었다.

아인슈타인은 하버의 죽음을 전해 듣고 이런 말을 남겼다.

"유대계 독일인의 비극, 짝사랑이 낳은 비극."

●▶▶

하버가 완성한 질소 고정은 인류를 기적적으로 구하고 극단적으로 죽였다. 하버는 '식량 위기에서 인류를 구한 과학자'면서 동시에 '독가스의 아버지'다. 그는 천만 명 이상의 죽음에 직간접적인 영향을 끼쳤다. 우리는 양극단에 동시에 서 있는 그를 어떻게 받아들여야 할까? 공은 공대로, 과는 과대로 이해하면 되는 걸까?

문제는 그리 단순하지 않다. 그의 잘못은 훌륭한 사람이 한순간 저지른 실수가 아니다. 그가 비료를 개발한 것도, 화학 무기를 개발한 것

'프리츠 하버'의 리즈 시절, 그리고 탈….

시대와 남편을 잘못 만났지만 과학자와 세계 시민으로서 철학이 확고했던 '클라라 임머바르'.

"괜히 일찍 접었어", 아이디어 제공자 '프레드릭 오스트발트'.

"다 아이디어만 내면 소는 누가 키우니?" 암모니아 대량 생산의 일등공신 '카를 보슈'.

도 결국 하나의 목적을 위해서였다. 그는 오직 조국의 번영을 위해 이 둘을 개발했다. 그러니 우리는 결과만을 놓고, 하나는 옳은 것이었고 하나는 그른 것이었다고 판단할 수가 없다. 국가주의자라면 그의 잘못을 국가에 충성하다 보니 일어난 실수 정도로 변호해줄 수도 있다. 하지만 세계 시민인 우리들은 하버가 아무리 지대한 공을 세웠어도 그를 좋게 평가할 수 없다. 그는 전쟁과 대량 살상 무기에 대한 확신범이었다. 어쩔 수 없이 저지른 일이 아니다. 화학 비료도 그에게는 국가의 무기였고, 독가스도 국가의 무기였다. 그래서 그는 어떤 사악한 빌런보다 강력한 빌런이다. 영화 속 최후의 빌런은 악의가 아니라 신념으로 무장하고 있다.

그런데 아이러니하게도 이 완벽한 빌런 덕분에 지구 70억 인구 중에 50억이 살아갈 수 있게 되었다.

프리츠 하버와 클라라 임머바르의 무덤. 하버는 마지막 순간 아들에게 자신을 클라라 옆에 묻어달라고 부탁했다.

우리는 맬서스 트랩을 벗어났을까?

맬서스가 〈인구론〉을 발표한 지 200년, 하버와 보슈가 화학 비료를 만든 지 100년이 지났다. 제2차 세계대전이 끝난 후, 질소 고정 기술로 만들어진 인공 비료가 전 세계에 보급됐다. 이후 인류는 언제나 그랬듯이 끊임없이 서로를 죽여댔지만, 그럼에도 인구는 폭발적으로 증가했다.

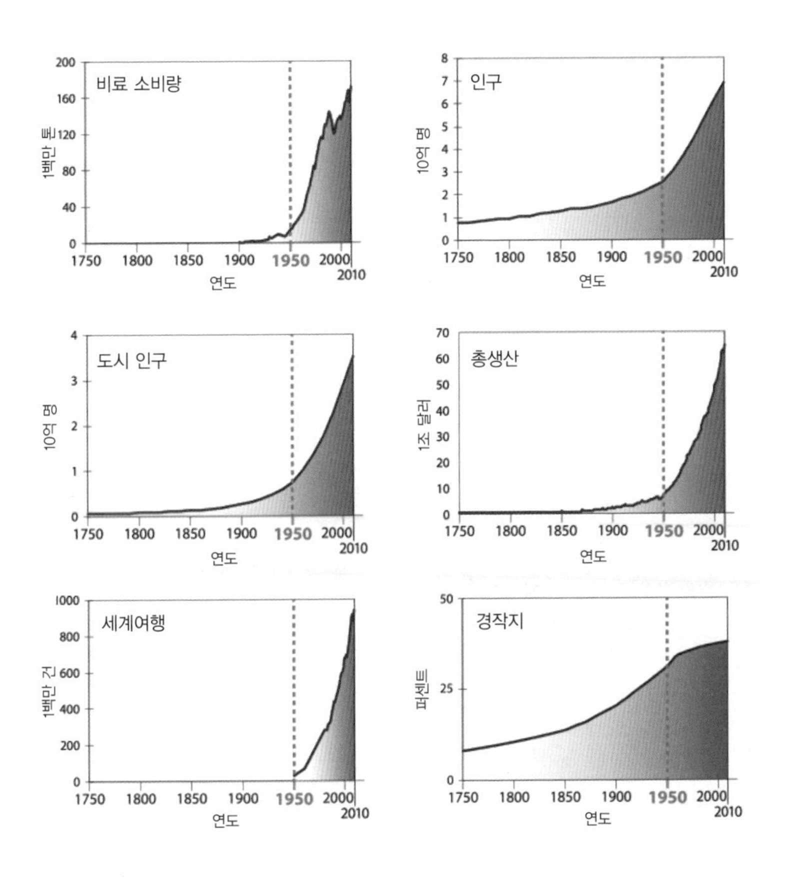

앞 장에 있는 그래프를 보자. 질소 고정으로 인공 비료가 등장하면서 비료 사용이 많아졌고, 그에 비례해 인구 역시 폭발적으로 증가했다. 식량이 안정되자 도시로 유입되는 인구가 늘어났고, 산업의 발달로 총생산도 늘어났다. 심지어 세계여행의 대중화 역시 비료 사용량과 일치한다. 당신이 생각할 수 있는 성장에 관련된 온갖 지표를 찾아보라. 모두 인공 비료 사용량과 일치할 것이다(물론 이 모든 발전이 꼭 질소 고정 때문이라 할 수는 없지만, 중요한 것 중 하나인 것만은 분명하다).

더 놀라운 점은 이렇게 인구가 늘어나고 세계가 발전하는 동안 경작지 자체는 크게 늘어나지 않았다는 점이다(마지막 그래프). 1961년 이후 세계 인구는 2배로 늘어났지만, 경작지는 13% 증가하는 데 그쳤다. 그럼에도 우리는 이전 어느 때보다 풍요로운 시대를 살고 있다. 인공 비료가 보급되기 전까지 인류는 빈 땅을 찾기만 하면 논밭을 만들었다. 그래야 겨우 먹고 살 수 있었다. 그러니 산림이고 뭐고 하나도 남아나지 않았다. 하지만 인공 비료가 보급되면서 경작지의 효율이 3배 이상 증가했고, 덕분에 토지를 다른 용도로 활용할 수 있게 되었다.

물론 인공 비료가 세상에 좋은 것만 준 것은 아니다. 다른 그래프를 보자.

인구 증가는 곧 자연 파괴로 이어졌다. 이산화탄소와 메탄의 배출량이 늘어나니 지구 온도가 상승하고, 이는 자연재해와 기후 변화를 불러왔다. 생물 멸종 역시 심각하다. 현재 매년 100만 종의 생명체 가운데 100종 이상이 완전히 멸종하는데, 이는 인류 등장 이전과 비교하면 1,000배 빠른 속도로, 대멸종 시기와 맞먹는다. 현재 지구는 인간 때문

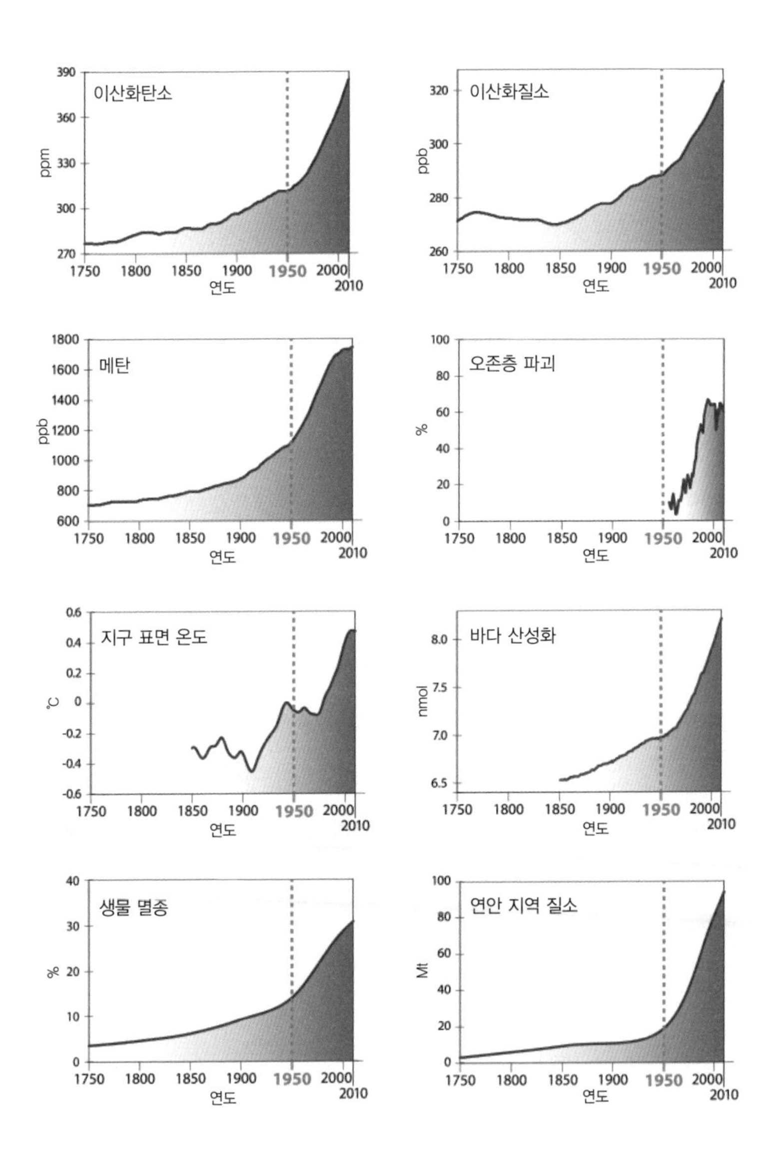

이산화탄소
ppm
연도
이산화질소
ppb
메탄
오존층 파괴
%
지구 표면 온도
°C
바다 산성화
nmol
생물 멸종
연안 지역 질소
Mt

에 6번째 대멸종을 겪고 있다.

여러 번 강조했듯이 질소는 생명체가 살아가는 데 꼭 필요하다. 과거에는 지구상의 생명체가 사용할 수 있는 질소가 제한돼 있었다. 뿌리혹 박테리아는 지구가 수용 가능한 속도로 아주 조금씩 질소의 양을 늘렸고, 생명체도 이에 맞춰 조금씩 늘어났다. 하지만 인공 비료가 질소를 무한대로 공급하기 시작한 순간 이 흐름이 깨져버렸다. 한번 분해된 질소는 사라지지 않는다. 인공 비료 중 농작물이 흡수하는 질소의 양은 25%밖에 되지 않는다. 나머지 질소는 빗물에 씻겨 내려가거나 지하수에 스며든다. 앞 장의 마지막 그래프를 보자. 연안 지역의 질소량이 급격히 증가했다. 연안 지역뿐 아니다. 질소가 과다하게 포함된 물은 수증기가 되어 하늘로 올라가 전 지구에 질소 비를 뿌린다. 전 지구에 분해된 질소가 넘쳐나고 있다. 안정을 유지하던 지구 생태계 브레이크가 박살난 것이다. 질소가 많아지면 식물도 번성하고 좋은 것 아니냐고? 자연은 그렇게 단순하지 않다. 어떤 식으로든 급격한 변화는 좋은 현상이 아니다. 늘어난 질소가 정확히 어떤 역할을 하게 될 것인지는 학자들도 명쾌한 답을 하지 못하고 있다. 이제는 일상이 된 적조와 녹조도 늘어난 질소의 영향이 크다.

●▶▶

우리 시대에는 먹을 것을 걱정하는 사람보다 다이어트를 고민하는 사람이 더 많다. 인공 비료는 이제 인류의 구원자가 아니라 환경 오염의 주범으로 지목받고 있다. 그렇다면 우리는 맬서스의 악몽을 완전히 벗어난 것일까?

20세기 중후반 동아시아 국가는 산아 제한 정책을 폈다. 일본이 가장 먼저 시행했다 폐기했고, 한국에서는 1990년대까지 이 정책을 유지했다. 가장 늦게 받아들인 중국은 2016년까지 한 자녀 정책을 고수하다 지금은 두 자녀 정책으로 완화했다.

산아 제한은 맬서스 트랩의 영향을 받은 전형적인 정책이다. 맬서스 트랩이 해결되고 한참 시간이 지난 뒤, 멀고 먼 동아시아에서 맬서스의 악령이 부활한 것이다. 물론 경제가 성장하는 시기에 출산율이 극단적으로 높으면 생필품 외의 다른 소비가 잘 이루어지지 않아 산업 고도화에 방해가 되는 경향이 있다. 그래서 산아 제한 정책이 동아시아 발전에 완전히 효과가 없었다고 단정할 수는 없다. 하지만 이 정책이 시행된 일본과 한국은 현재 급격한 노령화와 인구절벽에 직면해 있고, 중국 역시 노령화가 다가올 것을 걱정하고 있다.

경제 문제보다 더 심각한 건, 정부가 성장을 이유로 출산이라는 개인의 영역까지 침범할 수 있다는 사고방식이다. 현재는 상황이 바뀌어서 정부가 시민에게 출산을 강요한다. 맬서스의 〈인구론〉이 남긴 진정한 악령은 바로 이 사고방식이다. 복지 정책이 이슈가 될 때마다 여전히 많은 사람이 '능력이 없는 사람은 도와줄 필요가 없다'는 식의 접근을 한다. 산아 제한 역시 언제나 하층민의 것이었다. 사회 상층부가 이 부담을 지는 경우는 없다.

중동 지역은 인류 문명이 최초로 시작된 풍요로운 곳이었으나 지금은 절반 이상이 사막으로 변했다. 그리고 이 속도는 점점 빨라지고 있다. 중동 지역의 끝나지 않는 분쟁을 식량과 식수 문제로 바라보는 전문가도 있다.

러시아 서부 지역에는 밀밭이 많고 이곳에서 생산된 밀은 전 세계로 수출된다. 그런데 2010년 기상 이변과 큰 화재로 이 지역의 밀 수확이 크게 줄어든다. 자국 내에서 소비할 밀도 부족해지자 러시아는 밀 수출을 전면 중단해버렸고, 세계의 밀값이 폭등한다. 식량 자급이 어려운 중동 지역은 이 문제에 제대로 대처하지 못했고, 이집트를 시작으로 시민의 분노가 터져 나왔다. 혁명은 삽시간에 중동 전체로 번졌다. 정세가 불안해지자 여러 국가에서 쿠데타나 내전이 발생했고, 혼란을 틈타 IS가 급성장한다. 시리아에 내전이 터지고 IS가 개입하자 목숨이 위태로워진 사람들은 난민이 되어 유럽으로 넘어갔다. 러시아에 가뭄이 들었을 뿐인데 전 세계가 휘청인 것이다.

지구 온난화를 비롯한 급격한 환경 변화는 지구의 미래가 암울할 것을 예고하고 있다. 학자들은 지금과 같은 상태가 이어진다면 2050년을 전후해 식량 생산량이 20%가량 줄어들어 세계적인 식량 부족 사태가 벌어질 수도 있다고 경고한다. 식량은 생존에 필수적이어서, 5%만 부족해도 가격은 50% 이상 오른다. 미래까지 갈 필요도 없다. 우리가 다이어트를 고민하는 이 순간에도 8억 명이 넘는 세계 시민이 굶주리고 있다.

어쩌면 인공 비료는 맬서스 트랩을 파괴한 것이 아니라 시간을 조금 유예한 것뿐인지도 모른다. 인류의 선물은 저주로 돌아올지도 모른다. 인공 비료 생산 이전보다 지구의 인구는 훨씬 늘어났고, 자연은 더 파괴되었으며, 우리는 너무 막강한 힘을 가지고 있다. 앞으로 다가올 식량 위기, 식수 위기, 혹은 경제 위기는 세계를 지옥으로 바꿀지도 모른다. 인류가 사라지는 게 두려운 것이 아니다. 사라지는 동안 서로에게 보여줄 잔인함이 두렵다.

2008년 세계 경제 위기 이후, 각 국가는 이전까지 늘려오던 복지 예산을 축소했다. 어려울 때일수록 국가가 더 적극적인 정책을 펴야 한다고 생각하지만, 그래도 여기까지는 돈이 없으니 어쩔 수 없는 것으로 이해해줄 수 있다. 그런데 복지가 줄어들고 서민이 직장과 집을 잃고 난민이 증가한 이 시기에도 전 세계 국방비는 오히려 늘어났다. 이것이 의미하는 바는 무엇일까? 국방비 증가가 곧 전쟁은 아니다. 하지만 이 지표는 위기가 닥쳤을 때 우리가 어떻게 반응하는지를 보여주는 것 같아 마음이 무겁다. 과연 우리는 약자를 멸시했던 맬서스와 다른 결론에 도달할 수 있을까? 국가를 뛰어넘는 연대를 해낼 수 있을까? 전 세계가 다가올 고통을 함께 나눠 질 수 있을까?

모르겠다. 아침에는 세계 시민으로서 우리의 진보를 믿다가도, 밤이 되면 부정적인 생각이 엄습한다. 어쩌면 하버같이 또 다른 연금술사를 기대하는 게 더 가능성이 높은지도 모르겠다. 그 사람이 악당이든 영웅이든 간에. 그렇게 또 한 번 우리는 우리의 결정을 유예하는 거지.

2

너와 / 나의 / 연결 고리

진시황과 프랑스 혁명 사이

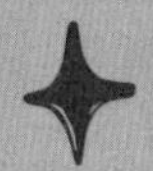

"돌이켜볼 때, 중요한 사건이
일어난 날짜는 확실하게 말할 수가 없다.
사실 대다수 사건은 일어난 날짜를
구체적으로 댈 수 없다.
처음에는 그저 가능성이 있는 아이디어에 불과했다가,
서서히 자라나 확신으로 변하기 때문이다."

– 윌리스 캐러더스

난이도 ★★☆

쉽다. 단, 고대부터 현대까지 마구잡이로 날뛰는 소재에 현혹되지 마라. 나는 현혹되는 바람에 글을 마구잡이로 썼다. 중간에 몇 가지 단위의 정의가 들어가 있는데, 그 부분은 굳이 이해하지 않아도 괜찮다. 어차피 나도 이해하고 쓴 게 아니다.

우리는 단위의 노예다.

체형이 개인마다 모두 다르다는 사실을 충분히 알고 있는 사람도 단순히 44사이즈를 입지 못한다는 이유로 다이어트를 한다. 대부분 66 이상을 입고, 우리가 흔히 몸매가 좋다고 하는 스타들조차 55사이즈를 입지만, 그런 객관적 사실이 우리의 강박을 해결하진 못한다. 44사이즈가 존재하므로 도전할 뿐이다.

한번 우리를 점령한 단위는 쉽게 사라지지 않는다. 아무리 몸에 좋은 음식이라 하더라도 칼로리가 높으면 다이어트의 적일 뿐이다. 단위는 언어와도 같다. 어릴 때 집을 '평' 단위로 본 사람은 이후 아무리 제곱미터(m^2)를 사용해도, 제곱미터를 3으로 나누고 나머지를 버려 대충 평수로 환산한 다음에야 감을 잡는다. 나는 고작 30대지만 아마 죽을 때까지 제곱미터를 단번에 이해하지 못할 것이다. 우리가 영어를 읽으면 한국어로 해석해서 받아들이듯, 단위도 마찬가지다. 한번 잡힌 사고관은 좀처럼 바뀌지 않는다.

단위는 얼마나 정확할까?

단위가 없다면 우리에게 기술과 과학은 불가능하다. 아니, 사회 형성 자체가 불가능할지도 모른다. 물건을 만드는 것도, 건물을 짓는 것도, 거래를 하는 것도, 단위가 없다면 무엇 하나 제대로 되지 않는다. 그래서 우리는 우리가 사용하는 단위에 분명 과학적인 논리가 숨어 있을 것이라 생각하며, 단위와 단위가 형성한 이 사회를 아무 의심 없이 받아들인다.

1724년 폴란드계 네덜란드 물리학자 다니엘 파렌하이트Daniel Fahrenheit는 화씨 온도를 고안했다(화씨와 섭씨라는 명칭은 이를 고안한 'Mr. 파[화]렌하이트'와 'Mr. 셀[섭]시우스'를 중국어로 음차한 표현. 이는 트럼프를 트씨, 오바마를 오씨라고 부르는 격이다). 나는 화씨를 볼 때마다 '복잡하다'는 느낌을 받곤 했는데, 그건 내가 섭씨에 익숙한 문화권에 살기 때문이라고 생각했다. 그런데 알고 보니 화씨는 실제로 복잡했다. 예를 들어 섭씨는 물이 어는 점을 0℃로 잡는다. 반면 화씨는 이를 32°F로 잡는다. 애매하긴 하지만 기준점이야 다를 수 있으니까 여기까진 그렇다고 치자. 파렌하이트는 화씨의 0°F를 '얼음, 물, 염화나트륨 혼합물이 평형을 이루었을 때'로 잡는다. 이해가 잘 가지 않는 설명인데, 간단히 바닷물이 어는 온도라고 생각하면 된다. 하지만 바닷물은 세 혼합물의 농도가 일정하지 않아 어는 온도가 일정하지 않다. 왜 이렇게 애매한 기준점을 잡았을까? 혹시 일단 정하고 갖다 붙인 설명은 아닐까? 실제로 파렌하이트는 0°F를 자신의 고향인 폴란드 그단스크의 겨울 기온(-17.8℃)에 맞췄다는 의혹이 있다. 그 온도가 자신이 생각하는 가장 추운 온도인 것이다. 그럼 100°F는 어디로 맞췄을까? 쉽다. 자신이 생각하는 가장 따뜻한 곳의 온도겠지.

정답: 아내의 겨드랑이.

기본이 이렇게 잡혀 있으니, 복잡할 수밖에 없다. 고향의 날씨와 아내의 품이라니, 파렌하이트는 분명 로맨티시스트였겠지만 로맨티시스트는 예측할 수 없다. 화씨를 옹호하는 사람들은 화씨가 일상적으로 우리가 접하는 온도(-17.7℃~37.7℃)를 백단위화했기 때문에 일상생활에서 편하게 사용할 수 있다고 주장한다. 하지만 화씨를 사용하는 국가가 점차 사라지는 것만 봐도, 이 단위가 정말 사용하기 편한지는 다소 의문이다. 물론 화씨를 평생 사용한 사람들은 섭씨가 이상하다고 생각하겠지만.

많은 경우 단위는 과학적이고 엄밀하다. 하지만 그렇지 않은 경우도 많다. 하나만 더 이야기해보자.

해발 고도라는 단위가 있다. 높이를 측정할 때 주로 사용하는 단위로, 해수면의 높이를 0으로 잡고 원하는 곳의 높이를 측정한다. 일상에서는 보통 산의 높이를 잴 때 사용한다. 해발 고도는 상당히 엄밀한 단위로 보인다. 실제로 이 정도로 엄밀한 단위는 많지 않다. 하지만 이 엄밀한 단위조차 엄밀히 따져보면 엄밀하지 않다.

일단 기준이 되는 해수면의 정확한 값이 없다. 해수면은 밀물과 썰물로 인해 하루에도 몇 번씩 바뀐다. 이를 하루의 평균치로 잡는다 하더라도 문제가 남는다. 바닷물은 하루하루 높이가 변한다. 딱딱한 육지조차 끊임없이 높아졌다 낮아졌다를 반복하는데 바다가 오죽할까. 기후 변화도 해수면의 변화를 거든다. 어제와 오늘이 다르고, 내일은 어떨지 종잡을 수 없다. 하물며 십 년이 지난 다음은 어떨까? 지역별로 해수면의 높이 또한 같지 않다. 국가별로 해수면의 기준이 다른데, 경우에 따라서는 20m 이상 차이 나기도 한다. 가령 해발 고도의 기준을 한국은 인천 앞바다로, 북한은 원산 앞바다로 잡는데, 한국 기준으로 백두산의 높이는 2,744m, 북한 기준으로는 2,750m다. 한반도 안에서만 6m가 차이 난다. 물론 우리는 해발 고도를 산이 높은지 낮은지를 판단할 때만 사용하기 때문에 이 정도 차이는 별것 아닐 수도 있다. 지리산이 1,900m든 1,915m든 우리에겐 대충 1,900m일 뿐이다.

깐깐하게 굴긴 싫으니까, 해수면은 같고 지구는 멈춰 있다고 가정하자. 현재는 GPS로 해발 고도를 실시간으로 측정하므로 거의 정확한 수치를 얻을 수 있다. 그럼 해발 고도가 정확하다면 아무 문제가 없을까? 그래도 여전히 애매하다. 해발 고도를 기준으로 하면, 세계에서 가장 높은 산은 에베레스트다. 무려 8,848m의 해발 고도를 자랑한다. 그런데 에베레스트는 19세기 이전까지는 3,658m짜리 평범한(?) 산에 불과했다. 당시 세계에서 가장 높은 산은 아프리카 킬리만자로(5,895m)였다. 에베레스트보다 2,000m 이상 높았다. 대체 19세기 에베레스트에는 무슨 일이 있었을까? 지진? 화산 폭발?

정답: 아무 일도 없었다.

단지 해발 고도가 적용됐을 뿐이다. 해수면을 기준으로 높이를 재자 티베트고원(5,180m)에 위치한 에베레스트는 갑자기 8,848m의 괴물이 된 것이다. 디펜딩 챔피언 킬리만자로는 아콩카과(6,962m)와 데날리(6,168m)에도 밀려 4번째 높은 산이 되었다. 물론 순수한 산의 높이를 측정한다는 건 해수면을 기준으로 하는 것보다 훨씬 애매하다. 대체 어디부터 순수하게 산의 높이란 말인가? 하지만 그렇다고 키높이 구두에 탑승한 친구가 나보다 키가 더 크다고 주장한다면 내가 쉽게 수긍할 수 있을지 모르겠다. 물론 아주 오랜 시간이 지나면(5만 년 정도?) 에베레스트는 어느 기준으로 따져도 가장 높은 산이 될 것이다. 유라시아판과 인도판이 충돌하는 지점에 놓인 에베레스트는 지금도 매년 5cm씩 크고 있으니 말이다.

수치가 변한다고 실체가 변하는 것은 아니다. 높이를 어떻게 측정하든 산이 변하지는 않는다. 그럼 수치가 어떻게 나오든 상관없는 거 아니냐고? 그리 단순한 문제가 아니다. 높이를 해발 고도로 측정한 이후, 에베레스트는 상징적인 곳이 됐다. 모든 산악인의 꿈은 에베레스트를 등정하는 것이다.

이는 우리의 사고에도 영향을 끼친다. 내가 만약 에베레스트를 등정한 적이 있다고 해보자. 그럼 킬리만자로를 오를 때, 올라가야 할 실제 높이는 에베레스트보다 더 높음에도 불구하고 만만하게 볼 것이다. '아, 오늘 왜 이렇게 힘들지? 에베레스트도 올랐는데.' 이런 생각을 하며 헥헥대겠지. 킬리만자로가 실제로는 더 높이 올라야 한다는 사실은 중요한 게 아니다. 편견은 놀라운 것이어서, 나는 에베레스트를 올랐기 때문에 킬리만자로를 오를 수도 있다(설명을 위한 단순 비교임을 유의하자. 실제 등산에는 산의 높이 외에 고도에 따른 대기, 날씨 등 다양한 변수가 영향을 끼친다. 저 정도 산을 오르는 사람이 이런 사실을 모를 리도 없고).

단위의 혼란

인류는 사회를 형성한 이후 줄곧 나름의 단위를 만들어 사용했다. 가장 처음 만든 것은 신체를 이용한 직관적인 단위였다. 우리가 여전히 사용하는 한 뼘(손의 길이), 한 아름(두 팔로 껴안은 둘레), 한 움큼(한 손에 움켜쥔 양) 같은 것이 가장 원초적인 단위라고 할 수 있다.

서양에서 오래전부터 사용해온 피트(Feet, 30.48cm)와 인치(Inch, 2.54cm) 역시 신체를 이용한 단위다. 피트는 명칭에서 알 수 있듯이 발 길이가 기준이다. 인치는 라틴어 운키아Uncia에서 유래한 단어로 12분의 1이라는 뜻을 가지고 있다. 즉 1인치는 12분의 1피트다. 하지만 늘 12등분을 해볼 수는 없는 노릇이기에, 1인치는 엄지손가락 중간 마디의 길이로 대체됐다. 그 외에도 팔꿈치부터 손끝까지를 기준으로 하는 큐빗Cubit(45.72cm), 코에서 손끝까지의 길이를 기준으로 하는 야드Yard(0.91438m)도 자주 사용됐다.

단위는 사회 전반에 중요하지만, 특히 상업 활동에는 절대적이다.

거래를 하려면 기준이 있어야 한다. 그래서 인치와 피트 같은 단위는 상업이 발달한 항구 중심으로 발전했고, 뱃길을 따라 유럽 전역에 퍼져나갔다. 이렇게 퍼져나간 단위는 자리를 잘 잡았을까?

안타깝게도 사람의 신체 사이즈는 모두 제각각이다. 발 크기, 팔 길이, 이런 기준은 직관적일지는 몰라도 엄밀하지는 않다. 그러니 같은 단위라 하더라도 산 넘고 물 건널 때마다 달라졌고, 같은 마을에 사는 사람이라 하더라도 모두 조금씩 달랐다. 각 나라는 이런 혼란을 막기 위해 단위에 대해 확실한 기준을 만들려 노력했다. 역사적으로 피트의 길이는 통치자의 발 길이로 정해졌다. 그런데 왕은 너무 자주 바뀌었다. 모든 왕이 즉위할 때마다 자기 발을 과시하며 기준을 바꾼 건 아니지만, 단위의 기준이 개인이 된다는 건 좋은 방식이 아니다. 여기에 다른 나라까지 쳐들어와 단위를 강요하면 혼란은 더 가중된다.

조금 더 나은 방식을 제안한 지도자도 있었다. 스코틀랜드의 데이비드 1세는 인치 논란을 종결하기 위해, 성인 남성 다수의 엄지 길이를 측정해 그 평균값을 공식 인치로 지정했다. 여전히 애매하지만 국왕 개인의 엄지 길이보다는 나아 보인다. 잉글랜드를 통합한 에드워드 1세는 국가 통합 과정에서, 동네별로 제각각이던 인치를 보리 세 톨의 길이로 바꿨다. 보리 길이도 제각각이긴 하지만 엄지손가락보다는 차이가 적었다(하지만 이 기준 때문에 훗날 인도에서는 인치가 1.3배 커진다. 인도에는 보리가 드물어 보리 대신 쌀로 인치를 측정했기 때문이다). 이렇게 잉글랜드와 스코틀랜드 내에서의 인치 논란은 종결된다.

그런데 문제는 잉글랜드와 스코틀랜드가 각자 정한 인치 기준이 달랐다는 것이다. 스코틀랜드 인치가 잉글랜드 인치보다 1.0016배 더 컸다. 이 정도면 사실상 같다고 볼 수도 있지만, 이 미세한 차이도 숫자가 커지면 드러나게 된다. 특히 직물같이 얇은 상품에서는 장수가 달라진다. 스코틀랜드 상인들은 비열한 잉글랜드 상인들이 거래할 때마다 직물을 1~2장씩 빼돌린다고 여겼고, 이 때문에 두 나라 상인들은 자주 말다툼을 벌였다. 두 나라의 기준이 인도 인치처럼 확실한 차이를 보였다면 분쟁은 오히려 적었을 것이다. 한 번만 거래해도 서로 기준이 다르다는 걸 알았을 테니까. 하지만 이들의 단위는 거의 같았기 때문에 오해가 사라지지 않았다. 이들의 분쟁은 수백 년간 이어지다 1707년 스코틀랜드와 잉글랜드가 통합되고 단위가 통일되면서 끝나지만, 지금도 여전한 지역 분쟁은 어쩌면 과거의 사소한 인치 차이에서 비롯된 것인지도 모른다.

1625년, 스웨덴은 발트해를 제패하기 위해 전함 '바사Vasa'호를 건조한다. 국가의 기술과 자금이 총동원됐고, 조선 기술이 뛰어난 네덜란드 조선공까지 불러와 만든, 길이 69m, 높이 52m, 함포 64문이 달린 최대 규모의 전함이었다. 국뽕에 취한 스웨덴 국왕 '구스타프 2세'는 진수식에 맞춰 세계의 명사를 초대했다. 1628년 8월 10일 바사호의 첫 출항이 있던 날, 전 세계의 이목이 스톡홀름항으로 집중됐다. 군악대의 팡파르와 함께 바사호는 돛을 올렸고 시민들은 열렬히 박수를 보냈다. 그런데 바사호는 사람들의 박수 소리가 끝나기도 전에(출발 후

1km 지점에서) 침몰해버렸다. 사람들은 바사호가 침몰한 것이 너무 많은 함포를 실었기 때문인 줄 알았다. 그래서 이후 '과욕이 부른 참사'라는 교훈이 필요할 때마다 바사호를 소환했다.

그런데 333년이 지난 1961년, 스톡홀름 앞바다에 수장되었던 바사

인양된 바사호는 복원 과정을 거쳐 박물관에 전시되어 스웨덴 최고의 관광 상품이 되었다. 어쩌면 조상들은 후세가 관광 산업으로 편하게 먹고살 수 있게 해주기 위해 이 배를 만든 것인지도(a.k.a 예쁜 쓰레기).

호가 인양되면서 진짜 침몰 원인이 밝혀졌다. 바사호는 좌현이 우현보다 목재가 두껍고 길이도 더 길었다. 최첨단 기술을 모두 집약해서 만든 배가 좌우 대칭조차 맞지 않았던 것이다. 어쩌다 이런 일이 생겼을까? 당시 좌현은 스웨덴 조선공들이, 우현은 네덜란드 조선공들이 맡아 제작했다. 그런데 스웨덴 조선공들은 스웨덴 인치와 피트를, 네덜란드 조선공들은 네덜란드 인치와 피트를 사용했다. 서로의 단위가 다를 것이라고는 생각하지 못했을 것이다. 그들은 설계도에 충실하게 배를 만들었지만, 바사호는 거대한 쓰레기가 됐다.

도량형 통일과 제국

중국을 최초로 통일한 진시황은 도량형도 통일했다. 도량형이란 길이, 부피, 무게를 재는 단위를 뜻한다. 즉, 진시황은 명확한 기준을 정해 단위를 통일했다. 앞에서 유럽의 단위 혼란을 이야기했으니 왜 도량형 통일이 진시황의 가장 큰 업적으로 평가받는지 충분히 이해할 것이다. 진시황은 도량형뿐 아니라 화폐도 통일했으며, 도로와 수레의 너비, 화물 상자 크기(우체국 1호 박스, 2호 박스 이런 개념)까지 일괄적으로 맞췄다. 그는 국가 전체를 디자인했다. 심지어 이 시점은 기원전이었다. 유럽의 단위 통합보다 1,500년 이상 빨랐다.

진나라의 국가 디자인 사업은 통일 이전부터 시행됐다. 진나라의 시작 지점은 중국 본토 북서쪽이었다. 이 지역은 산이 많아 척박하고 작물이 잘 자라지 않아 가난했다. 외곽이다 보니 이민족의 침입도 잦았고, 구성원 역시 다양한 민족이 섞여 있었다. 본토의 다른 나라들은 진을 반쯤 오랑캐로 여겼다. 하지만 이런 척박한 환경 덕분에 진나라는 오히려 체계적인 시스템을 갖출 수 있었다. 시스템을 갖추지 못했다면 진즉에 사라졌을 것이다. 진나라를 방문했던 순자(성악설로 유명한 유학자)는 "엄격하게 집행되는 법률 아래서 모든 백성이 불평 없이 각자 맡은 일을 척척 하는 모습"에 큰 감명을 받았다.

순자는 진나라를 칭찬하면서, 유일한 단점으로 유학자가 적다는 점을 뽑았다. 여기서 유학자는 꼭 유가의 학자라기보다는 당시 다양한 제자백가 사상가 모두를 말한다. 실제로 진나라 초기에는 학자들이 적었다. 하지만 진나라가 의도적으로 학자를 배척한 것은 아니다. 언제나 인재를 갈구했지만, 학자들은 변방에 있는 진나라까지 찾아가서 입사 원서를 내지 않았다. 그래서 진나라는 다른 나라에서 멸시받던 묵가 무리를 적극적으로 끌어들였다. 묵가에는 평민과 이민자 출신이 많아 다른 나라에서는 이들을 잘 고용하지 않았지만, 이미 이민자가 많았던 진나라는 묵가에 대한 거부감이 적었다.

묵가의 학자들은 사상가이기도 했지만 기술자이기도 했다. 그들은 농업, 건축 같은 실용 학문에 강했다. 다른 제자백가가 인문대학이었다면, 묵가는 인문대와 공대가 합쳐진 종합대학이었다. 공학의 기초는 당연히 단위의 확립이다. 묵가는 자신들만의 단위를 가지고 있었고, 이미 이를 기술에 접목하고 있었다. 묵가의 단위는 진나라에 그대로 이식된다. 이 체계를 바탕으로 진나라는 중국을 최초로 통일하는 제국이 될 수 있었다.

하지만 이렇게 체계적이고 견고했던 진나라는 통일을 이룬 지 고작 15년 만에 무너진다. 힘든 생활 환경을 공유했던 통일 이전 진나라에서는 강압적이고 체계적인 시스템이 민중 사이에서 어느 정도 지지를 받을 수 있었다. 하지만 이 시스템이 통일 이후 전국적으로 확산되자, 상대적으로 자유롭게 살던 다른 지역 주민들은 이런 통치를 도저히 받아들일 수 없었다. 만리장성을 짓는 것 역시 오랜 시간 이민족에게 시달려온 진나라에는 당연한 일이었지만, 다른 지역 주민들에게는 불필요하고 무리한 계획이었다. 진나라의 시스템은 이 모든 걸 강압했고, 결국 스스로 무너진다.

여기서 중요한 건, 이런 혼란한 시기에도 진나라의 도량형은 살아남았다는 것이다. 앞에서 말했듯 단위는 한번 자리 잡히고 나면 쉽게 사라지지 않는다. 그런데 15년 만에 진의 도량형은 중국 전역에 뿌리를 내린다. 진시황의 놀라운 점은 도량형을 통일한 것만이 아니라 15년 만에 이를 완전히 정착시켰다는 점이다. 어떻게 이것이 가능했을까?

진나라는 강력한 법치 국가였다. 한마디로 법을 어기면 형을 세게 때렸다. 단위와 언어에서도 마찬가지다. 가령 나처럼 제곱미터(새 단위) 대신 평(과거 단위)을 쓰는 사람이 있으면 잡아다 형을 내렸다. 그러니 사람들은 과거 단위로 생각하더라도 절대 입 밖으로 내지 않았다. 이렇게 한 세대만 넘어가면 사람들은 완벽하게 새로운 단위에 적응하게 된다. 새로운 세대는 이전 단위를 쓰고 싶어도 몰라서 못 쓴다. 그러니 국가는 15년 만에 무너졌지만, 단위와 언어는 중국 전역에 그대로 뿌리내리게 된다.

반면 유럽에 대제국을 건설한 로마는 포용 정책을 폈다. 그들 역시 공용 단위와 언어를 지정했지만, 진나라같이 강압적으로 굴진 않았다. 그들은 충성만 한다면 다른 지역의 문화도 존중했고, 단위와 언어의 사용도 허용했다. 그 덕분에 로마는 오랜 시간 제국을 유지했지만, 단위는 끝내 하나가 되지 못한다.

역사서에서 크게 언급하진 않지만, 이후 다시 중국을 통일하게 되는 한나라의 유방도 단위 통합에 큰 역할을 했다. 만약 그가 중국을 통일한 다음 유럽의 다른 왕처럼 자신만의 단위를 만들어 다시 보급했다면 단위의 혼란이 계속됐을 것이다. 하지만 우유부단했던 유방은 진나라의 도량형을 그대로 사용함으로써 도량형이 뿌리내리는 데 결정적 역할을 하게 된다. 가끔은 지도자가 아무것도 하지 않는 게 도움이 될 때도 있다.

이후 유럽은 끝없는 분열에 시달리지만, 중국은 분열이 되더라도 곧 하나의 통일 국가를 이뤘다. 같은 언어와 같은 단위를 사용하는 것이 이런 상황에 영향을 끼쳤을 것이다. 아무래도 단위와 언어가 같으면 한 나라라는 생각을 가질 수밖에 없다(물론 지리적 영향도 크다. 유럽과 중국은 크기는 비슷하지만, 유럽은 높은 산맥으로 갈가리 찢겨 있고, 중국은 상대적으로 큰 장애물이 없다. 그러니 이동이 편하고 한 나라가 될 확률도 높다).

●▶▶

역사적으로 단위의 통합은 늘 강력한 권력과 함께했다. 단위가 없다면 권력자는 명령을 내리는 데 어려움을 겪는다. 우리에게 언어라는 단위가 없다면 권력자는 우리에게 제대로 일을 시킬 수 없다. 그들이 명령을 내린다 해도 우리가 알아듣지 못한다. 채찍질을 할 수는 있겠지만 그때뿐이다. 말귀를 알아먹는 순간, 아이는 부모의 명령을 들어야 한다. 아이에게 화장실 사용법을 가르치면 편해지는 건 아이가 아니라 부모다. 화장실을 사용하지 않는 아이를 혼내며 "다 너를 위해서 이러는 것"이라고 말하듯이, 사회는 "체계와 규율이 모두 시민을 위한 것"이라 말한다.

단위가 만들어지면 우리는 복잡한 명령도 수행할 수 있다. 우리가 학교에서 교육을 받지 않는다면 사회는 우리를 부리지 못할 것이다. 우리는 규정된 단위와 기술을 배우고, 사회가 부리기 좋은 노예가 된다. 우리는 '나'가 아니라 대체 가능한 존재가 된다. 같은 기술을 가진 다른 사람으로 언제든 대체될 수 있다. 이게 꼭 기술일 필요도 없다. 사회에 출산이 필요하면 나 대신 다른 여성이 아이를 낳으면 된다. 사회에서는 개인도 단위일 뿐이다. 우리는 사회의 도구로서 어떤 목적에 이용된다. 그러니 원칙적으로 우리는 그 어떤 획일화도 거절해야 한다.

그럴듯한가? 논리적으로는 옳을 수도 있다. 하지만 아나키스트를 제외한다면 대부분 사람에게 이 주장은 진공의 무중력 상태를 가정하는 것만큼이나 허무맹랑하게 들릴 것이다. 딱 하나의 질문으로 이 주장은 파괴된다.

"그래서 어쩌라고?"

도구적 이성이니 그럴듯한 단어를 써가며 사태를 비판할 순 있지만, 그렇다고 문명의 이기를 버린 채 야생에서 살 순 없지 않은가. 그럴 수도 있겠지만, 그렇게 하고 싶은 사람은 별로 없을 것이다. 그러기에 우리는 너무 약았다. 편리함에 길들여진 사람은 그 이득을 포기할 수 없다. 단위를 어쩔 수 없는 것으로 받아들여야 한다면, 설령 단위가 압제의 도구라고 하더라도 다른 시각에서 바라봐야만 한다.

프랑스 혁명과 미터법

우리가 현재 사용하고 있는 표준 단위는 프랑스 혁명과 함께 만들어졌다. 프랑스 혁명에는 다양한 원인이 있겠지만, 폭발한 다수 대중에게 중요한 것은 언제나 '먹고사니즘'이다. 이 세상 모든 혁명은 "못 살겠다. 갈아보자!"에서 시작한다. 태양왕 루이 14세가 빛으로 빛나는 황제놀이를 한 후, 프랑스의 재정은 걷잡을 수 없이 악화된다. 루이 15세의 말년쯤 되면 왕궁은 거지가 된다. 나라에 돈이 없으면 기댈 곳은 하나뿐이다. 바로 세금! 국가의 세금 폭탄이 터지자, 지방 영주들 또한 혼란한 틈에 한몫 잡기 위해 국가 세금에 더해 자신만의 세금을 만들어 시민들에게 요구했다. 결국 과중한 세금에 신음하는 건 민중뿐이다.

당시 세금은 돈이 아니라 현물이었다. 농사를 지으면 농산물을, 물건을 만들면 물건을 내는 식이었다. 그런데 현물로 세금을 내다 보니, 착취하는 쪽은 단위를 자신이 유리한 쪽으로 해석했다. 이는 중세 시대부터 이어진 고질적인 문제로, 혁명 직전 프랑스에는 800개의 단위가 있었고, 이 800개 단위가 25만 가지 의미로 사용됐다. 단위 하나당 평균적으로 300가지 이상의 의미가 있으니, 기득권은 단위를 자신에게 유리하게 해석해 무한정 민중을 착취했다.

혁명의 한 축이었던 계몽주의자들은 시민들에게 이전과는 다른 명확한 과세를 제시할 의무가 있었다. 그렇기에 명확한 단위가 필요했다. 단위는 수탈의 도구이기도 하지만 수탈을 막는 도구이기도 한 것이다. 계몽주의자들이 기존 기득권보다 현명했던 점은 단위를 엄밀한 기준에 맞춰 만들려고 했다는 것이다. 명확한 단위의 필요성은 어제오늘 일이 아니었고 이전 지도자들도 알고 있었다. 하지만 그들은 자신의 권력을 과시하기 위해 자신의 손과 발을 단위로 지정했다. 만약 프랑스의 혁명 세력이 프랑스 내에서 사용할 단위만 생각했다면 기존 권력자의 방식을 답습했을 것이다. 혁명의 상징인 단두대의 길이를 표준 단위로 삼는다든지 하는 식으로 말이다.

하지만 계몽주의자들은 혁명 정신이 전 세계에 퍼져나가 전 인류의 것이 되리라 확신했고, 단위 역시 세계가 함께 사용할 수 있는 것이어야 한다고 생각했다. 그래서 자연물에 근거한 단위를 만들기로 한다. 단위 이름 역시 불어가 아니라 라틴어로 만들었다. 동아시아에 사는 우리가 보기에 라틴어는 서구 중심적인 언어지만, 당시 프랑스 입장에서 라틴어는 일종의 세계 공용어였다.

단위 제정 임무는 파리 과학아카데미로 넘어간다. 그들은 두 가지 원칙을 세웠다.

하나, 표준 원기를 잃어버리더라도 언제든 다시 제작할 수 있는 단위를 만들 것.

과거 단위는 원기를 제작했다. 가령 왕의 발 크기로 피트를 정했다면, 그 크기로 원기를 만들어 왕궁과 지방 행정처에 배부했다. 그 원기를 참고해 거래도 하고 법도 집행했다. 하지만 혼란한 시기에 원기가 사라지는 경우가 많았다. 원기가 사라지면 다시 제작해야 하는데, 이때 왕의 발 크기가 이전 왕과 같을 수가 없었고 단위는 늘 달라졌다. 파리 과학아카데미는 이를 방지하기 위해, 원기가 사라지더라도 지구 어느 곳에서라도 같은 크기로 똑같이 만들 수 있는 기준을 세워야 했다.

둘, 십진법을 사용할 것.

기존의 단위 체계는 제각각이었다. 1피트는 12인치이고, 1야드는 3피트, 1마일은 1,760야드다. 무게를 재는 단위도 애매하긴 마찬가지였다. 1파운드는 16온스인데, 1쿼터는 28파운드였다. 작은 단위에서 다음 단위로 올라가는 수치가 그때그때 달랐고 명칭도 제각각이었다. 그나마 이렇게 정확하게 수치를 쓸 수 있게 된 것도 근래에 정리했기 때문이다. 중세 시대에는 같은 단위여도 옆 마을에 가면 수치가 달라졌다. 그래서 파리 과학아카데미는 단위를 누구나 직관적으로 이해할 수 있게 십진법으로 통일하기로 했다.

1791년, 3년의 토론과 연구 끝에 파리 과학아카데미는 길이를 재는 미터(m)를 발표한다. 적도에서 북극점까지의 거리(지구 둘레의 4분의 1)를 10,000km로 정하고, 그 길이의 10,000,000분의 1을 1미터로 잡았다. 지구는 완벽한 구형은 아니기에 어디를 기준으로 잡느냐에 따라 이 수치 역시 조금씩 달라질 수 있지만, 당시에는 지구가 구형이라 생각했기에 이는 완벽한 기준이었다. 왜 지구 둘레의 4분의 1을 10,000km로 잡았냐고 묻는다면 할 말이 없지만, 어쨌든 최초의 임의적 기준은 필요한 것 아닌가.

이제 문제는 하나밖에 남지 않았다. 지구의 둘레를 재는 것이다. 메샹Pierre Mechain과 들랑브르Jean Delambre는 지구의 둘레를 재기 위해 길을 나선다. 그들은 직접 걸으면서 둘레를 측정했다. 당시 유럽은 혁명과 전쟁으로 난장판이었지만, 이들은 묵묵히 자신의 임무를 수행했다. 이들은 국경을 넘다 스파이로 체포되는 등 수많은 우여곡절을 겪지만 멈추지 않았고 7년 만에 임무를 완수한다. 미터 이후 무게를 재는 킬로그램(kg), 부피를 재는 리터(L)가 차례로 발표됐다.

그런데 문제가 생긴다. 이렇게 고생해서 만든 미터법을 프랑스 시민들이 사용하지 않는 것이 아닌가. 과거의 단위는 문제는 많았지만 당시 시민들에게는 훨씬 익숙한 것이었다. 미터법은 몇 년간 성적이 좋지 않았다. 하지만 정부가 과거 단위를 사용하는 사람에게 10프랑의 벌금을 매기자 상황은 금세 역전됐다. 인류는 그때나 지금이나 불의는 참아도 불이익은 참지 못한다.

미터법은 프랑스의 혁명 정신과 함께 세계로 퍼져나갔다. 계몽주의자들의 판단은 정확했다. 특정 권력자가 아닌 자연에 기반한 체계적 단위는 누구에게도 거부감을 주지 않았다. 프랑스의 혁명 정신을 거부한 독재자조차 혁명 단위는 자발적으로 받아들였다. 단위가 통일돼야 경제가 효율적으로 돌아가고 국가를 지배하기도 더 좋을 테니까. 1875년 국제적인 미터조약이 성립되고, 미터법은 최초의 국제 공식 단위가 된다. 2019년 현재, 세계 206개국 중 단 3곳을 제외한 203개국이 미터법을 표준으로 삼고 있다.

현재의 미터법

미터법의 공식 명칭은 SI단위계Système International D'unités다. 최초 도입한 프랑스의 공로를 인정해 공식 명칭은 불어를 사용하고, 4년 혹은 6년에 한 번씩 프랑스 파리에 모여 세계 도량형 총회를 연다. 이 자리에서 새로운 단위를 공인하기도 하고, 기존 단위를 재정의하기도 한다. 과학 기술이 발전함에 따라 단위의 정의는 꾸준히 변하고 있다. 특히 시간과 공간이 달라질 수 있다는 상대성 이론의 등장은 단위 정의에 큰 영향을 미쳤다.

현재 공인된 기본 단위는 시간을 재는 초(s), 길이를 재는 미터(m), 무게를 재는 킬로그램(kg), 전류의 세기를 측정하는 암페어(A), 온도를 재는 켈빈(K), 입자 수를 세는 몰(mol), 빛의 광도를 표시하는 칸델라(cd), 총 7개다. 부피를 재는 단위인 리터(L)는 압력에 따라 수치가 달라져

1964년 폐기됐다. 하지만 일상생활에 사용하는 것에는 전혀 문제가 없어 여전히 사용된다. 엄밀하게는 리터 대신 세제곱데시미터를 사용한다(1L=1dm³). 참고로 1데시미터는 10센티미터다(1m=10dm=100cm).

〈7개의 기본 단위와 각 단위의 정의〉

***꼭 이해할 필요는 없다. 정말 궁금한 사람만 읽도록 하자.**

1초(s): 시간 단위. 처음에는 '평균 태양일(24시간)의 1/86,400'이었으나, 지구의 자전이 일정하지 않고 아인슈타인이 시간이 변한다는 것을 밝히면서 정의가 바뀌었다. 현재 정의는 '절대영도 상태인 세슘-133 원자의 바닥 상태에 있는 두 개의 초미세 에너지준위의 구조 사이를 전자가 이동할 때 흡수 방출하는 빛이 9,192,631,770번 진동하는 데 걸리는 시간'이다. 초가 중요한 것은 초를 기준으로 다른 단위들이 정해지기 때문이다.

1미터(m): 길이 단위. 처음에는 지구 자오선의 1/40,000,000로 정했다. 하지만 지구는 완벽한 구형도 아니고 크기도 계속 변한다. 그래서 현재는 '빛이 진공에서 1/299,792,458초 동안 진행한 거리'로 1미터를 정의한다. 즉, 빛은 진공에서 1초에 299,792,458m(약 30만km)를 이동한다.

1킬로그램(kg): 무게 단위. 그램(g)이 기본 단위가 되어야 하지만, 그럴 경우 숫자가 너무 커지므로 킬로그램을 기본으로 잡았다. 처음에는 '1기압에서 10cm³ 부피의 용기에 담긴 4℃ 물의 질량'으로 정의됐지만, 이렇

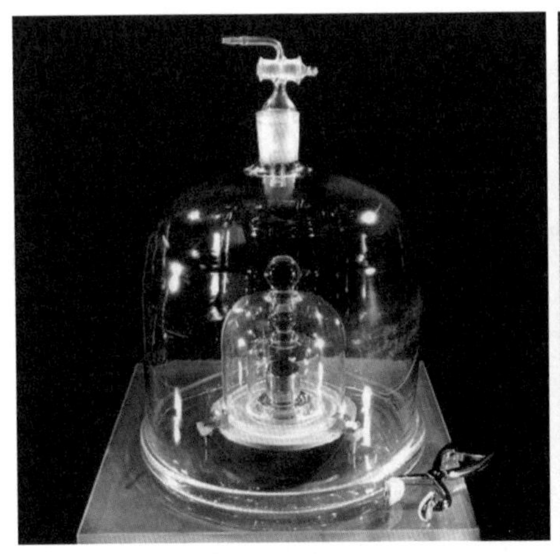

(좌) 파리 근교의 금고에서 보관 중인 kg 원기. 가운데 작게 보이는 원통형 금속이 원기다(지름, 높이 39mm). (우) 한국 국립표준기술연구소에서 보관 중인 복제 원기. 복제품이라 그런지 보호막이 하나 적다.
그런데 이제 이 원기들은 어떻게 되는 걸까?

게 정의할 경우 오차를 일으키는 변수가 너무 많아 '백금-이리듐 합금으로 만든 원기'로 변경됐다. 백금과 이리듐으로 원기를 만든 것은 이 두 금속이 화학적으로 가장 안정되어 있기 때문이다. 하지만 아무리 안정적이어도 물질은 변하게 마련. 핵폭탄이 터져도 멀쩡한 방공호에 3중으로 유리관을 씌워 보관했지만, 원기는 미세하게 변했다. 독일의 한 표준과학자는 원시적인 방식인 원기를 사용하는 킬로그램을 "하얀 재킷에 묻은 작은 얼룩"이라 비꼬았다. 결국 2018년 개최된 국제 도량형 총회에서 킬로그램의 정의를 바꿨다. 2019년 5월 20일(세계 측정의 날)부터 1kg의 정의는 '플랑크 상수가 $6.62607015 \times 10^{-34}$ J s가 되게 하는 질량'으로 변경

된다. 무슨 말인지 모르겠지만, 중요한 건 우리가 사용하는 것에는 아무 변화도 없다는 것이다.

1암페어(A): 전류의 세기 단위. 기존 정의는 '무한히 길고 무시할 수 있을 만큼 작은 원형 단면적을 가진 두 개의 평행한 직선 도체가 진공에서 1m 간격으로 유지될 때, 두 도체 사이에서 1m당 2×10^{-7}뉴턴(N)의 힘을 생기게 하는 전류'였다. 하지만 '무한한 길이를 가지고 무시할 수 있을 만큼 작은 원형 단면적을 가진 직선 도체'는 현실적으로 만들기 불가능하므로, 킬로그램만큼이나 비난을 많이 받았다. 그래서 암페어의 정의 역시 2019년에 '전자의 전하량이 $e=1.602176634\times10^{-19}$ A s가 되도록 하는 전류의 단위'로 변경된다. 어차피 일반인이 무슨 말인지 모르긴 마찬가지. 중요한 건 단위의 정의가 점점 더 명확해진다는 것이다.

1켈빈(K): 온도 단위. 물의 삼중점 온도와 절대영도 사이를 273.16으로 나눈 크기, 절대영도(-273.16℃)가 0K이므로, 간단히 섭씨(℃)에 273.16을 더하면 켈빈이 된다. 2019년부터 적용되는 새 정의에 따르면, 켈빈은 '볼츠만 상수(k)의 값을 단위 $J\ K^{-1}=kg\ m^2\ s^{-2}\ K^{-1}$로 표현할 때, 정확히 1.380649×10^{-23}으로 고정시킴으로써 정해진다.'

1몰(mol 또는 mole): 물질의 양을 나타내는 단위. 미세한 입자를 일일이 세기 힘들기 때문에 몰이라는 개념으로 묶어서 센다. 몰의 정의도 2019년 변경된다. '아보가드로 상수와 같은 수의 구성 요소를 가진 물질의 양', 간단하지 않은가? 문제는 아보가드로 상수인데… 6.02214076×10^{23}

1칸델라(cd): 광도, 칸델라는 라틴어로 '촛불'이라는 뜻으로, 1칸델라는 촛불 하나의 광도를 뜻한다. 물론 정의를 '촛불 하나'라고 애매하게 내릴 순 없다. 현재 정의는 '540×10^{12} Hz의 진동수를 가진 단일 파장 빛의 발광 효율이 Kcd = 683 cd sr W^{-1}가 될 때의 광도'

※ 정의가 복잡한데, 이는 사용자의 혼란을 막기 위해 기존 단위의 크기를 바꾸지 않고, 단위에 정의를 끼워 맞췄기 때문이다.

※ 7개 기본 단위 외에도 이 단위를 이용해 유도할 수 있는 22개의 유도 단위가 있다. 자세한 설명은 생략한다.

※ 단위를 사용할 때 소문자와 대문자에 유의하자. 단위를 대문자로 쓰는 경우는 모두 사람의 이름을 단위로 만든 것이고, 그 외에는 모두 소문자다. 단, 리터(L)는 숫자 1과 헷갈리지 않기 위해 대문자로 표기한다.

미터법을 거부한 사람들

그런데 이상하지 않은가? 전 세계 203개국이 미터법을 공식적으로 사용하고 한국 역시 미터법을 사용하는데, 우리는 여전히 다른 단위를 쉽게 볼 수 있다. TV와 스마트폰의 크기는 인치로 표시하고, 원유 거래는 배럴로 이루어지며, 비행기를 타면 늘 '마일'리지를 적립한다. 국

미터법 공인 현황. 초록은 천하를 통일할 것인가?

제 뉴스에는 여전히 피트, 파운드, 화씨 등의 단위가 버젓이 등장한다. 왜 이런 현상이 벌어질까? 그건 미터법을 사용하지 않는 세 나라 중 한 곳이 미국이기 때문이다. 미국이 국제 사회와 산업에 미치는 막강한 영향력 때문에, 여전히 많은 곳에서 비표준 단위가 표준처럼 쓰이고 있다(미국 외 두 나라는 라이베리아와 미얀마다. 미안한 말이지만, 그들이 국제사회에 영향을 주는 거 같진 않다).

1998년, 미항공우주국(NASA)은 '화성 기후 궤도선(MCO)'을 발사한다. 화성 생명체에 대한 기대가 크던 때라 국제적 관심이 높았다. 3억 달러가 넘는 예산과 NASA의 최신 기술이 총동원된 프로젝트였다.

1999년 9월 23일, 발사 후 1년간의 항해 끝에 화성 근처에 접근한 궤도선은 계획한 대로 화성 궤도 진입을 시작했다. 크게 어려운 과정은 아니었다. 화성 뒤편으로 들어간 궤도선은 잠시 지구와 교신이 끊기는데 이는 사전에 예측한 것으로, 궤도선이 반대편으로 나오면 다시 교신하기로 되어 있었다. 그런데 아무리 시간이 지나도 궤도선에서 연락이 오지 않았다. 뒤편을 돌던 궤도선이 궤도를 이탈해 화성 대기 속으로 진입했고, 마찰열로 그대로 폭발해버린 것이다. NASA는 충격에 빠졌다기보다는 벙쪘다. 궤도를 따라 도는 건 NASA에 그다지 어려운 임무가 아니었다. 다들 생명의 증거를 발견할 수 있을까에 관심을 가졌지, 궤도선이 궤도 진입에 실패할 것이라고는 생각하지 않았다.

이후 사고에 대한 정밀 조사가 이뤄졌다. 결과는 충격적일 정도로 단순했다. 프로젝트에 참여 중이던 록히드마틴Lockheed Martin Corporation 사가 화성 궤도 진입에 필요한 운동량을 미국에서 사용하는 '파운드/초' 단위로 계산해 NASA에 보냈는데, NASA는 이를 국제 표준인 '킬로그램/초'로 생각하고 수치를 입력한 것이다. 그러니 우주선은 입력된 수치대로 화성으로 자살을 감행했다. 바사호의 비극이 21세기를 목전에 두고 지구 최고의 지성이 모인 NASA에서 또다시 일어난 셈이다.

이 사건으로 미국은 국제적 웃음거리가 됐다. 값비싼 교훈을 치르고 나서야 NASA는 내부 직원과 협력 업체에 미터법을 일괄적으로 적용하라는 당연한 지시를 내렸다. 미국 정부 역시 미터법 도입에 나섰다. 하지만 각 지역의 독립성이 강한 미국의 특성상 표준 단위의 도입은 생각보다 더디게 진행되고 있다. 여전히 미터법보다 야드-파운드법에 기초한 단위가 우세하고, 그러니 시민에게 상품을 팔아야 하는 기업도 그 단위를 쓸 수밖에 없다. 2018년 트럼프 미국 대통령은 공식 석상에서 "북한은 우리로부터 6,000마일 떨어져 있다"는 표현을 아무렇지 않게 사용했다. 대통령부터 이런 상황이니 언제 바뀌겠나. 미국에 미터법을 도입하는 대통령은 노벨평화상이 아니라 노벨물리학상을 받을 것이라는 오랜 농담이 있을 정도다(미국 대통령은 별다른 업적 없이 노벨평화상을 받는 전통 아닌 전통이 있다).

영국 역시 미터법 사용에 지지부진하다. 영국은 미터법을 일단 공인하고는 있다. 유럽경제공동체(EU의 전신)에 가입하기 위해서는 미터법이 필수였고, 1973년 영국은 이에 가입하며 미터법을 받아들였다. 하지만 역사적으로 프랑스와 늘 척을 세웠던 영국은 프랑스가 만든 미터법이 공인되는 것이 마음에 들지 않았다. 그래서 미터법을 공인해놓고도 잘 사용하지 않는다. 공문서에는 미터법을 동시 표기하고 있지만, 일상생활에서는 여전히 야드-파운드법이 사용된다.

가장 문제가 된 건 도로 표지판이다. EU는 경고 문구에(도로 표지판 포함) 전통 단위와 미터법을 병행 표기하도록 의무화했으나, 영국은 지독히도 이 의무를 지키지 않았다. 그래서 영국에서 운전하는 외국인들은 늘 피트와 마일을 미터와 킬로미터로 바꿔서 생각해야 했다(우리가 제곱미터를 평으로 바꾸듯이). 그런데 영국이 어떤 곳인가? 역사와 전통이 그대로 남아 있는 곳 아닌가. 영국은 낮은 고가 도로와 다리가 과거 모습 그대로 남아 있는 경우가 많다. 고가에 붙은 경고판을 만난 외국 운전자들은 자신의 차가 통과할 수 있는 높이인지 재빠르게 피트를 미터로 환산해야 한다. 그래서 암산이 느리거나 정확하지 않은 우리 같은 운전자가 자신의 차를 고가 아래로 곱게 쑤셔 넣는 일이 종종 발생한다. 잠깐 차를 세우고 계산기를 두드리면 되겠지만, 우리 모두 알다시피 운전하는 사람들은 그런 사소한(?) 일로 차를 세우지 않는다. 미터법이 영국을 제외한 다른 나라에 광범위하게 퍼질수록 이런 사고가 점점 더 늘어났고 인명 피해도 점점 더 늘어났다. 영국 정부는 2015년이 되어서야 부랴부랴 도로 표지판을 교체할 계획이라 밝혔지만, 이후 EU 탈퇴가 확정되면서 표지판 교체 사업이 계획대로 지속될지 의문스러운 상황이다.

미국과 캐나다의 접경 지역에서도 상황이 비슷하다. 다행히 이곳에는 낮은 고가가 없어 차를 쑤셔 넣지는 않지만, 속도 제한을 착각해 벌금을 물거나 과속(혹은 저속)으로 인한 충돌 사고가 자주 발생한다.

이 정도가 프랑스 혁명이 만든 미터법에 대해 일반적으로 알려진 과거와 현재다. 하지만 프랑스 혁명 당시의 단위 개혁은 여기서 그치지 않았다. 시간의 단위를 보자. 1분은 60초고 1시간은 60분이며, 하루는 24시간이고, 일주일은 7일이다. 익숙해서 큰 불편은 없지만, 딱 맞아떨어지는 느낌은 없다. 10진법 성애자였던 혁명 세력이 이를 가만히 놓아둘 리가 없다.

시간의 변천사

※ 달력은 크게 지구가 태양을 도는 주기를 1년으로 보는 태양력과, 달이 지구를 도는 주기를 1달로 보는 태음력으로 구분할 수 있다. 흔히 앞의 '태'를 떼버리고 양력, 음력이라 부른다. 즉, 달력이란 명칭은 원래 태음력만을 의미했다. 하지만 현대 한국어에서는 태양력, 태음력 구분하지 않고 달력이라 쓰기에 그냥 달력으로 쓰겠다. 이 책에서는 주로 태양력의 변화를 다룬다.

우리는 낮과 밤이 한 번씩 지나가면 하루가 지난 것으로 여긴다. 지구가 한 바퀴 자전하면 하루가 지난다. 하루는 '평균' 24시간이다. 왜 평균이라는 수식어가 붙었을까? 전혀 몰랐겠지만, 하루의 길이는 매일매일 다르다. 아래 그래프를 보자.

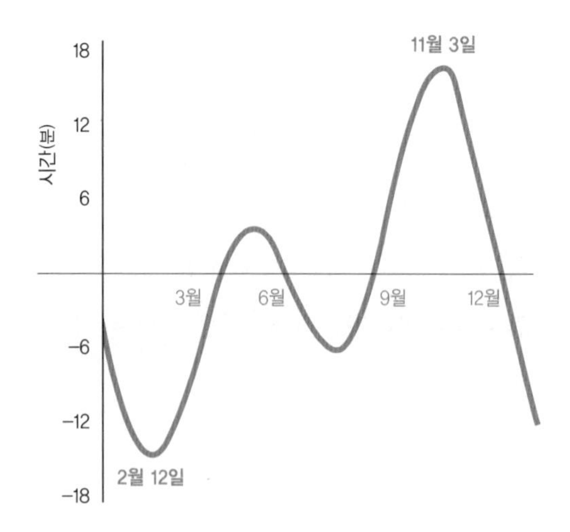

1년간 하루의 길이 변화를 나타낸 것이다. 가장 짧은 날인 2월 12일은 24시간에서 14분 정도 부족하다. 반면 가장 긴 11월 3일은 16분 이상 길다. 그렇다고 우리가 매일 다른 시계를 쓸 수는 없다. 그래서 하루의 길이를 평균값인 24시간으로 고정했고, 단위의 노예인 우리는 이제 하루가 당연히 24시간이라 생각한다. 그래도 하루의 길이에는 문제가 있다. 지구의 자전이 점점 느려지기 때문이다.

지구가 처음 생겼을 때 지구의 자전 시간은 6시간밖에 되지 않았다(지금 기준으로 보면 하루에 낮밤이 4번씩 바뀐 셈). 이후 자전은 18시간이나 느려졌다. 달의 인력 때문이다. 달이 언제 어떻게 생기게 됐는지에 대해서는 여러 의견이 있는데, 어쨌든 어느 순간 지구 주위를 도는 거대 덩어리가 생겼다. 달은 지구를 일정한 힘으로 끌어당기는데 딱딱한 육지보다 물로 된 바다가 더 큰 영향을 받는다. 이로 발생하는 마찰력이 지구의 회전 에너지를 조금씩 갉아먹으면서 자전이 조금씩 느려진다. 물론 이 변화 속도는 매우 느려서(천 년에 0.017초) 현재 시간을 측정하는데 굳이 고려할 필요는 없다. 하지만 만약 인류가 아주 오랫동안 살아남는다면(약 2억 1,000만 년 후) 하루를 25시간으로 바꿔야 할 것이다.

지구가 태양을 한 바퀴 도는 데는 365일 5시간 48분 46초가 걸린다. 우리는 이를 1년으로 정했다. 일단 5시간 48분 46초는 빼고 365일만 보자. 고대 이집트 사람들은 나일강의 범람을 예측하기 위해 달력을 만들었다. 정확한 기록은 남아 있지 않지만, 기원전 4000년경부터 이집트에서는 상당히 정확한 달력이 사용된 것으로 추정된다. 데이터가 쌓일수록 달력은 점점 정교해졌고, 결국 1년이 365일이라는 결론에 이른다. 그들은 이 365라는 숫자를 신성히 여겨 여기저기 사용했는데, 그중 하나가 지금까지 사용하는 각도다(원이 365도가 아니라 360도인 것은 당시에는 5단위 측정이 까다로워 10단위로 맞췄기 때문이다. 가설 중 하나).

365일은 정해졌다. 이제 나머지를 보자. 5시간 48분 46초, 대충 6시간이다. 1년을 365일로만 보면 매년 6시간 정도 오차가 생긴다. 4년이면 하루가 차이 난다. 로마는 이런 오차를 바로잡을 수 있도록 대제관에게 달력을 조절할 수 있는 권한을 주었다. 하지만 대제관은 (모든 권력자가 그러듯이) 자신의 권한을 정해진 일에만 사용하지 않았다. 자신의 임기를 늘리고 싶은 관리들이 대제관에게 뇌물을 바쳤고, 대제관은 그들의 편의대로 날짜를 바꿨다. 그래서 어느 해는 1년이 400일을 넘기도 하고, 어느 해는 300일밖에 되지 않았다. 당연히 달력은 개판이 됐고, 이는 많은 불편을 초래했다.

이집트 지역으로 원정을 떠난 율리우스 카이사르Julius Caesar는 이집트의 정교한 달력을 보고 큰 감명을 받는다. 그는 로마의 권력을 잡은 뒤 이집트력처럼 달력을 고정한다. 또 1년마다 발생하는 6시간의 오차를 잡기 위해 이를 네 번씩 모아 윤일을 만들었다. 이게 4년에 한 번씩 찾아오는 2월 29일이다. 이 오차를 처음 바로잡은 것은 이집트 프톨레마이오스 3세지만, 로마가 세계를 제패했으므로 이런 방식의 달력을 율리우스력이라 부른다.

하지만 율리우스력도 완벽하진 않다. 5시간 48분 46초를 6시간으로 퉁쳤기에 1년에 11분 14초의 오차가 생긴다. 윤일을 지낼 때마다

44분 56초만큼 실제 시간보다 뒤처지는 것이다. 티끌 같은 오차지만 천 년 정도 지나면 무시할 수 없는 시간이 된다. 율리우스력은 16세기가 되면 실제 시간보다 열흘 이상 뒤처진다.

이에 교황 그레고리오 13세는 4년에 한 번씩, 400년에 백 번 오는 윤일을 아흔일곱 번으로 변경한다. 3번의 윤일을 빼야 한다. 방법은 간단하다. 4년에 한 번씩 윤일을 지낸다. 단, 100년 단위에는 윤일을 넣지 않는다. 하지만 이렇게 하면 400년에 네 번 빠지기 때문에, 400의 배수가 되는 해에는 윤일을 빼지 않는다. 이렇게 되면 오차는 3,333년에 하루로 줄어든다. 인류가 앞으로 오래 살아남는다면 이 오차 역시 바로잡아야겠지만 아직까지는 괜찮다.

달력을 바꿈과 동시에 교황은 이전 천 년간의 오차를 바로잡기 위해 열흘을 없애버린다. 그래서 1582년 10월 5일부터 10월 14일까지는 역사에 존재하지 않는다. 10월 4일 다음 날이 바로 10월 15일이 된 것이다(삭제된 날짜와 기간은 도입된 시점에 따라 국가별로 차이가 있다). 이 달력이 현재 우리가 사용하고 있는 그레고리력이다.

하지만 그레고리력이 처음부터 전 세계적으로 받아들여진 것은 아니다. 가톨릭과 개신교가 나뉜 이후였기 때문에, 개신교를 믿는 국가들은 달력을 바꾼 것에 교황의 음모가 숨어 있다고 생각했다. 날짜를 바꿔서 대체 무엇을 이룰 수 있을지 모르겠지만, 단순히 교황이 지정했다는 이유 하나만으로 개신교와 동방정교회, 이슬람교를 믿는 국가에서는 그레고리력을 도입하지 않았다. 이후 오차의 불편함 때문에 한

국가씩 그레고리력을 도입했지만, 일부 국가에서는 400년을 버티다 20세기 후반이 되어서야 그레고리력을 도입했다.

그런데 그레고리력을 거부한 것이 꼭 종교적인 이유는 아니었다. 종교와 무관하게 단순히 열흘이 사라진다는 것 자체를 좋아하지 않는 이들도 많았다. 당연한 말이지만, 날짜를 바꾼다고 삶이 줄어들진 않는다. 하지만 사람들은 교황이 자신의 인생 중 열흘을 앗아갔다며 불만을 터트렸다. 임의로 정한 날짜에 이런 반응을 보인 것이 어이없지만, 임의로 정해진 1월 1일에 의미를 부여하고 매년 운세를 보러 가는 우리네 인생을 돌이켜보면 비웃을 일도 아니다.

●▶▶

그런데 달력에서 과학적인 부분은 오직 이 365일과 윤일뿐이다.

현재 한 해의 시작인 1월 1일은 해가 가장 짧은 날도 아니고, 특정 계절이 시작하는 때도 아니다. 그레고리력이 채택되기 전에는 농사를 시작하는 춘분을 새해로 여기는 지역이 많았다. 우리나라만 해도 새 학기가 3월에 시작한다. 중세 유럽에서는 새해를 축하하는 행사를 3월 중순부터 2주 정도 벌였는데, 새해가 바뀐 것도 모르고 4월까지 새해라며 좋아하는 바보들을 속이고 놀린 것이 현재 만우절(Fools' Day)의 기원이 됐다. 사주명리학에서는 새해의 시작을 1년 중 해가 가장 짧은 날인 동지로 보는데(북반구 기준, 12월 21일 혹은 22일), 새해의 기준만큼은 사주가 지금의 달력보다 과학적이라 하겠다.

1분이 60초, 1시간이 60분인 것에도 하등의 이유가 없다. 이 숫자의 뿌리는 현재 이라크 지역에서 융성했던 바빌로니아(기원전 1895년~기원전 1595년)까지 거슬러 올라간다. 바빌로니아 사람들은 상당한 수준의 천문학 지식을 가지고 있었고, 음력과 양력을 섞어서 1년을 거의 정확하게 계산했다. 하지만 1분이 60초인 이유는 그들의 뛰어난 기술과 아무런 관련이 없다. 단지 그들이 6 성애자여서 60진법을 사용했고, 시간도 60으로 셌을 뿐이다.

일 년이 12달인 것도 바빌로니아 때문이다. 그들은 태양이 지나가는 자리에 위치한 별자리 12개에 의미를 부여해 한 해를 12달로 나눴다. 13개로 보였지만, 6 성애자였던 그들은 별자리를 6의 배수인 12로 맞췄다. 관찰을 해보니, 태양이 하나의 별자리를 지나가는 데 대략 30일 정도가 걸렸다. 물론 별자리라는 건 보는 이의 주관이 개입될 수밖에 없다. 그래서 유라시아 문명과 접촉이 없었던 마야인들은 일 년을 18달로 나눴다.

현재도 별자리 점을 볼 때 사용하는 12개의 별자리가 바빌로니아에서 유래한 것이다. 심지어 처음 별자리를 측정한 이후 지구의 자전축이 기울어 현재 하늘과는 한 달 가까이 차이가 나지만, 점을 보는 사람은 이런 과학적인 사실은 별로 중요하게 여기지 않는 것 같다(혹은 모르거나). 만약 조금 더 과학적으로 별자리 점을 보고 싶다면, 자신이 해당하는 별자리의 앞 별자리를 보면 된다. 예를 들면 쌍둥이자리인 사람은 황소자리 운세를 보는 것이다. 물론 그렇게 본다고 해서 별자리 점이 과학적인 것이 되지는 않는다.

〈참고. 과학적인(?) 점성술을 위한 최신 별자리 정보〉

별자리	기존 날짜	굳이 과학적으로 따진 날짜
양자리	3월 21일 ~ 4월 19일	4월 19일 ~ 5월 13일
황소자리	4월 20일 ~ 5월 20일	5월 14일 ~ 6월 21일
쌍둥이자리	5월 21일 ~ 6월 20일	6월 22일 ~ 7월 20일
게자리	6월 21일 ~ 7월 22일	7월 21일 ~ 8월 10일
사자자리	7월 23일 ~ 8월 22일	8월 11일 ~ 9월 16일
처녀자리	8월 23일 ~ 9월 22일	9월 17일 ~ 10월 30일
천칭자리	9월 23일 ~ 10월 22일	10월 31일 ~ 11월 23일
전갈자리	10월 23일 ~ 11월 21일	11월 24일 ~ 12월 17일
사수자리	11월 22일 ~ 12월 21일	12월 18일 ~ 1월 20일
염소자리	12월 22일 ~ 1월 19일	1월 21일 ~ 2월 16일
물병자리	1월 20일 ~ 2월 18일	2월 17일 ~ 3월 11일
물고기자리	2월 19일 ~ 3월 20일	3월 12일 ~ 4월 18일

그런데 달력을 볼 때 왜 2월만 유독 이틀이 짧은지 궁금해본 적 있는가? 아마 다들 한 번씩은 의문을 가졌겠지만 찾아보진 않았을 것이다. 무언가 과학적인 이유가 있겠거니 하고 그냥 넘겼겠지. 율리우스력을 제정할 때 카이사르는 홀수 달은 31일, 짝수 달은 30일로 맞췄다. 그런데 이렇게 되면 1년은 366일이 된다. 윤일이 있는 해는 상관이 없지만, 윤일이 없는 해는 하루를 빼야 한다. 그래서 그는 2월의 마지막 날을 빼버린다. 왜 하필 2월이었냐면, 당시에는 새해가 3월에 시작했기 때문이다. 지금 기준에서는 2월에서 하루를 뺀 것이 애매하게 보이지만, 당시에는 그냥 마지막 달에서 하루를 뺀 것뿐이다. 이렇게 날짜를 정한 율리우스는 새 달력에 자신의 흔적을 남기고 싶었다. 그래서 자신의 생일이 포함된 7월(July)에 자신의 이름을 집어넣는다. 또한 그는 조금이라도 빨리 취임하기 위해 기존 달력의 11월을 1월로 선포하고 새해를 바로 시작했다. 그에 맞춰 모든 달이 두 달 앞당겨진다. 원래 January는 1월이 아니라 11월이었다. 그래서 기존의 새해의 시작인 March는 3월이 되었고, 8이라는 뜻을 가진 October는 10월이 되었다.

카이사르의 후계자이자 최초의 로마 황제가 되는 아우구스투스는 카이사르처럼 자신의 달을 가지고 싶었다. 그래서 그 역시 자신의 생일이 있던 8월(August)에 자신의 이름을 붙인다. 그런데 그는 자신의 달이 30일짜리 짧은 달이라는 사실이 마음에 들지 않았다. 그래서 그 역시 2월에서 하루를 떼서 8월에 붙인다. 별것도 아닌 놈의 자존심 때문에 2천 년이 지난 지금까지 우리는 매달 마지막 날이 며칠인지 헷갈리게 됐다(가설 중 하나로, 가능성은 그리 높지 않다고 한다. 하지만 가장 재밌고 단순해

널리 통용된다).

일주일이 7일인 것에는 추측이 난무한다. 먼저 달의 주기(29.53일)를 4로 나누면서 나머지는 버렸다는 설(4로 나누면 달의 형태에 따라 그믐 → 상현, 상현 → 보름, 보름 → 하현, 하현 → 그믐으로 구분할 수 있다), 하늘에서 가장 잘 보이는 천체인 달, 화성, 수성, 목성, 금성, 토성, 태양에 하루씩 날을 붙였다는 설, 바빌로니아 장터가 7일마다 열려서 그에 맞춰 한 주를 계획했다는 설 등등 모두 그럴듯하지만, 별로 과학적이진 않다. 단순히 바빌로니아 사람들이 6 성애자였기 때문이라는(휴일 포함 7일) 설도 있다. 어떤 것이 정답인지는 알 수 없지만, 어쨌든 바빌로니아 시대부터 일주일은 7일이었다. 구약성경에는 신이 6일간 우주를 만들고 7일째에 쉰다는 대목이 나오는데, 이 때문에 일주일이 성경에서 유래했다고 주장하는 기독교, 유대교, 이슬람교 신자들도 있다. 하지만 성경이 쓰이기 전부터 사람들은 7의 배수가 되는 날이 일진이 좋지 않다고 믿어서 일을 하지 않고 쉬었다. 하느님도 아마 이 미신을 믿어서 6일 만에 후딱 세상을 만들어 치워버리고 7일째에 쉬었던 게 아닐까 싶다.

달과 마찬가지로 주 역시 7일로 나눌 명확한 이유가 없기 때문에, 다른 문명에서는 다른 형태로 나눴다. 고대 이집트와 그리스, 동아시아 문화권에서는 한 달을 초, 중, 말 3주로 나눴다.

•▶▶

달력의 연수는 예수 탄생을 기준으로 한다. 올해는 기원후(AD) 2019년이다. 예수 탄생 이전의 역사는 기원전(BC) X년으로 거꾸로 올라간다. 왜 세속 국가가 태반인 상황에서 여전히 이런 기준이 적용되어야 하는지 불만이지만, 주류였던 서구 사회가 기독교를 믿었으니 그렇다고 치자. 그런데 여기서 또 다른 의문이 생긴다. 예수는 정말 2,019년 전에 태어났을까?

예수 원년을 처음 사용한 사람은 수도사 디오니시우스 엑시구스Dionysius Exiguus다. 그가 살던 시대에는 로마 황제 디오클레티아누스Diocletianus가 즉위한 해를 원년으로 삼고 있었다. 하지만 공교롭게도 디오클레티아누스는 기독교 신자를 많이 죽여 악명이 높은 사람이었고, 엑시구스는 그런 사람의 즉위년을 원년으로 삼는 것이 마음에 들지 않았다. 그래서 당시 기준으로 531년 전에 예수가 태어났다고 선언하고, 그 해를 원년으로 삼았다. 하지만 어떤 증거를 가지고 예수가 531년 전에 태어났다고 주장했는지는 명확하지 않다. 지금처럼 기록이 정확할 때도 아니기에 단순 어림짐작일 가능성이 높다. 이 때문에 기독교의 한 분파인 콥트교는 지금도 디오클레티아누스의 즉위년을 원년으로 삼고 있다. 에티오피아는 예수의 탄생이 원년보다 7년 8개월 늦다고 생각해서 이제 2011년을 살고 있다(2019년 1월 기준). 하지만 엑시구스도 에티오피아도 모두 틀렸다. 현재 추측으로는 예수는 기원전 4년에 태어났을 거라 한다.

원년의 문제는 이뿐만이 아니다. 엑시구스가 활동할 당시 유럽에는

0의 개념이 없었다. 그래서 그는 원년을 0년이 아니라 1년으로 삼았다. 즉, 세상에는 0년이 없다. 기원전에서 바로 1년으로 넘어간다. 만약 역사서를 보는데 0년이 등장한다면, 그 책은 역사서가 아니라 판타지다(혹은 천문학이거나. 천문학계에서는 계산의 편의를 위해 기원전 시기를 1년씩 미뤄 0년을 채웠다).

모든 문화권에는 대부분 독창적인 원년이 있다. 한국에도 단군을 기원으로 하는 단기가 있다. 문화가 다양한 것은 좋은 일이지만, 세계가 함께 움직이는 만큼 세계적으로 통일된 연도가 필요하다. 하지만 하필 특정 종교의 인물이 기준이다 보니 연도의 통합은 현대가 되어서야 겨우 이루어졌다. 종교가 중요한 일부 국가에서는 여전히 자체적인 연도를 그레고리력과 함께 사용하기도 한다.

불교를 믿는 지역에서는 부처가 입멸한 기원전 544년을 원년으로 해서 현재 2563년을 살고 있다. 유대교는 예수를 메시아로 인정하지 않기 때문에 자신들만의 기원을 사용한다. 그들은 구약에 등장한 인물들의 나이를 모두 더해 기원전 3760년을 원년으로 삼았다. 2019년은 유대력으로 5779년이다. 이 수치를 따라 '젊은 지구론'을 주장하는 창조론자들은 지구의 나이가 6,000살이라 주장한다(사람 나이를 더해 지구 나이를 구하다니, 그들의 단순한 뇌 구조가 부럽다).

이슬람교는 무함마드가 메카의 박해를 피해 메디나로 피신한 기원후 622년을 원년으로 삼는다. 그런데 이슬람력의 문제는 원년이 아니다. 이슬람교 신자들은 태양력이 아닌 순수 태음력을 사용하기 때문에

1년이 354일밖에 되지 않는다. 이 때문에 계절과 달력이 틀어져 완전히 따로 논다. 2019년 1월 기준으로 이슬람력은 1440년 5월로 그레고리오력보다 600년가량 늦지만, 한 해의 일수가 적어 조금씩 따라잡고 있다. 지금과 같은 달력 체계가 유지된다면 이 차이는 20874년에 뒤집힌다. 아마 그전에 다른 대안이 등장하거나 인류가 멸망하겠지만, 지금으로서는 날짜 변환 전용 앱이 필요하다.

10진법과 프랑스 혁명력

이렇게 엉망진창이니 혁명 세력은 시간을 그대로 방치할 수 없었다. 1793년 프랑스는 혁명력을 선포한다. 혁명력은 혁명이 일어난 1792년을 원년으로 삼는다. 달은 그대로 12달을 유지했지만, 한 달은 30일로 고정했다. 그러면 30×12 해서 1년은 총 360일이 된다. 한 해가 끝나고 남는 5일 혹은 6일은 휴가로 정했다. 1주는 10일. 9일 일하고 10일째는 휴일이다. 기존 요일은 폐지되고, 대신 1요일부터 10요일까지 존재한다. 즉, 일수 뒷자리와 요일이 똑같아진다. 우리는 일수와 요일이 따로 노는 현재 달력에 익숙해 불편하다는 사실을 느끼지도 못하지만, 이는 상당히 비효율적이다. 예를 들어보자. 2321년 7월 23일은 무슨 요일인가? 지금 체계에서는 스마트폰을 봐야 알 수 있다(어플에 2321년 달력이 지원되는지는 모르겠지만). 하지만 혁명력에서는 누구나 바로 알 수 있다. 무조건 3요일이다. 공휴일도 매년 같다. 이렇게 되면 달력을 매해 새로 만들 필요가 없다. 달력은 딱 2가지, 윤일이 있는 버전과 없는 버전만 있으면 된다. 인쇄업자들에게는 슬픈 일이지만, 매년 달력을 제작하기 위해 세계적으로 얼마나 많은 자원이 소모되는지를 생각해 보면 이는 상당히 큰 장점이다.

혁명력의 새해는 애매한 1월 1일이 아니라 가을이 시작하는 추분(9월 22일)이다. 추분은 낮과 밤의 길이가 같다. 새해를 시작하기 그럴듯한 명분이다. 춘분이 아니라 추분이 시작인 것은 지중해 지역에서는 가을에 농사를 시작해 초여름에 수확하는 경우가 많기 때문이다. 지중해의 여름은 해가 뜨겁고 비가 오지 않아 농사를 짓기 어렵다. 무엇보다 혁명이 시작되고 춘분까지는 너무 긴 시간이 남아 있었다.

우리나라에서는 달에 번호를 붙여 부르지만, 서양은 달마다 이름이 정해져 있다. 이마저도 어느 달은 행성, 어느 달은 숫자, 어느 달은 권력자의 이름 같은 식으로 규칙이 없다. 혁명력은 기존 이름을 모두 버리고 안개달(11월), 서리달(12월), 눈달(1월), 비달(2월), 꽃달(5월), 수확달(7월) 식으로 자연과 농사 주기에 맞춰 이름을 붙였다. 혁명력이 사용되던 시기 프랑스에서 벌어진 역사적 사건은 아직까지도 혁명력 날짜로 불린다. 달 이름 자체가 독특하다 보니 그대로 고유명사가 된 것이다. 가장 유명한 날은 '브뤼메르 18일', 나폴레옹이 쿠데타를 일으켜 집권한 날이다. 마르크스는 이 사건을 두고 정치 평론서를 썼는데, 그 제목 역시 '루이 보나파르트와 브뤼메르 18일'이다.

시계도 십진법으로 바뀐다. 하루는 10시간, 1시간은 100분, 1분은 100초로 라임을 맞췄다(혁명력 1초=기존 1.1574초).

〈 혁명력 달력 〉

계절	달 이름	현재 달력 기준으로 날짜
가을	포도달(방데미에르Vendémiaire)	9월 22일 ~ 10월 22일
	안개달(브뤼메르Brumaire)	10월 23일 ~ 11월 21일
	서리달(프리메르Frimaire)	11월 22일 ~ 12월 21일
겨울	눈달(니보즈Nivôse)	12월 22일 ~ 1월 20일
	비달(플뤼비오즈Pluviôse)	1월 21일 ~ 2월 19일
	바람달(방토즈Ventôse)	2월 20일 ~ 3월 21일
봄	싹달(제르미날Germinal)	3월 22일 ~ 4월 20일
	꽃달(플로레알Floréal)	4월 21일 ~ 5월 20일
	풀달(프레리알Prairial)	5월 21일 ~ 6월 19일
여름	수확달(메시도르Messidor)	6월 20일 ~ 7월 19일
	더운달(테르미도르Thermidor)	7월 20일 ~ 8월 17일
	열매달(프뤽티도르Fructidor)	8월 18일 ~ 9월 16일
	휴가(상퀼로티드Sansculottides)	9월 17일 ~ 9월 21일

혁명력 시계.

혁명력 어떤가? 처음 사용하면 어색하겠지만 익숙해지면 괜찮을 거 같지 않은가?

하지만 혁명력은 시행되자마자 큰 반발에 직면한다. 가장 문제가 된 부분은 1주를 10일로 잡은 부분이다. 기독교에서는 7번째 날에 교회를 가야 하는데, 10일로 한 주를 짜면 이 패턴이 완전히 붕괴된다. 혁명 세력도 이 부분을 알고 있었다. 종교가 아닌 민주주의를 신봉한 혁명 세력은 교회의 기득권을 무너뜨릴 생각으로 주 10일을 밀어붙였다. 교회의 반발은 당연한 것이었고, 혁명 세력은 이를 대수롭지 않게 여겼다.

그런데 교회뿐 아니라 일반 민중조차 불만을 터트렸다. 그들이 독실한 신자… 였기 때문이 아니라 휴일 때문이었다. 7일이 일주일일 때는 6일 일하면 하루를 쉬었는데, 혁명력에서는 9일을 일해야 하루를 쉴 수 있었다. 계몽주의자들이 놓친 점이 바로 이 부분이다. 만약 10일 중에 쉬는 날을 이틀로 만들었다면 어쩌면 혁명력은 살아남았을지도 모른다. 하지만 근면, 교육, 성실을 통한 진보를 강조했던 계몽주의자들은 "놀면 뭐하나, 열흘에 하루만 쉬면 되지!" 같은 쓸데없이 성실한 생각을 가졌고, 인류 역사상 가장 파격적인 실험은 그대로 실패한다. 결국 혁명력은 시행된 지 12년 만에 대중의 지지가 필요했던 나폴레옹에 의해 폐지된다. 이후 파리코뮌 때 잠시 부활하지만, 코뮌의 몰락과 함께 영원히 역사 속으로 사라졌다. 역사학자들은 혁명력을 현실을 파악하지 못한 몽상가들이 벌인 해프닝 정도로 여긴다.

혁명력 이후에도 달력을 조금 더 정교하고 간편하게, 그리고 중립적으로 바꾸려는 움직임은 여러 차례 있었다. 새 달력이 호응을 얻어 UN 안건으로 상정된 경우도 있었지만 한 번도 성공하지 못했다. 불편한 점이 일부 있더라도 한번 자리 잡은 시스템을 바꾸는 것은 쉬운 일이 아니다. 특별한 일이 벌어지지 않는 한, 안타깝게도 지금의 불완전한 달력 시스템이 한동안은 유지될 것 같다.

그런데 혁명력은 완전히 실패한 것일까?

많은 사람들이 인식하지 못하지만, 혁명력의 가장 중요한 부분은 우리 삶에 여전히 남아 있다. 한 해가 끝나고 즐기는 5일간의 휴가. 10진법으로 끊다 보니 남았던 이 휴일은 그대로 살아남아 이후 프랑스와 전 세계의 여름휴가 제도로 정착한다. 역사적으로 휴일은 언제나 어느 나라나 있었다. 하루짜리도 있고, 명절처럼 긴 휴일도 있다. 모든 휴일에는 어떤 의미가 있다. 국가적으로 중요한 날이라든지 전통이라든지 하는 의미 말이다. 하지만 혁명력의 휴가는 역사상 최초로 아무 이유가 붙지 않은 '순수한 휴가'였다. 당시 5일로 시작된 휴가는 현재 짧게는 1주, 길게는 2달까지 이어진다. 혁명력의 정신은 뜬금없게도 여름휴가로 살아남은 것이다. 노동자에게 중요한 건 10진법이냐 60진법이냐가 아니다. 복잡하냐 간단하냐도 아니다. 휴가다. 그들은 7일 차 휴일과 여름휴가, 둘 모두를 쟁취했다.

그러니 만국의 노동자여, 휴가를 쟁취하라!

모두가 평화롭게 살기를 '희망하는 사람'들

10진법 달력은 실패했지만, 자본주의의 발달은 세계의 시간을 60진법으로 통일시켰다. 시차가 존재하지만 시스템 자체는 동일하다. 그렇다면 이제 인류의 단위는 모두 통합된 것일까? 가장 중요한 단위가 여전히 남아 있다.

바로 언어다. 언어가 통일된다면 다른 단위 따위 아무것도 아닐지도 모른다. 어떤 사람들은 수학이 지구뿐 아니라 전 우주에서 통하는 언어라고 주장한다. 물론 수학은 우주가 돌아가는 법칙이겠지. 하지만 의사소통 측면에서 볼 때 이해하는 사람이 너무 적어서, 수학이 대중언어가 될 가능성은 별로 없어 보인다.

언어가 통일되는 것이 좋으냐 나쁘냐를 따질 생각은 없다. 문화의 다양성 측면에서 언어의 통일에는 단점도 많다. 하지만 만약 전 세계가 동일한 언어를 사용한다면 분명 편한 부분이 있다. 대다수 국가가 공용어와 표준어를 지정하는 것도 이런 장점이 명확하기 때문이다. 프랑스 혁명이 지금과 같은 세계화 시대에 일어났다면, 시간까지 통일하려 했던 계몽주의자들이 제각각인 언어를 가만히 놓아두지 않았을 것이다. 하지만 당시 그들의 사고관은 프랑스와 주변국 정도에 머물렀다. 지금 우리가 생각하는 세계라는 개념은 19세기가 되어서야 명확해진다. 세계라는 개념과 함께 자연스레 언어의 통합을 꿈꾸는 이들이 나타났고, 제국주의 국가들은 자신의 언어를 식민지에 강요하며 강제 통합을 시도한다(말이 통해야 부려먹든 착취하든 효과적으로 할 것 아닌가!).

이런 제국주의에 반발해 국제어 운동이 일어난다. 이들은 강대국 언어로 언어가 통합되는 폭력적인 과정에 반대해, 중립적인 인공어를 만들어 사용할 것을 주장한다. 언어 통합에 반대한 통합 언어라니 역설적인 상황이다. 그렇다면 국제어는 제국주의의 언어 통합과 무엇이 다를까?

일단 국제어는 한 국가에 종속되지 않는다. 강대국의 언어가 강요되고 통용되기 시작하면 그 자체가 권력이 된다. 현재 영어가 가진 권력을 생각하면 쉽게 이해가 될 것이다. 하지만 국제어는 권력과 무관하다. 또 국제어는 공식 언어보다 보조어를 지향한다. 모든 국가와 민족이 자국어를 유지한 상태에서 보조로 국제어를 사용하는 것이다. 언어 통합은 분명 장점이 있지만, 지역 언어가 사라지면 문화도 함께 사라질 위험이 있다. 만약 국제어가 자리 잡아 모든 사람이 모국어와 국제어를 배운다고 해보자. 그러면 자국에서는 모국어, 해외에서는 국제어로 의사소통이 가능해진다(물론 이렇게 되면 국제어만 배우는 현상이 일어날 것 같지만…).

국제어는 모두가 쓰는 언어를 꿈꾸지만, 만들어진 성격 자체가 반제국주의 성향이 강하다 보니 통일된 집단에서 딱 하나만 만들어질 수가 없다. 전 세계 여기저기서 다양한 국제어가 만들어졌다. 그중 가장 유명한 것이 에스페란토Esperanto다. 국제어의 존재를 아는 사람이 별로 없지만, 국제어를 아는 사람도 에스페란토를 유일한 국제어로 알고 있는 경우가 많다. 하지만 에스페란토는 유일한 국제어도 아니고, 가장 오래된 국제어도 아니다. 다만 가장 유명하고 사용자가 가장 많을 뿐이다. 한국에서도 2001년 세종대학교에서 우니시Unish(세계라는 뜻)라는 독자적인 국제어를 발표한 적이 있다.

국제어 이전에도 다양한 인공어가 있었다. 문헌으로 남은 최초의 인공어는 12세기 독일의 수도원장이자 철학가, 음악가이면서 언어학자였던 힐데가르트 폰 빙엔Hildegard von Bingen이 만든 링구아 이그노타Lingua Ignota다. 그녀는 신의 음성을 듣고 언어를 만들었다고 기록했지만, 시대가 중세였다는 걸 감안하면 자신이 마음대로 만들고 신의 이름을 붙인 것이 아닌가 싶다. 그녀는 이 언어로 지인들과 편지를 주고받아 비밀을 유지했다고 한다.

역사상 인공어는 늘 천재들의 놀이터였다. 《반지의 제왕》으로 유명한 J.R.R. 톨킨John Ronald Reuel Tolkien은 판타지 소설을 쓰면서, 등장하는 종족마다 언어를 만들었다. 스토리 진행에 꼭 필요하진 않았지만, 그는 순전히 재미 삼아 언어를 만들었다. 미국 SF 드라마 〈스타트렉〉에도 클링온 종족이 쓰는 클링온어가 등장한다. 처음에는 설정뿐이었지만, 제작사인 '파라마운트Paramount'는 언어학자를 고용해 실제 언어를 만들어 공개했다. 이 때문에 트레키들은(〈스타트렉〉 덕후) 클링온어를 배워 자신들끼리 사용하기도 한다. 서로 다른 언어를 사용하는 외국인이 클링온어로 소통해 결혼까지 한 경우도 있다. 클링온어는 전문 사전과 번역기도 존재하며, 최근 넷플릭스에서는 일부 〈스타트렉〉 시리즈에 한해 클링온어 자막을 제공한다(가끔 세종대왕이 창제한 한글을 인공어라고 착각하는 사람이 있는데 한글은 문자이지, 언어가 아니다. 한국어 자체는 그 전부터 존재했다).

그러니 19세기 국제어의 등장도 그리 새로운 건 아니었다. 에스페란토 이전에도 여러 국제어가 있었다. 특히 볼라퓌크Volapük라는 국제어는 꽤 인지도가 있었다. 볼라퓌크는 가톨릭 사제 요한 슐라이어Johann Martin Schleyer가 꿈에서 하느님의 명령을 받고 만든 언어라고 한다. 창작자 본인은 종교적 이유로 만들었지만, 사람들은 국제어로 사용했다. 각국에 볼라퓌크 아카데미가 설립됐고, 국제 대회도 세 차례 열렸다. 하지만 독점력이 강했던 슐라이어는 다른 사용자의 의견을 전혀 받아들이지 않고 자신이 만든 오리지널만을 고집했다. 그는 볼라퓌크 아카데미조차 인정하지 않았다. 이렇게 되자 볼라퓌크 사용자는 친슐라이어 세력과 반슐라이어 세력으로 분열했고, 혼란에 지친 지지자들은 새로 등장한 에스페란토로 넘어가게 된다.

에스페란토를 제안한 사람은 안과 의사인 라자로 자멘호프Ludoviko Lazaro Zamenhof 박사다. 그가 태어난 폴란드 비아위스토크Białystok는(당시 러시아령이었다) 국경 지대에 위치해 민족도 종교도 언어도 다양했다. 게다가 그는 핍박받기로는 둘째가라면 서러운 유대인이었다. 이런 환경 탓에 그는 어린 시절부터 국가와 인종에 대해 깊이 성찰할 수 있었다. 유대인 차별을 직면한 그는 어린 시절 시오니즘(극단적인 유대 민족주의)에 빠졌으나, 민족주의가 갖고 있는 특유의 선민사상에 반감을 갖게 되고, 민족과 국가를 벗어난 세계 시민으로서의 정체성을 확립하게 된다.

당시 비아위스토크는 독일계, 폴란드계, 유태계, 러시아계가 섞여 살았다. 이 집단들은 사안이 생길 때마다 충돌했고, 평화롭게 해결되는 경우는 거의 없었다. 자멘호프는 갈등이 해소되지 않는 큰 이유가 서로 다른 언어를 사용하는 것이라고 믿었다(한 언어를 쓰면서 늘 갈등에 시달리는 한국인 입장에서는 꼭 말이 통한다고 갈등이 해소되는 건 아니라고 생각하지만, 아무튼 자멘호프는 그렇게 생각했다). 그래서 모두가 함께 사용할 단일한 언어를 찾아 나선다.

그가 처음 떠올린 방식은 유럽 언어의 조상 격인 라틴어를 복원하는 것이었다. 그는 직접 라틴어를 배우기 시작했다. 그런데 문제가 하나 있었다. 라틴어는 너무 복잡했다. 국제어가 되기 위해서는 누구나 배우기 쉬워야 하는데, 라틴어는 너무 어려웠다. 오래된 언어라 없는 표현도 많았다. 결국 그는 당시 자신이 알고 있던 여러 언어를 조합해 새 언어를 창조한다. 언어 만들기를 시작했을 때 놀랍게도 그는 중학생이었고, 첫 번째 베타 버전이 나왔을 때는 고등학생이었다. 그는 친구들과 이 언어를 테스트하며 십 년간 가다듬어 1887년 완성된 언어를 발표한다. 자멘호프가 처음 발표한 언어의 명칭은 그냥 '국제어'였다. 에스페란토는 사용자들이 붙인 이름이다. 자멘호프는 본명이 아니라 닥터 에스페란토Doktoro Esperanto라는 필명으로 국제어를 처음 공개했는데, 사람들은 언젠가부터 이 언어를 특색 없는 국제어라는 이름 대신 에스페란토라고 불렀다. 에스페란토는 에스페란토로 '희망하는 사람'이라는 뜻이다.

에스페란토는 국제어가 될 수 있을까?

정리하자면 에스페란토는 말이 서로 다른 민족과 국가 간 의사소통, 상호 이해, 나아가서 인류 평화를 위해 만들어진 중립적인 언어다. 그런데 모든 언어권에서 누구나 사용할 수 있으려면 표현이 다양하면서 동시에 배우기 쉬워야 한다.

과연 에스페란토는 얼마나 배우기 쉬울까? 간단히 몇 가지만 살펴보자.

에스페란토는 발음기호가 필요 없다. 모두 적힌 대로 읽고 묵음도 없다. 강세는 늘 뒤에서 두 번째 음절이다. 또 모든 품사는 규칙이 정확하다. 명사는 -o로 끝나고 형용사는 -a로 끝난다. 동사의 과거형은 -is, 현재형은 -as, 미래형은 -os로 끝난다. 품사뿐 아니라 어떤 규칙에도 예외는 존재하지 않는다. 규칙이라 가르쳐놓고 그보다 불규칙을 훨씬 많이 사용하는 영어를 생각해보라. 이 얼마나 훌륭한가.

물론 반론도 많다. 자멘호프 박사는 특정 민족의 언어가 지분을 많이 가지지 않도록 유의하면서 언어를 만들었지만, 그가 당시 참고한 언어는 대부분 유럽 언어였다. 알파벳을 공유하고 언어가 비슷한 유럽 지역 주민들은 에스페란토를 쉽게 배울 수 있지만, 다른 지역 주민들에게는 훨씬 많은 시간이 필요하다. 1992년 UN이 발표한 조사에 따르면, 에스페란토를 배우는 데 유럽과 미국의 아이들은 평균적으로 매주 2시간씩 1년이 걸리지만, 동아시아의 아이들은 매주 2시간씩 2년이 걸린다. 딱 2배 차이다. 분명 에스페란토는 서구권에 유리한 언어다.

하지만 다른 서양 언어보다 훨씬 쉽고 빨리 배울 수 있는 것만은 분명하다. 같은 조사에 따르면, 동아시아의 아이들이 에스페란토 외에 다른 유럽 언어를 배우려면 매주 4시간씩 6년이 걸린다. 에스페란토보다 6배 이상 시간이 걸린다. 생각해보면 모든 민족을 만족시킬 만한 중립적인 언어를 만든다는 것은 애초에 불가능하다. 영어와 중국어, 한국어, 아랍어의 중간치를 떠올려보라. 상상이 되는가? 중립적일지는 모르겠지만 아마 모두가 배우기 어려운 언어일 것이다. 에스페란토는 완벽히 중립적이진 않지만 적어도 중립의 가치를 지향한다. 그런 언어를 세계가 함께 사용한다면 그 자체만으로도 의미를 가질 수 있다.

에스페란토는 등장과 동시에 국가주의와 민족주의에 반대하는 좌파와 아나키스트 지식인에게 열렬한 지지를 받았다. 세계 각지에 에스페란토 협회가 생겼고, 성서를 포함해 다수의 고전 작품이 에스페란토로 번역돼 출간됐다. 한국에서도 1920년 에스페란토 협회가 설립됐다. 아나키스트와 공산주의자는 일본 제국주의에 저항하기 위한 수단으로 에스페란토를 받아들였다. 1925년 창립된 '조선프롤레타리아예술가동맹', 즉 카프(KAPF, Korea Artista Proleta Federatio)의 이름은 영어가 아니라 에스페란토다. 한국뿐 아니라 자국 언어가 위험에 처한 많은 식민지 국가에서 에스페란토를 지지했다.

하지만 당시는 국가주의와 민족주의의 광풍이 전 세계를 휩쓸 때였다. 국제어 지지자는 그 수가 얼마든 아웃사이더였다. 제국주의 국가들은 에스페란토를 곱게 보지 않았다. 특히 나치는 에스페란토를 눈엣가시처럼 여겼다. 나치와 반대되는 사상을 가졌을 뿐 아니라, 심지어 유대인이 만든 언어가 아닌가. 히틀러는 자신의 저서 《나의 투쟁》에서 에스페란토를 "유대인과 공산주의자의 언어"라고 규정하고, "유대인이 국제어를 이용해 세계를 정복하려 한다"고 주장했다. 당연히 독일에서 에스페란토는 금지되었다. 나치가 집권했을 때는 이미 자멘호프가 죽은 후였지만, 그의 자녀들은(딸 2, 아들 1) 모두 나치에게 잡혀 총살당했다. 일본 역시 조선인이 에스페란토를 사용하는 것을 금지했고, 공산주의를 표방한 스탈린조차 에스페란토를 탄압했다.

하지만 에스페란토는 이 고난의 시기를 버텨낸다. 제2차 세계대전 이후 에스페란토 사용자는 조금씩 늘어났다. 현재 전 세계 70여 개국에 공인 에스페란토 협회가 있고 121개국에 회원이 있다. 현재 에스페란토로 대화가 가능한 이는 200만 명이 넘는다. 이들은 전 세계에 흩어져 살지만, 에스페란토를 할 줄 안다는 단 하나의 이유만으로 서로에게 강한 연대감을 느낀다. 에스페란티스토(에스페란토를 사용하는 사람들) 사이엔 파스포르타 세르보Pasporta Servo라는 문화가 있다. 에스페란토 사용자가 자신의 거주 지역에 방문하면 무상으로 재워주고 먹여주는 문화다. 이렇게 연대하다 보면 자연스레 눈이 맞는 경우도 많다(저렴한 여행과 새로운 만남을 위해 에스페란토를 익히자!). 에스페란티스토가 만나 그 사이에서 태어나거나 입양된 자녀는 3,000여 명인데, 이들은 에스페란토를 모어로 사용한다.

에스페란토 정신은 예술가와 지식인에게 큰 감명을 줬는데, 그 때문에 단순 번역이 아니라 처음부터 에스페란토로 제작된 음악과 문학도 많다. 에스페란토 전문 라디오 방송도 있고, 100개가 넘는 정기 간행물이 발매된다. 프랑스 유명 월간지 《르 몽드 디플로마티크》도 에스페란토판이 출시된다. 구글 번역기를 포함한 대부분 번역기에 에스페란

FC안양과 네이버 파파고. 곳곳에 에스페란토가 숨어 있다.
반전은 에스페란토 이름의 번역기 파파고가 에스페란토 번역을 제공하지 않는다는 점이다. Kio?

토가 포함되어 있고, 에스페란토로 진행되는 유튜브 방송도 있다.

한국에는 에스페란토 사용자가 많지 않아 직접 만나는 경우는 드물지만, 상표 중에 에스페란토가 종종 있다. 가령 네이버의 AI 번역기 파파고Papago는 에스페란토로 "앵무새"란 뜻이고, 버블티 체인점 아마스빈Amas Vin은 "당신을 사랑합니다"란 뜻이다. 프로 축구팀 FC안양은 단순히 에스페란토를 쓴 게 아니라 에스페란토의 정신까지 담았다. 그들의 엠블럼 하단에는 "시민(Civitano)", "낙원(Paradizo)", "행복(Feliĉo)"을 뜻하는 에스페란토가 적혀 있다.

하지만 에스페란토의 확장은 딱 여기까지다.

80년대 이후 미국이 유일한 세계 강대국이 되면서 영어가 세계 공용어의 자리를 차지했다. 현재 영어는 제국주의 침탈도 아니고 그렇다고 국제어도 아닌, 그 사이 어딘가에 위치해 있다. 달러가 세계의 기축통화가 될 때, 경제학자 케인스John Maynard Keynes는 '방카르'라는 국제

(좌)자멘호프 박사와 (우)에스페란토 상징기. 초록색은 희망, 하얀색은 평화와 중립, 녹색 별은 인류가 살아가는 5개 대륙을 의미한다. 《임꺽정》의 작가 홍명희의 호는 '벽초(최초의 청록인)'인데, 여기서 청록은 에스페란토를 의미한다. 즉, 벽초는 '최초의 에스페란티스토'라는 뜻이다. 그 외에도 유명인 중에 에스페란티스토가 꽤 많다. 그들이 남긴 흔적을 찾아보자.

통화를 만들어서 한 국가가 화폐의 힘을 남용하지 못하게 만들어야 한다고 주장했다. 하지만 미국은 자국에 도움이 되지 않는다고 생각해 그의 주장을 받아들이지 않았다. 국제어도 마찬가지다. 국제어보다 자국어인 영어를 사용하는 것이 미국 입장에서는 편하고 이익이 많다.

현재로는 국제어가(에스페란토든 혹은 새로운 언어든) 세계 공용어로 사용될 확률은 그리 높아 보이지 않는다. 하지만 언젠가 영어가 아닌 중립적인 국제어를 세계인이 함께 사용할 날이 오기를 희망해본다. 설혹 그런 날이 오지 않는다 해도 에스페란토의 이상은 신고립주의 시대를 살아가는 우리에게 곱씹어볼 메시지를 던진다.

단위의 미래

전통(?)을 지키려는 일부의 노력에도 불구하고, 단위의 세계 표준화는 거스를 수 없다. 심지어 미터법을 절대 모를 것 같던 미국인 상당수도 게임 '포켓몬GO' 덕분에 미터법을 터득했다고 한다(포켓몬GO에 노벨평화상을). 전통 단위를 지키는 것이 꼭 잘못된 것은 아니지만, 계속되는 사건 사고에 그들이 어떤 논리를 세우더라도 독자 단위를 주장하는 건 똥고집으로 보일 뿐이다. 그렇다고 강제적으로 표준화를 시도할 필요는 없다. 표준 단위를 공동 표기만 해도 혼란은 거의 사라질 것이다. 아마 10년쯤 지나면 새로운 세대는 '평'이나 '근'을 이해하지 못할 것이다.

역사적으로 단위는 독재의 도구이기도 했고 해방의 도구이기도 했지만 이제는 세계가 돌아가는 필수 조건이 되었다. 설혹 단위에 제국주의의 흔적이 남아 있다 하더라도 단일화되는 방향성은 돌이킬 수 없다. 단위의 정의는 과학계의 합의에 따라 변하고, 일반인은 이해하기 어려울 정도로 엄밀해지고 있다. 물론 표준 과학계에도 권력 다툼이 있겠지만, 그것이 세계를 지배하려는 야욕은 아니다.

물론 여전히 전쟁 중인 단위도 많다. 언어라는 단위는 영어로 기우는 추세지만 아직 공인된 것은 아니다. 각종 산업에서도 포맷 전쟁이 치열하다. 새로운 기술이 등장할 때마다 여러 포맷이 등장한다. 포맷 역시 일종의 단위라고 볼 수 있다. 보통 효율적인 포맷이 승리하는 경우가 많지만 항상 그런 것은 아니다. 비효율적인 포맷이 시장 선점을 통해 표준이 되는 경우도 많다. 자신의 포맷을 세계 표준으로 만드는 것, 그게 바로 돈이고 권력이다.

기술이 빨리 발전할수록 단위의 표준화도 빨라진다. 이 폭풍의 와중에 우리가 할 수 있는 일은 별로 없다. 어떻게 단위를 유용하게 사용할 수 있을까를 고민할 뿐이다. 한때 단위는 민중을 억압하는 도구로 이용됐지만, 결국 민중의 선택이 단위를 정하지 않았던가. 혁명력에서 휴가만 쟁취한 인민들처럼 말이다.

〈알아두면 아는 척할 때 도움이 되는 몇 가지〉

(1) 단위의 접두어

너무 큰 숫자나 작은 숫자를 단위로 표현하는 것에는 한계가 있다. 0을 세다가 대화가 끝날 수도 있다. 그래서 국제 단위계는 20개의 접두어를 만들었다. 기존에 사용하던 표현이 있는 경우 예외를 인정한다. 가령 백만 그램(1,000,000g)은 1메가그램(Mg)이 아니라 1톤(t)이라 쓴다.

10^n	접두어	기호	배수	십진수
10^{24}	요타yotta	Y	자	1 000 000 000 000 000 000 000 000
10^{21}	제타zetta)	Z	십해	1 000 000 000 000 000 000 000
10^{18}	엑사exa)	E	백경	1 000 000 000 000 000 000
10^{15}	페타peta	P	천조	1 000 000 000 000 000
10^{12}	테라tera	T	조	1 000 000 000 000
10^{9}	기가giga	G	십억	1 000 000 000
10^{6}	메가mega	M	백만	1 000 000
10^{3}	킬로kilo	k	천	1 000
10^{2}	헥토hecto	h	백	100
10^{1}	데카deca	da	십	10
10^{0}			일	1
10^{-1}	데시deci	d	십분의 일	0.1
10^{-2}	센티centi	c	백분의 일	0.01
10^{-3}	밀리milli	m	천분의 일	0.001
10^{-6}	마이크로micro	μ	백만분의 일	0.000 001
10^{-9}	나노nano	n	십억분의 일	0.000 000 001
10^{-12}	피코pico	p	일조분의 일	0.000 000 000 001
10^{-15}	펨토femto	f	천조분의 일	0.000 000 000 000 001
10^{-18}	아토atto	a	백경분의 일	0.000 000 000 000 000 001
10^{-21}	젭토zepto	z	십해분의 일	0.000 000 000 000 000 000 001
10^{-24}	욕토yocto	y	일자분의 일	0.000 000 000 000 000 000 000 001

(2) 야드-파운드법(한국에서 쓰지 않기 때문에, 알고 있으면 더 있어 보인다.)

길이 단위

1인치(in) = 2.54cm

1피트(ft) = 12인치, 30.48cm

1야드(yd) = 3피트, 91.44cm

1체인(ch) = 22야드, 20.1168m

1펄롱(fur) = 10체인, 201.168m

1마일(mile) = 8펄롱, 1.609344km

1리그(lea) = 3마일, 4.828032km

무게 단위

1온스(oz) = 28.34952325g

1파운드(lb) = 16온스, 453.59237g

1스톤(st) = 14파운드, 6.35029318kg

1쿼터(qtr) = 2스톤, 12.70058636kg

부피 단위(31가지 맛! 미국과 영국도 서로 다르다)

1컵(cup) = 10온스(영국 284mm, 미국 236.5882365mm)

1파인트(pt) = 2컵

1쿼트(qt) = 2파인트

1갤런(gal) = 약 4쿼트

*갤런에는 영국 갤런(4.54609L), 미국 액량 갤런(3.785411784L), 미국 건량 갤런(4.40488377086L)이 있다. 그냥 쓰지 말자.

1배럴(bbl) = 42 미국 액량 갤런 = 158.9L

*세계 석유 거래에 사용됨

3

지금은 플라스틱 시대

플라스틱 윤리와 자본주의 정신

"우리는 자본주의의 종말보다
세계의 종말을 상상하는 것이
더 쉬운 시대를 살고 있다."

– 프레드릭 제임슨

"현실 부정을 무시하지 마.
그게 얼마나 편한데!"

– 영화 <프라이빗 라이프>

난이도 ★★

어려운 용어가 종종 있지만 익숙한 소재라 상대적으로 쉽게 느껴진다. 사람 이름이 헷갈리지만 굳이 외울 필요는 없다. 물론 어디 가서 아는 척을 할 때는 이름과 연도를 아는 것이 좋다.

플라스틱 블라인드 사이로 햇살이 들어온다. 플라스틱 충전재로 채워진 베개를 한동안 베고 누워 있다가 플라스틱 시계를 확인하곤 깜짝 놀라 일어난다. 플라스틱 냉장고 문을 열어 플라스틱 물병을 꺼내 물을 마시고, 플라스틱 칫솔을 들고 플라스틱 변기에 앉아 두 가지 일을 동시에 처리한다. 칫솔은 플라스틱 살균기로, 사용한 휴지는 플라스틱 쓰레기통으로 들어간다. 머리를 감을까 하고 플라스틱 샴푸통을 바라보다가, 귀찮아져서 플라스틱 통에 담긴 클렌징폼으로 세수만 간단히 한다. 플라스틱 속옷 위에 플라스틱 옷을 입는다. 점심으로 먹을 볶음밥을 플라스틱 도시락에 싸고, 혹시 국물이 샐까 봐 플라스틱 도시락을 플라스틱 비닐 안에 넣는다. 플라스틱 비닐을 플라스틱 재질의 가방에 넣고, 플라스틱 케이스로 된 스마트폰과 플라스틱 이어폰, 플라스틱 카드를 챙긴다. 마지막으로 플라스틱 시계를 다시 한번 확인한다. 아슬아슬하게 세이프다.

인류는 긴 석기 시대와 짧은 철기 시대를 거쳐 새로운 시대에 도착했다. 바야흐로 플라스틱 시대다. 우리가 살아가는 모든 곳이 플라스틱으로 가득 차 있다. 먹는 것 외에는 모든 것이 플라스틱이다. 아니다. 당신이 먹는 음식에도 플라스틱이 들어 있다.

당구공을 가져오면 1만 달러를 주겠소

"당구공을 만들 새로운 물질을 가져오면 1만 달러를 주겠소."

1863년, 미국의 한 신문에 실린 광고다. 당시 1만 달러는 현재 가치로 18만 달러(약 2억 원)가 넘는다. 종류가 너무 많아 플라스틱인지 아닌지 구분조차 되지 않는 플라스틱의 광대한 세계는 바로 이 한 줄의 광고에서 시작됐다.

우리나라에서 당구란 학생들이 학교를 땡땡이치고 담배를 피우고 짜장면을 시켜 먹으며 하는 학창 시절의 일탈 정도로 여겨진다. 하지만 과거 유럽에서 당구의 이미지는 완전히 달랐다. 당구는 기원전 400년경 그리스에서 시작됐다. 당구대와 큐대, 당구공을 생각해보라. 이를 게임이 가능한 수준으로 균형 있게 만들기 위해서는 상당한 수준의 기술이 필요하다. 초기 당구가 지금처럼 정교하진 않았겠지만, 그래도 그 옛날에 이런 도구를 가지고 있으려면 당연히 귀족이어야 했다(지금처럼 동네마다 당구장이 있진 않았을 테니까). 현대에 들어서기 전까지 당구는 완벽한 귀족 스포츠였다. 지금도 이 흔적이 남아 벨기에의 국기는 당구이고, 수도에는 왕립 당구학교가 있다. 참고로 한국은 벨기에 못지않은 당구 강국이다(역시 즐기는 자가 가장 위대하다).

초창기 당구공은 나무나 돌을 깎아 만들거나, 흙을 빚어 불에 구운 것을 사용했다. 대항해 시대가 시작되자 아프리카는 유럽의 첫 번째 식민지가 되었고, 아프리카의 물자가 유럽으로 쏟아져 들어왔다. 그때 어떤 당구 덕후가 코끼리 상아로 당구공을 만들었다. 16세기부터 조금씩 입소문을 탄 상아 당구공은 17세기가 되면 당구의 필수 요소가 된다. 고작 당구공 만드는 데 상아를 썼다는 게 놀라울 따름이지만, 그만큼 당시에는 코끼리가 많았다. 그리고 모든 취미의 끝은 결국 고급 장비 구입이다. 나무로 만든 공과 상아로 만든 공을 떠올려보라. 성능은 알 수 없지만 일단 뽀대가 다르다. 당구공 제작을 위해서만 매년 1만 마리의 코끼리가 죽었다.

하지만 당구만 고급 장비가 있는 건 아니다. 다른 분야 역시 뽀대가 필요하다. 18세기가 되면 각종 공예품, 피아노 건반 등 다수의 물건이 상아로 만들어진다. 그 결과 19세기 코끼리 개체 수가 급격히 줄기 시작하고, 지금의 동물 보호 단체의 시초 격인 단체들이 생겨나 무차별적인 상아 채취에 반대하는 운동을 벌였다. 공급이 줄어들자 상아 가격이 폭등한다. 하지만 상아 당구공의 인기는 좀처럼 식지 않았다. 유럽 귀족 사회에서 가격은 그리 큰 문제가 아니었다. 오히려 상아가 귀해질수록, 그들은 자신의 능력을 과시할 수 있는 상아 당구공에 집착했다.

하지만 미국의 상황은 달랐다. 귀족 문화가 자리 잡지 않은 미국에서 업자들에게 중요한 건 당구의 고급화가 아니라 대중적 확산이었다.

그래야 당구대든 큐대든 많이 팔 수 있으니까. 그런데 상아 당구공이 비싸지면 대중화는 물 건너가는 것이다. 또 상아는 당구공으로서 그리 좋은 재질도 아니었다. 상아 당구공은 치면 칠수록 크기가 줄어들고 모양이 변했다. 대중적인 스포츠가 되려면 정확한 규격이 중요한데, 이를 만족시켜주려면 안 그래도 비싼 상아를 자주 교체해주어야 했다. 결국 뉴욕의 당구 물품 회사 펠란&콜렌더Phelan and Collender가 칼을 빼든다. 상아 대신 다른 물질로 튼튼한 당구공을 만들어 오면 거액의 상금을 주겠다고 신문에 광고를 낸 것이다.

"당구공을 만들 새로운 물질을 가져오면 1만 달러를 주겠소."

지금 관점에서는 발명에 상금을 걸어 불특정 다수의 대중에게 참여를 유도하는 것은 이상해 보인다. 하지만 당시에는 모든 과학 분야에서 새로운 지식이 마구 쏟아져 나올 때라 이런 식의 대회들이 종종 있었고, 이를 노리는 개인 발명가들도 많았다. 인쇄공을 하다 발명가가 된 존 하야트John W. Hyatt 역시 공고를 보고 당구공 개발에 뛰어든 사람 중 한 명이었다.

그는 인쇄공 출신답게 처음에는 종이를 이용해 당구공을 만들려고 했다. 바싹 말린 나무로 기본 형태를 잡고 물에 불린 종이, 헝겊, 아교 등을 겉에 발라 마무리했다. 하지만 이렇게 만들어진 당구공은 튼튼하지 않았고 무게도 가벼웠다. 그렇게 실패하기를 몇 차례, 평소와 다름없이 종이로 실험을 하던 그는 날카롭게 손질된 종이 끝에 손을 베인다. 그는 입 밖으로 튀어나오려는 욕을 참으며 약을 찾기 위해 찬장을

300년 넘게 이어진 무분별한 코끼리 살상과 상아 거래.

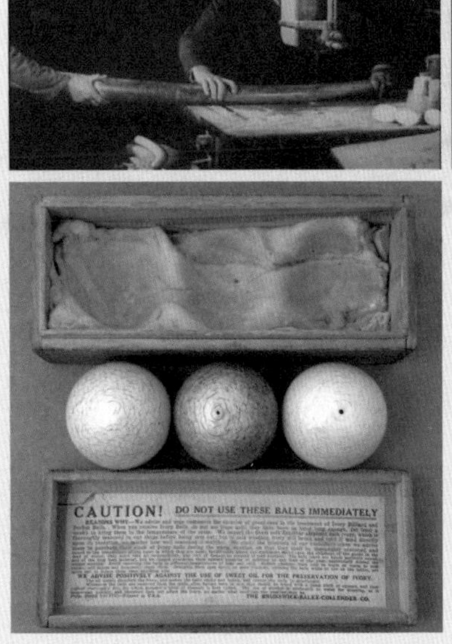

상아 당구공을 만드는 과정.

열었다. 그런데 이게 무슨 일인가. 약병이 쓰러져서 내용물이 쏟아져 있는 것이 아닌가. 실험도 실패하고 손도 다치고 약병까지… 한숨을 쉬는 하야트. 그런데 쏟아진 약이 눈에 들어왔다. 약은 굳어서 단단한 판이 되어 있었다.

그가 쏟은 약은 질산섬유소(Nitrocellulose, 나이트로셀룰로스)를 알코올에 용해한 콜로디온Collodion이란 제품이다. 이 약을 상처 부위에 바르면, 알코올은 공기 중으로 날아가고 질산섬유소는 굳어 일종의 판을 만들어 상처 부위를 외부로부터 보호한다. 그런데 이 약이 쏟아져서 알코올이 모두 날아가는 바람에 찬장 바닥에 판을 형성한 것이다. 하야트의 짜증은 환호로 바뀐다. 영감을 받은 그는 나이트로셀룰로스와 장뇌를 혼합하여 새로운 물질을 만들어낸다. 그리고 이 물질에 셀룰로이드Celluloid라는 이름을 붙여 1869년 특허를 낸다. 최초의 플라스틱이 탄생한 것이다.

하야트가 셀룰로이드로 만든 당구공은 상아처럼 단단하고 무게도 적당했다. 열을 가하면 어떠한 모양으로도 만들 수 있었고, 열이 식으면 단단하고 탄력이 생겼다. 하지만 세상에 완벽한 것은 없는 법. 셀룰로이드 당구공에는 아주 사소한 문제가 하나 있었다. 셀룰로이드의 주원료인 나이트로셀룰로스는 화약 제조에도 사용되는 물질인데, 그 때문에 충격을 받으면 터지는 경우가 종종 있었다(별건 아니지 않나? 스마트폰도 가끔 터지니 말이다). 당구공이 충격을 주면 터진다니, 이것을 과연 당구공이라고 부를 수 있는지 존재론적 의문이 생긴다. 하야트가 셀룰로이드 당구공으로 상금을 받았는지 못 받았는지에 대해서는 정확한 기록이 남아 있지 않다. 폭발 문제로 못 받았다는 썰도 있고, 반만 받았다는 썰도 있다.

하지만 2억의 상금은 그에게 중요하지 않았다. 셀룰로이드는 가격이 저렴하고 모양을 잡기 수월해 장난감, 주사위, 영화 필름, 안경테, 단추 등 일상용품 전반에 사용되었다. 당시에는 지금처럼 리콜 제도가 없었는지, 인터넷이 없어 소문이 늦었는지, 혹은 위험을 감수하고서라도 사용할 만한 이점이 있었는지, 당구공이 터지고 필름 보관소가 불탔지만 셀룰로이드는 날개 돋친 듯 팔려나갔다. 또 셀룰로이드는 살짝 형광이어서, 하얀색 셀룰로이드는 일반 하얀색보다 훨씬 더 하얗게 보였다. 그 덕분에 깨끗함이 중요한 와이셔츠의 칼라와 소매, 그리고 의치(가짜 이빨)에도 사용되었다. 셀룰로이드로 만든 의치는 술을 마시면 녹아내리고, 가끔 폭발해 머리를 터트릴 위험이 있었지만, 외모의 포로인 인간은 감히 새하얀 치아를 거절하지 못했다.

1909년 폭발 위험이 없는 플라스틱인 베이클라이트Bakelite가 나왔을 때, 하야트는 이미 갑부가 되어 있었다.

여기까지가 일반적으로 널리 알려진 플라스틱의 탄생 이야기다. 하지만 엄밀히 따지면 하야트는 플라스틱을 발견한 최초의 인물이 아니다.

플라스틱의 진짜 원조를 찾아서

하야트가 셀룰로이드 제작에 사용한 나이트로셀룰로스를 최초로 합성한 사람은 독일의 화학자 크리스티안 쇤바인Christian Friedrich Schönbein이다. 그는 호기심이 왕성한 사람으로 궁금한 것이 있으면 늘 집에서 실험을 했고, 실험은 늘 사고를 불렀다. 그의 아내는 그에게 "제발 집에서만은 실험을 하지 말라"고 신신당부했지만, 제 버릇 어디 가겠는가. 1846년, 그는 아내가 집을 비운 사이 부엌에서 실험을 하다 큰 사고를 친다. 실수로 질산 병을 쳤는데, 실험하던 황산 위에 엎어진 것이다. 그는 부엌에 있던 앞치마로 급하게 질산과 황산의 혼합액을 닦아낸다. 다행히 흔적은 남지 않았다. 안심한 그는 아내가 돌아오기 전에 젖은 앞치마를 말리기 위해 난로 근처에 올려두었다. 그런데 그가 자리를 비운 사이 이 앞치마가 폭발해버린 것이다.

그날 밤, 귀가한 아내에게 쇤바인은 엄청나게 바가지를 긁혔다. 그의 아내는 화병에 걸렸을 것이다. 하지만 철없는 남편은 보통 그런 건 마음에 두지 않는다. 그는 폭발 과정을 돌이켜보고(아내의 마음을 돌이켜보는 게 더 나았겠지만) 나이트로셀룰로스 합성 아이디어를 얻게 된다. 면 소재인 앞치마에 포함되어 있던 섬유소가 질산과 황산을 만나 질산섬유소(나이트로셀룰로스)가 되었고, 열을 받아 그대로 폭발한 것이다. 나이트로셀룰로스는 이후 화약의 주원료가 된다. 이름 때문에 복잡한 것 같지만 원리는 간단하다. 정제한 솜에 질산과 황산의 혼합액을 처리하면 바로 화약이 된다. 이를 '면화약'이라 한다.

인류는 9세기부터 화약을 사용했다. 하지만 19세기까지 사용한 흑색 화약은 가루가 많이 날리는 원시적인 형태였다. 총이나 대포를 멋지게 만들어봐도 한 방 쏘고 나면 고장 나기 일쑤여서, 공격하는 시간보다 수리하는 시간이 더 오래 걸렸다. 고장이 나지 않는다고 하더라도, 쏘고 나면 검은 연기가 자욱하게 올라와 연속 사격이 불가능했다. 화약은 파괴력에 비해 효과는 미미한 무기였다. 하지만 나이트로셀룰로스의 등장으로 전쟁의 판도가 바뀐다. 사람들은 이제 더 빨리, 그리고 정확하게 상대방을 죽일 수 있게 되었다. 그게 꼭 좋은 일인지는 모르겠지만.

1862년, 영국 화학자 알렉산더 파크스Alexander Parkes는 쇤바인이 합성한 나이트로셀룰로스를 알코올에 용해한 뒤 틀에 넣어 건조하면 원하는 대로 모양을 만들 수 있다는 사실을 알게 된다. 그는 이 물질에 파크신Parkesine이라는 이름을 붙인다. 이것이 진짜 원조 플라스틱이다. 하야트가 만든 셀룰로이드와 마찬가지로 파크신도 치명적인 단점이 하나 있었는데, 건조하면 크기가 줄어든다는 것이다.

습도에 따라 크기가 변하는 플라스틱과 가끔 폭발하는 플라스틱 중에 어떤 것이 더 큰 문제인가는 난제 중의 난제다. 확실한 것은 그가 특허 신청을 한 시점이 하야트보다 8년 빨랐다는 것이다. 나아가 파크스는 하야트가 셀룰로이드를 발명한 1869년, 파크신에 장뇌를 추가해 하야트의 셀룰로이드와 거의 같은 물질을 개발한다. 당연히 파크스와 하야트 사이에 특허와 관련된 법적 분쟁이 있었다. 판사는 파크스에게 오리지널리티가 있다는 판결을 내렸다(하지만 정황상 표절은 아니라고 판단하고 하야트의 상업 활동을 인정했다). 그런데 법적 판단이 난 뒤에도, 사람들은 파크스가 아니라 늘 하야트의 당구공 개발로 플라스틱 이야기를 시작한다. 파크스는 한 줄로 정리되거나, 어떤 경우에는 언급조차 되지 않는다. 왜 그럴까? 왜 사람들은 파크스가 아니라 하야트를 기억할까?

정확한 이유는 나도 모른다. 하지만 플라스틱의 성질과 엮어서 추측해볼 수는 있을 것 같다.

플라스틱은 저렴하고 변형이 자유로워 다용도로 활용된다. 이는 그 자체로도 큰 장점이지만 자본주의와 결합하면 막강한 파괴력을 가진다. 플라스틱이 처음 개발되었을 때 가장 큰 관심을 가진 분야는 제조업이 아니라 패션업이었다. 플라스틱은 형태뿐 아니라 색깔도 자유롭게 만들 수 있다. 투명, 불투명, 흑백, 컬러, 간단한 조작으로 같은 재질도 다른 색상으로 만들 수 있다. 플라스틱 이전에는 이렇게 자유도가 높은 물질이 없었다. 패션은 그야말로 신세계를 만난 것이다. 다채롭고 화려한 패션이 사회 전면에 등장해 사람들을 현혹했다. 일반 제조업에서도 제품의 기능만큼 디자인이 중요한 시대가 왔다. 이때부터 성능은 같지만 색상과 디자인이 다른 제품이 만들어진다.

플라스틱의 성장은 자본주의의 성장과 함께한다. 괜히 현대를 플라스틱 시대라고 하는 것이 아니다. 플라스틱 제품은 고장 나거나 파손되면(혹은 싫증 나면) 언제든 다른 플라스틱 제품으로 대체할 수 있다. 압도적인 범용성! 그래서 역설적으로 플라스틱 자체를 대체할 물질은 아무것도 없다. 설혹 그런 물질이 있다 하더라도 단가가 맞지 않는다. 그야말로 자본주의 정신이다. 자본주의에서는 화려하지만 저렴해야 하며, 넘치게 생산하고 금세 바뀌지만 변하지 않아야 한다. 독점이라면 이루 말할 데 없이 완벽하다.

파크스가 최초의 플라스틱을 만들기는 했지만, 그가 만든 파크신은 대중에게 어필하지 못했다. 반면 하야트는 셀룰로이드를 판매 가능한 상품으로 만들었고 대박을 터트렸다. 하야트가 만든 건 단순히 플라스틱이라는 물질이 아니다. 플라스틱이 현대 사회에서 갖는 의미를 발명한 셈이다. 많이 팔리는 것을 기억하는 것이 자본주의 아닌가. 저렴한 물건을 구하는 업자들의 상금을 노려서 만들어진 제품이라니, 이것보다 더 자본주의에 어울리는 발명품이 있을까. 파크스는 '플라스틱'을 만들었지만, 하야트는 '플라스틱 시대'를 만들었다. 현재 두 사람의 발명품은 통쳐서 셀룰로이드로 사전에 등재되어 있다. 아무도 셀룰로이드를 파크신이라 부르지 않는다.

17세기부터 20세기까지 세계적으로 많은 발명과 발견이 쏟아졌다. 이 중 많은 수가 시대의 연속 선상에 있다. 이 시기 발명의 역사를 보면, 한 명의 탁월한 천재의 손에서 나오는 경우도 가끔 있지만, 여러 사람이 비슷한 시기에 비슷한 방식으로 동시다발적으로 같은 발명을 하는 경우가 더 많다. 각국의 특허 신청 날짜를 기준으로 최초를 자로 잰 것처럼 가릴 수는 있겠지만, 어차피 곧 만들어질 물건이라면 약간의 빠름에 무슨 큰 의미가 있겠는가. 그래서 이 시기 발명은 이따금 속도

최초는 아니지만 늘 먼저 언급되는 (좌) 존 하야트와, 그가 판매한 (아래) 플라스틱 당구공.
최초의 플라스틱 개발자 (우) 알렉산더 파크스. 알고 봐서 그런지, 왠지 억울하게 생긴 것 같기도….

보다 가치와 파급력에서 최초가 결정된다.

무엇보다 당구공 개발 과정에서 플라스틱이 만들어졌다는 이야기가 훨씬 드라마틱하지 않은가. 사람들은 재밌는 이야기를 좋아한다. 이는 웃어넘길 일이 아니다. 이 책 역시 당구공 이야기로 시작하지 않았던가. 사람들은 비슷한 두 가지 선택지가 있을 때 더 마음이 끌리는 쪽을 선택한다. 그것이 역사를 살짝 왜곡한다 하더라도.

합성섬유, 패션을 열다

영화 〈세라핀〉은 허드렛일을 하며 근근이 살아가는 화가 세라핀 루이Séraphine Louis의 삶을 다룬 작품이다. 이 영화가 재밌는 건 작품을 구상하고 그림을 그리는 화가의 모습이 아니라, 물감과 재료를 구하기 위해 개고생하는 화가의 모습을 더 많이 보여준다는 점이다. 세라핀이 유독 가난하기도 했지만, 과거 화가들은 대부분 물감을 구하는 데 큰 어려움을 겪었다. 당시 물감은 비싼 사치품이었고, 지금처럼 색깔이 다양하지도 않았다.

인류는 오랜 시간 색을 구하는 데 애를 먹었다. 인공 염료가 나오기 전까지 색은 대부분 작물에서 얻었다. 치자나무와 강황은 노란색을, 잇꽃은 분홍색을, 쪽은 남색을 내는 식이었다. 하지만 먹고 살기도 힘든 시절에 색을 얻기 위해 농사를 짓는 건 흔한 일은 아니다. 한민족을 백의민족이라 부르는데, 우리 조상들이 흰옷을 입은 건 패션 센스가 남달랐기 때문이 아니라 염색할 여력이 없었기 때문이다. 과거에도 권력자는 늘 색을 사용했다.

16세기 개척된 인도 항로는 유럽에 다양한 사치품을 가져왔다. 향신료, 비단, 도자기 등 수많은 이국적인 물건이 유럽 사회에 소개됐고 큰 인기를 끌었다. 그중 하나가 인디고(남색)였다. 인디고는 지금은 데님청바지에 사용될 정도로 흔하고 저렴한 염료지만, 당시에는 값비싼 물건이었다. 영국은 인디고를 얻기 위해 식민지였던 인도의 논밭을 밀어버리고 인디고(쪽과 비슷한 식물)를 길렀다. 문제는 인디고에서는 염료 외에 어떤 것도 얻을 수 없다는 점이다. 영국인들은 인도 농민들이 인디고를 기르게 하기 위해, 다른 작물을 재배하면 폭력적인 방식으로 방해했다. 인도 농민들은 울며 겨자 먹기로 인디고를 기를 수밖에 없었고, 그렇게 만들어진 인디고밭이 19세기에는 121억 제곱미터(약 37억 평)에 달했다. 인도 농민들은 인디고로 힘든 삶을 살았지만, 인디고를 헐값에 사들인 영국 상인들은 큰돈을 벌어들였다.

영국이 인디고를 독점하고 폭리를 취하자, 독일은 인공 인디고를 만들기 위해 노력한다. 그 결과 1883년, 아돌프 폰 베이어Adolf von Baeyer가 인디고 합성에 성공한다. 최초의 인공 염료가 탄생한 것이다. 인공 염료는 처음에는 가격이 비싸 자연 염료와 비교해 큰 메리트가 없었다. 하지만 기술이 발전해 1900년이 되면 가격이 크게 떨어진다. 더는 밭에서 인디고를 기를 필요가 없어진 것이다. 드디어 인도 농민들에게 자유가 찾아…올 리가 있나. 현실은 그렇게 단순하지 않다.

비록 착취였지만 인도 농민들은 인디고 농사에 익숙해져 있었다. 오랫동안 해오던 농사를 갑자기 엎을 순 없는 노릇이다. 가난했기 때문에 업종 변경을 하기도 힘들었다. 하지만 영국은 더 이상 인디고가 필요하지 않았고, 상인들은 인디고를 사지 않았다. 인디고는 식용으로 쓸 수도 없었기에, 인도의 농민들은 닭 쫓던 개가 되어 거리에 나앉게 된다. 이런 와중에도 영국은 "참 안됐네. 그래도 낼 건 내야지" 하면서 소작료와 세금을 요구했다. 인도 농민들은 화가 머리끝까지 찬다. 애초에 영국의 강압으로 키운 인디고가 아니던가. 1917년, 한 독립운동가가 이 투쟁에 뛰어든다. 그는 색을 물들이지 않은 하얀 옷을 입고, 제국주의 영국에 저항하자고 호소한다. 인디고 투쟁 30년 뒤, 인도는 독립을 맞이하게 된다. 염색하지 않은 하얀 천을 둘렀던 독립운동가가 바로 우리가 아는 유일한 인도의 독립운동가인 '마하트마 간디'다(인도 독립에서 그의 활약은 다소 과장된 측면이 있다).

이렇게 색이란 역사를 바꿀 만큼 파괴력 있는 자원이었다. 하지만 색이 대중 패션이 되기 위해선 인공 염료 외에 한 가지가 더 필요하다. 바로 플라스틱이다.

단지 엎어졌을 뿐인데 플라스틱 개발에 결정적 공헌을 하게 된 콜로디온은 프랑스에서 다시 한번 엎어져 의복 혁명을 이끌었다. 1878년 누에를 연구하던 샤르도네Hilaire de Chardonnet는 암실에서 실험하던 중 실수로 콜로디온 병을 엎는다. 샤르도네는 하야트와 달리 콜로디온이 채 굳기 전에 닦아낸다. 알코올이 조금 증발한 콜로디온은 끈적끈적한 젤리 같은 상태였고, 걸레질을 하던 샤르도네는 콜로디온에서 피자 치인도의 독립운동가 패왕(?) 간디, 흰 천을 두르고 다닌 데는 다 그만한 이유가 있다. 정치인이 하는 행동에는 절대 '그냥'이 없다.

인도의 한 항공사 비행기. 한때는 탄압의 상징이었던 인디고가 이제 인도를 대표하는 색이 되었다. 시간의 아이러니.

즈처럼 가는 실이 생기는 걸 목격한다. 그는 이 점에 착안해 1889년 최초의 인조 견사인 샤르도네 실크Chardonnet Silk를 만들어 파리박람회에 전시한다. 이후 이 물질에 레이온Rayon이라는 이름이 붙는다. 레이온 성공 이후 합성섬유 개발이 활발히 진행된다.

1929년 듀폰DuPont 사에서 근무하던 캐러더스Wallace Hume Carothers는 큰 스트레스에 시달리고 있었다. 학구적 인물이었던 그는 원래 기업 소속 연구원이 될 생각이 없었다. 하지만 듀폰 사가 자유로운 연구를 하게 해주겠다며 적극 구애해 입사하게 된다. 그런데 그때 하필 대공황이 터진다. 상황이 나빠진 듀폰 사는 약속과 달리 캐러더스에게 돈 되는 연구를 강요하기 시작한다. 회사의 압박에 못 이긴 그는 합성섬유 개발을 꺼내 든다. 1935년 캐러더스의 연구팀은 석탄에서 추출한 벤젠을 원료로 새로운 섬유를 개발한다. 이 섬유는 실처럼 가늘게 뽑히고, 거미줄보다 튼튼하며, 비단처럼 광택이 나고, 말려도 부서지거나 변하지 않았다. 나일론nylon의 등장이다.

캐러더스는 이 공로를 인정받아, 기업 소속 유기화학자로서는 최초로 미국과학아카데미 회원으로 선출된다. 하지만 정작 그는 그 모든 것이 기쁘지 않았던 것 같다. 상업적인 연구가 마음에 들지 않았고, 그 때문인지 우울증에 시달렸다. 이 시기 여동생이 죽은 것도 그를 정신적으로 피폐하게 만들었다. 1937년, 그는 한 호텔 방에서 청산가리를 먹고 세상을 떠난다.

하지만 그의 죽음과 무관하게 산업은 굴러갔다. 그가 자살한 다음

해, 나일론을 이용한 첫 번째 대박 아이템이 나온다. 바로 인공 칫솔모다. 기존 칫솔모는 돼지털로 만들어져 보관이 어려웠다. 또 비싼 가격 탓에 가족이 하나의 칫솔을 함께 사용하는 경우가 많았다. 아무리 생각해도 위생과는 거리가 멀다. 하지만 나일론 칫솔이 등장하면서 1인 1칫솔의 시대가 열린다. 나일론은 깨끗하고 저렴했다.

다음 해에는 나일론으로 만들어진 스타킹(Stockings, 철자에 유의하자. Star가 아니다)이 출시된다. 나일론 이전에는 비단으로 스타킹을 만들었다. 비단 스타킹은 가격도 가격이지만 라인이 살지 않는다. 라인이 살지 않는 스타킹을 과연 스타킹이라 할 수 있는지 존재론적 의문이 생긴다. 나일론 스타킹은 출시된 그해에 미국에서만 6,400만 켤레가 팔렸다. 출시 초기 나일론 스타킹은 비단보다는 저렴했지만 젊은 여성들에게는 부담스러운 가격이었다. 그래서 맨다리에 화장을 해 스타킹을 신은 것 같은 효과를 내는 사람도 많았다. 그만큼 스타킹은 단기간에 여성들의 필수 아이템으로 자리 잡는다.

나일론을 비롯한 합성섬유가 처음 등장했을 때, 산업적으로 최대 라이벌은 대마였다(흔히 마리화나라고 부르는 바로 그 식물). 지금이야 대마가 마약으로 더 유명하지만, 100년 전까지만 해도 대마는 섬유로 더 많이 이용됐다. 인류는 구석기 시대부터 대마로 옷을 해 입었다. 한국도 당연히 대마로 옷을 만들어 입었는데, 바로 삼베옷이다. 당시 대마는 대량 생산이 가능해 합성섬유와 경쟁이 가능한 유일한 천연섬유였다. 하지만 공교롭게도 듀폰 사가 본격적으로 의류 사업에 뛰어든 1937년(캐러더스가 목숨을 끊은 그해), 미국은 대마 세금법을 제정하고 대대적인

첫 나일론 칫솔모가 달린 칫솔 광고, 칫솔대도 당연히 플라스틱이다. 지금은 소모품인 칫솔을 1년간 보증해줬다는 게 재밌다. 대체 어떻게 해줬는지는 모르겠지만.

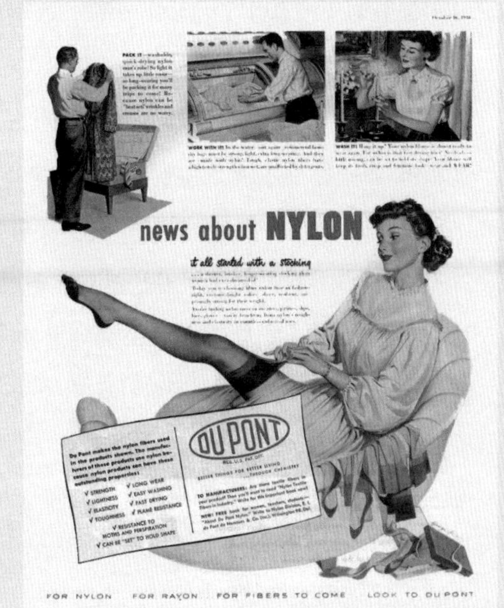

남녀 모두가 사랑하는
스타킹의 첫 번째 광고.

대마 탄압을 시작했다. 이것이 듀폰 사가 정치권에 한 로비 때문이었는지, 단순한 우연이었는지에 대해서는 아직까지도 논란이 있다. 이유야 어쨌든 미국의 광범위한 대마 탄압은 듀폰 사의 합성섬유가 자리 잡는 데 큰 역할을 하게 된다.

나일론과 함께 합성섬유 중 가장 많이 사용되는 건 폴리에스터Polyester다. 폴리에스터는 주름이 잘 가지 않고 튼튼해서 일상에서 편하게 입기 좋다. 지금 당장 입고 있는 옷이나 속옷을 까보라. 아마 폴리에스터가 조금씩은 포함되어 있을 것이다. 100% 폴리에스터인 제품도 많다. 폴리에스터는 현재 생산되는 섬유의 60%를 차지할 정도로 압도적인 점유율을 보인다. 폴리에스터 등장 이전의 인류는 일부 상류층을 제외하고는 대부분 단벌 신사로 평생을 살았다. 공장 대량 생산이 가능한 폴리에스터가 등장한 이후 옷은 골라 입는 것이 되었고, 인공 염료와 폴리에스터가 합쳐지면서 본격적인 패션의 시대가 열린다. 이후 패션 주기는 갈수록 짧아져, 지금 우리는 한 철 입고 나면 입을 옷이 없어 새 옷을 사는 패스트패션 시대를 살아가고 있다.

플라스틱이 가진 저렴한 이미지 때문에 합성섬유 전체가 저렴하다고 생각하는 사람이 많다. 하지만 값비싼 최신 기능성 의류 역시 대부분 합성섬유다. 땀을 잘 흡수하고 잘 배출한다든지, 방수가 된다든지, 열을 낸다든지 모두 합성섬유이기에 가능하다. 저렴한 것도, 비싼 것도 모두 플라스틱이다.

총천연색 플라스틱. 지금은 플라스틱에 주로 쓰이는 이런 색감을 싸구려 취급하지만, 과거에 색은 아주 값비싼 것이었다.

플라스틱? 플라스틱!

그런데 대체 플라스틱이 뭘까? 살면서 가장 많이 보지만 가장 알 수 없는 게 플라스틱이다. 플라스틱이 정확히 무엇이며, 범위가 어디까지인지 아는 사람은 별로 없다. 날아다니는 비닐도 플라스틱, 딱딱한 케이스도 플라스틱, 택배 박스 속 스티로폼도 플라스틱, 심지어 벽에 발린 페인트에도 플라스틱이 들어가 있다. 옷에 사용하는 부드러운 플라스틱도 있고, 쇠보다 단단한 플라스틱도 있다. 심지어 성형 수술도 영어로 플라스틱 서저리라 부른다(Plastic Surgery, 물론 여기서 플라스틱은 그 플라스틱은 아니다).

플라스틱의 어원은 '거푸집에 부어 만들다, 조형하다'라는 뜻의 고대 그리스어 'Plastikos'이다. 모양을 쉽게 만들 수 있는 플라스틱의 성질을 뜻한다. 성형 수술이 플라스틱 서저리Plastic Surgery인 것은 수술에 플라스틱을 사용해서가 아니라(물론 실리콘은 플라스틱이다) 외형을 조형한다는 의미에서다.

플라스틱의 뜻은 사전마다 조금씩 다른데, 크게 2가지로 구분할 수 있다.

A 사전: 열과 압력을 가해 성형할 수 있는 고분자화합물. 천연수지와 합성수지로 구분한다.

B 사전: 석유, 석탄, 천연가스 등에서 추출되는 원료를 결합해 만든 고분자화합물의 일종. 합성수지라고도 하며, 열을 가해서 재가공이 가능한지에 따라서 열가소성수지와 열경화성수지로 나눈다.

열가소성수지는 일상 온도에서는 딱딱하지만 열을 가하면 녹아서 모양을 다시 잡을 수 있는 플라스틱이고, 열경화성수지는 한번 모양을 잡고 나면 열을 가해도 녹지 않는 플라스틱이다. A 사전은 천연수지와 합성수지를 모두 플라스틱이라고 정의했고, B 사전은 합성수지만을 플라스틱이라 정의했다. 현재 사용되는 플라스틱은 대부분 합성수지이기 때문에 어떻게 정의하든 큰 차이는 없지만, 만약 B 사전의 정의를 따른다면, 천연수지인 셀룰로이드와 파크신은 플라스틱이 아니다.

최초의 합성수지 플라스틱은 1907년 레오 베이클랜드Leo Baekeland

가 석탄에서 추출한 페놀로 만든 '베이클라이트'다. 흔히 페놀수지라 부른다. 열을 받으면 폭발하는 셀룰로이드와 달리 열에 강한 열경화성 수지이기에 발표된 즉시 셀룰로이드를 대부분 대체했다. 플라스틱을 합성수지로 한정한다면, 베이클라이트를 최초의 플라스틱이라고 볼 수도 있다. 앞서 살펴본 나일론 역시 합성수지다. 합성수지의 원료는 처음에는 주로 석탄에서 얻었고, 최근에는 석유에서 얻는다.

A와 B 정의에 공통으로 들어 있는 '고분자화합물'은 이름 그대로 많은 원자가 결합하여 생긴, 분자량이 큰 분자가 얽혀 있는 화합물을 뜻한다. 여기서 분자가 많다는 건 분자 개수가 1만 이상이라는 뜻이다. 플라스틱의 종류가 다양한 것은 바로 이 정의 때문이다. 같은 재료를 섞어 플라스틱을 만들어내더라도 분자 개수와 결합 형태에 따라 성질이 전혀 달라진다. 그러니 경우의 수를 생각해보면 플라스틱의 종류는 무한대다. 광고를 보다 보면 과하다 싶을 정도로 '신소재'가 자주 등장하는데, 이는 대부분 고분자화합물의 형태를 살짝 바꾼 플라스틱이다. 즉, 플라스틱이라는 용어는 새롭게 만들어지는 다양한 고분자화합물을 구분해주기 귀찮아서 뭉뚱그려 붙인 명칭이다. 물건의 성분표를 봤을 때 앞에 폴리(Poly- 많은, 복합이라는 뜻)가 붙은 물질이 있다면 모두 플라스틱이다.

폴리에틸렌(Polyethylene, PE)

우리가 흔히 생각하는 플라스틱. 비닐봉지, 각종 용기, 포장용 필름, 섬유, 파이프, 패킹, 도료 등에 광범위하게 사용된다. 어떤 이들은 "플라스틱 통에 담긴 우유가 맛있어도 환경 보호를 위해 종이팩 우유를 산다"고 말하지만, 종이팩에 우유 같은 액체가 오랫동안 담길 수 있는 것은 종이팩 안에 폴리에틸렌이 발려 있기 때문이다. 우리가 그나마 친환경적이라 생각하는 종이팩 역시 플라스틱이 없으면 존재할 수 없다.

페트병 역시 폴리에틸렌이 변형된 '폴리에틸렌 테레프탈레이트Polyethylene terephthalate'로 만든다. PET는 용어의 앞글자를 딴 약자지만, 해외에서는 사용하지 않는 표현. 해외에서는 그냥 '플라스틱 보틀Plastic Bottle'이라 부른다. 2017년 기준으로 한 해에만 약 5,000억 개의 플라스틱 보틀이 만들어지고, 사용되고, 버려졌다.

플라스틱은 이제 우리 몸속까지 파고든다. 최근 개발되는 인공 피부, 인공 연골, 인공 장기 역시 대부분 폴리에틸렌으로 만든다.

그 외 수많은 폴리들

폴리프로필렌(Polypropylene, PP)

폴리스타이렌(Polystyrene, PS)

폴리아미드(Polyamides, PA, 나일론)

폴리에스터(Polyester, PES)

폴리염화비닐(Polyvinyl chloride, PVC)

폴리우레탄(Polyurethanes, PU)

폴리카보네이트(Polycarbonate, PC)

폴리염화비닐리덴(Polyvinylidene chloride, PVDC)

폴리테트라플루오로에틸렌(Polytetrafluoroethylene, PTFE)

폴리에테르에테르케톤(Polyetheretherketone, PEEK)

폴리에테르이미드(Polyetherimide, PEI)

폴리메틸메타아크릴레이트(Poly methyl methacrylate, PMMA, 아크릴)

……

…

…

..

.

자세한 설명은 생략한다.

플라스틱의 미래

플라스틱의 시장 규모는 한 해 800조 원이 넘는다. 하지만 세상 모든 물건을 만들어내는 전지전능한 플라스틱에도 고질적인 문제가 있다. 바로 전기가 통하지 않는다는 것이다. 이를 조금 유식하게 '비전도성'이라 한다. 때에 따라서는 비전도성이 플라스틱의 장점이 되기도 한다. 전자제품을 보라. 겉면이 플라스틱으로 된 경우가 많은데, 이는 플라스틱이 내부에서 흐르는 전기를 차단해주기 때문이다(가격이 저렴하기 때문이기도 하고). 같은 이유로 전선을 감싼 피복도 모두 플라스틱으로 만든다. 이런 경우 비전도성은 큰 장점이다.

문제는 플라스틱은 항상 전기가 통하지 않는다는 점이다. 전기가 통하지 않기 때문에 전자제품의 겉을 만들 수는 있지만, 핵심 부품을 만들 수는 없다. 그래서 여전히 전자제품에는 금속이 필요하다. 전자제품에 사용되는 금속은 대부분 플라스틱보다 제조 단가가 비싸고 무겁다. 그래서 전자제품은 비싸고 무겁다. 자본주의와 결탁해 현대를 씹어삼킨 플라스틱이 현대 사회의 또 다른 핵심인 전자제품을 만들 수 없다니, 이게 웬 자존심에 스크래치 나는 일인가.

물질 안에서 전자가 이동할 때, 우리는 그 물질이 전기가 통한다고 말한다. 플라스틱은 앞에서 설명했듯 고분자화합물이다. 분자가 얽히다 못해 떡져 있고 규칙성도 없다. 전기가 통하려면 내부에서 전자가 이동할 수 있어야 하는데, 플라스틱은 분자의 사슬 구조가 무작위라 전자가 지나갈 수 없다. 플라스틱에 전기가 통하게 하려면 전자의 통

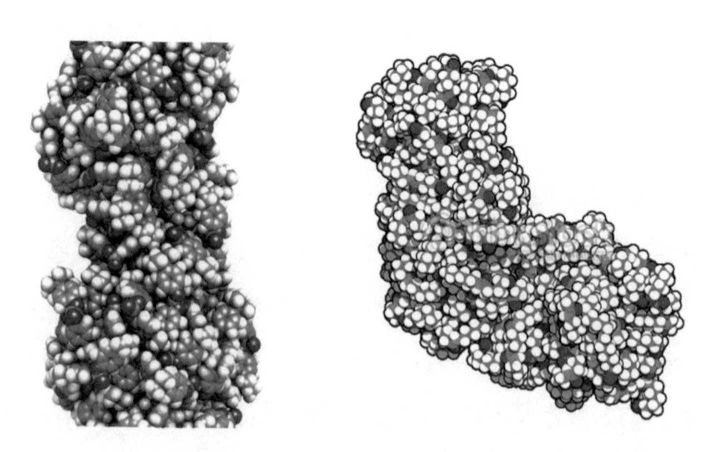

폴리카보네이트와 나일론의 구조. 대부분 플라스틱이 이런 식으로 분자가 뭉쳐 있다.

로를 만들어줘야 한다.

전도성 고분자(전도성 플라스틱)를 만들려는 노력은 플라스틱이 발명된 초창기부터 있었다. 1977년 앨런 맥디아미드Alan G. MacDiarmid, 시라카와 히데키白川 英樹, 앨런 히거Alan J. Heeger는 최초로 전도성을 가진 플라스틱인 폴리아세틸렌Polyacetylene 개발에 성공한다. 폴리아세틸렌은 기존 플라스틱과는 달리 내부에 특정 패턴을 가지고 있어 전자의 통로가 생긴다. 사람들은 그들의 발명에 열광했고, 플라스틱 전자시대를 기대했다. 하지만 이 기술은 상용화하기에 몇 가지 문제가 있었다. 일단 전도도 자체가 부족했다. 그리고 명색이 플라스틱인데 형태를 잡기가 어려웠다. 쉽게 녹일 수 있는 용매도 없고, 가열해도 녹지 않고, 순도를 높이기도 힘들었다. 그런데 정작 공기 중에 노출되면 변질되어서 일상에서 사용할 수가 없었다. 그들은 첫 번째 폴리아세틸렌을 개발한 이후 단점을 보완하기 위해 계속 노력했다.

2000년, 그들은 전도성 플라스틱 개발의 공로를 인정받아 노벨화학상을 수상한다. 노벨상을 받았다는 건 그간 제기된 문제를 상당 부분 고쳤다는 의미다. 플라스틱의 전도성은 단순히 금속을 대체한다는 것에 머물지 않는다. 금속의 전도성은 금속별로 정해져 있지만, 전도성 플라스틱은 전도성을 조절할 수 있다. 모양 변화도 자유롭고 투명하게 만들 수도 있다. 최근 상용화된 접는 스마트폰, 날씨에 따라 채광을 달리하는 스마트 창문, 웨어러블 스마트 기기 모두 전도성 플라스틱이 있기에 가능한 기술이다.

3D프린터는 최근 드론과 함께 사람들 입에 가장 많이 오르내리는 기술이다. 한국에는 여전히 3D프린터를 신기한 마술 정도로 여기는 사람이 많지만, 해외에서는 이미 상용화 단계에 들어갔다.

2013년, 미국에서는 3D프린터로 총을 만들어 격발에 성공했다. 이렇게 만든 총기는 국가에 등록되지 않고 금속탐지기도 피할 수 있어 사회에 큰 혼란을 초래할 수 있다. 2018년 트럼프 정부는 3D프린터용 총 설계도를 인터넷으로 팔 수 있게 허용해 논란을 일으켰다. 주 정부의 반발에 부딪혀 정책이 일시 보류된 상태이긴 하지만, 개인이 만드는 것은 사실상 통제가 불가능한 상황이다.

의학 분야에서도 3D프린터가 사용된다. 미국에서는 350달러에 장애인에게 의수를 만들어주는 사업이 활발히 진행 중이다. 인공 장기 부분도 전망이 밝은데, 3D프린터로 만든 각막과 귀는 이미 이식에 성공했다. 단순히 외형을 흉내 내는 것이 아니라 기능까지 복사하는데, 복제 귀는 사람의 진짜 귀보다 소리를 더 잘 식별한다고 한다.

3D프린터는 점점이 모양을 쌓아가는 방식이어서 기존 제조업에서는 만들기 힘든 복잡한 형태도 쉽게 만들어낸다. 또한 주물이 따로 필요한 것이 아니기에, 기술이 조금 더 저렴해지면 대량 생산이 필요 없는 대다수 물건이 3D프린터를 통해 생산될 것이다.

그런데 3D프린터와 플라스틱이 무슨 관련이 있을까? 3D프린터의 원료는 보통 3가지 이내(보통 하나)인데, 이렇게 몇 가지 안 되는 물질로 모든 것을 만들어내는 건 플라스틱만 한 것이 없다. 자연 재료나 금속 재료를 쓸 수도 있지만, 모양을 잡는 데 플라스틱보다 훨씬 많은 기술

배양한 세포와 플라스틱을 재료로 3D프린터가 만든 인공 장기의 모습. 외형뿐 아니라 기능도 탁월하다.

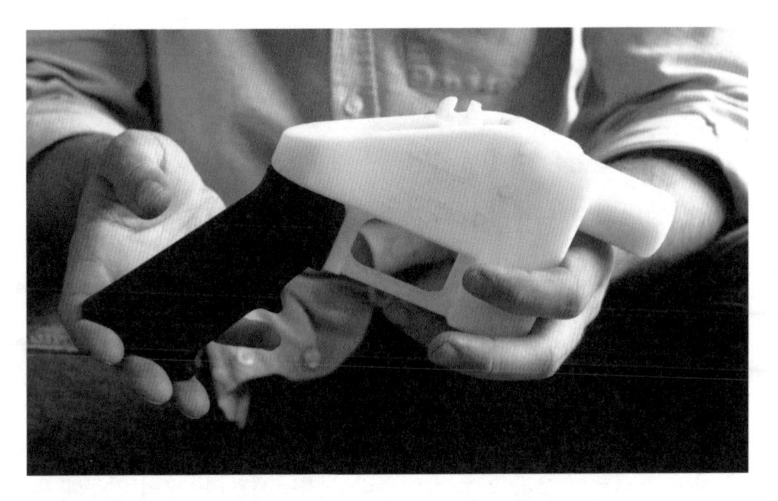

3D프린터로 만든 플라스틱 총. 장난감처럼 보이지만 충분한 살상력을 지녔다.

이 필요하고 완성된 물건 자체의 완성도도 떨어진다. 만약 플라스틱의 전도성을 자유자재로 조절 가능해지면, 전자제품을 포함한 전 세계 모든 물건을 3D프린터 하나로 만들어낼 수 있다. 그렇게 되면 인터넷과 스마트폰이 등장했을 때보다 더 큰 사회적 변화가 생길 수도 있다. 모든 물건을 도안만 받아서 직접 만들 수 있게 된다면 소비 문화 자체가 바뀔 것이고, 제조업 분야에서 대규모 실업 사태가 벌어질 수도 있다.

플라스틱과 자연 보호

전도성 플라스틱과 달리 해결의 기미가 보이지 않는 문제도 있다. 바로 플라스틱으로 인해 발생하는 환경 오염이다. 귀에 플라스틱 빨대가 꽂히도록 들어온 주제다. 그만큼 심각한 상황이다. 더 심각한 건 우리에게 제대로 된 대책이 없다는 것이다. 만약 지금과 같은 속도로 플라스틱 사용량이 늘어난다면 2050년에는 플라스틱 사용량이 현재의 3배가 될 전망이다.

하지만 이 문제를 다루기 전에 짚고 넘어가야 할 부분이 있다. 플라스틱이 환경을 오염시키기만 한 건 아니란 점이다. 가령 합성섬유 없이 자연 소재로만 옷을 만들어 입는다고 가정해보라. 77억 인구에 필요한 목화와 대마를 재배하느라 들어갔을 물과 비료, 살충제는 어마어마한 환경 오염을 일으켰을 것이고, 필요한 농지 때문에 식량 생산도 줄었을 것이다. 또 얼마나 많은 동물이 가죽 때문에 죽어야 했을까. 싸고 쉽게 만들 수 있다는 건 에너지를 적게 사용한다는 것이고, 이것은 환경 보호에 대단히 중요하다. 인류는 플라스틱 덕분에 그나마 이 정도라도 버티고 있는지도 모른다. 하지만 시간이 지날수록 플라스틱의 단점이 극적으로 나타나고 있다.

우리는 흔히 플라스틱이 썩지 않는다고 알고 있지만, 엄밀하게 따지면 썩긴 썩는다. 단지 비닐봉지가 20년, 나일론 천은 40년, 칫솔은 100년, 일회용 기저귀는 450년, 페트병과 스티로폼은 500년, 낚싯줄은 600년이 걸릴 뿐이다. 특정 플라스틱은 썩는 데 1,000년이 걸리기도 한다. 아마 이제껏 플라스틱은 절대 썩지 않는다고 알고 있던 사람은 생각보다 짧다고 생각할지도 모르겠다. 하지만 우리가 쓰레기를 배출하는 속도를 고려하면, 썩는 기간이 10년이 넘어가는 것은 썩지 않는다고 보는 것이 낫다. 또한 이들은 늦게 썩는 주제에 썩는 중에 온갖 환경호르몬과 유해 물질(테프론, 비스페놀A, 스티렌다이머 등)을 배출한다. 테프론과 비스페놀A는 암이나 간 경화를 일으키고, 스티렌다이머는 내분비계의 기능을 방해한다. 사람에게는 당연하고 다른 동식물에게도 좋지 않다. 이런 상황이니 플라스틱에 대한 괴담도 많다. 대표적인 게 미세 플라스틱이다.

미세 플라스틱의 기준은 학자마다 다른데, 보통 1mm 이하로 잘게 쪼개진 플라스틱을 말한다. 분해되었든 원래 작게 만들어졌든 간에 미세 플라스틱이 바다에 떠다니면 해양동물이 이를 플랑크톤으로 착각해 삼켜버린다. 플라스틱은 소화가 되지 않으니 동물의 체내에 그대로 쌓인다. 이 동물은 더 큰 동물의 밥이 되고, 그렇게 상위 포식자로 갈수록 플라스틱이 점점 더 많이 쌓이고, 결국 최종 포식자인 사람의 몸에도 플라스틱이 쌓여서 건강에 온갖 문제를 일으킨다는 것이다. 중금속과 비슷하다고 생각하면 된다.

미세 플라스틱 자체는 괴담이 아니다. 미세 플라스틱이 존재한다는 것은 이미 많은 연구를 통해 증명됐다. 특히 한국의 바다는 미세 플라스틱으로 인한 오염이 세계 최고 수준이다. 좁은 바다에서 양식을 많이 하다 보니 스티로폼 부표에 의한 쓰레기가 많이 발생하고, 세계의 공장인 중국과도 가까워 도저히 개선될 기미가 보이지 않는다. 이 상황이 지속된다면 곧 모든 해산물은 플라스틱 덩어리가 될 것이다. 사람이 플라스틱을 먹는다니 바보 같다고 생각하겠지만, 미세 플라스틱은 눈에 보이지 않는다(그러니 '미세'겠지).

우리는 평균적으로 일주일에 미세 플라스틱 알갱이 2,000개, 신용카드 한 개 분량을 섭취한다. 이 중 80%는 마시는 물에 섞여 체내에 들어온다(세계자연기금과 뉴캐슬 대학의 연구). '이럴 줄 알고 나는 늘 깨끗한 생수를 사서 마시지'라고 생각하는 이들을 위해 덧붙이자면, 우리가 사 마시는 생수 93%에도 미세 플라스틱이 포함되어 있다(2018년 뉴욕 주립대의 연구). 저렴한 네슬레든 값비싼 에비앙이든 모두 미세 플라스틱이 발견됐다. 공정하고 자비로운 미세 플라스틱은 빈부, 국가, 인종, 성별, 연령, 어떤 것도 차별하지 않는다.

하지만 미세 플라스틱이 존재하는 것과 그것의 위험성은 조금 다른 문제다. 미세 플라스틱이 몸에 좋진 않겠지만, 과연 언론이나 환경단체에서 떠드는 것만큼 나쁜 것인지는 확실하지 않다. 이제까지 나온 미세 플라스틱에 대한 논문들은 대부분 생태계와 환경에 관련된 것이다. 물속에 사는 생명체에게 피해를 끼친다는 연구가 몇 있지만, 사람에게 직접적인 해를 끼친다는 결과는 보고된 적이 없다. 쥐나 개, 원숭이 같은 포유류에게 미세 플라스틱을 먹이고(사람에게 실험할 순 없으니) 건강에 어떤 피해를 주는지 밝혀내면 분명 엄청난 주목을 받을 텐데도, 아직 아무도 그런 발표를 하지 않았다. 언론은 이런 부분을 "얼마나 피해를 주는지조차 아직 제대로 파악하지 못했다"는 식으로 보도해 시민들의 공포감을 키운다. 하지만 만약 미세 플라스틱이 인체에 그토록 치명적이었다면, 이미 인류는 미세 플라스틱과 관련된 온갖 괴질병에 시달리고 있었을 것이다. 사 먹는 생수뿐 아니라 수돗물, 음식, 공기(미세먼지의 일부는 미세 플라스틱), 심지어 사람의 대변에서도 미세 플라스틱이 발견되는데(8개국 국민의 대변을 조사한 결과 모두 미세 플라스틱이 발견되었다) 아직까지 미세 플라스틱이 신체에 주는 피해를 전혀 모른다면, 미세 플라스틱이 피해를 준다고 하더라도 그 피해는 우리가 걱정하는 것만큼 크지는 않을 것이다. 물론 장기적으로 문제가 될 수 있고 조심해서 나쁠 건 없지만, 그렇다고 과하게 겁먹을 필요도 없다. 겁먹는다고 딱히 방법이 있는 것도 아니니까.

굳이 미세 플라스틱까지 언급하지 않아도 일반 플라스틱만으로도 동물들은 치명적인 피해를 입고 있다. 새는 버려진 플라스틱을 먹이로

착각해 그대로 삼키는 경우가 자주 발생한다. 플라스틱을 삼킨 새는 소화 장애를 일으키거나 합병증에 걸려 죽는다. 새의 사체가 썩어 사라지는데 몸 안의 플라스틱은 그대로 남아 있는 사진을 본다면, 당신은 앞으로 플라스틱을 사용할 때마다 죄책감이 들 것이다.

플라스틱 문제에 대한 다양한 접근

정부에서는 플라스틱 재활용을 위해 분리 배출을 강조하고 우리도 열심히 분리 배출을 하지만 안타깝게도 플라스틱의 재활용률은 그리 높지 않다. 1950년부터 2015년까지 세계에서 생산됐다 버려진 플라스틱은 63억 톤이다. 이 63억 톤 중 12%는 소각됐고(플라스틱을 태우면 강력한 발암 물질인 다이옥신이 배출된다), 79%는 땅이나 바다에 그대로 버려졌다. 오직 9%만이 재활용됐다. 이 중 2번 이상 재활용된 경우는 1억 톤(약 1.6%)뿐이다. 각 국가는 재활용률을 높이려고 다양한 시도를 하고 있지만, 들이는 비용에 비해 효과는 턱없이 부족하다. 플라스틱 제품이라고 모두 재활용할 수 있는 것도 아니다. 가령 하루에도 수십억 개가 사용되는 플라스틱 빨대는 내부 세척이 힘들어 그대로 버려진다(EU에서는 2021년부터 플라스틱 빨대 사용이 전면 금지된다).

재활용의 가장 큰 문제는 비용이다. 재활용을 해도 가격적인 메리트가 전혀 없다. 새로 찍어내는 게 오히려 싸게 먹힌다. 심지어 재활용된 플라스틱은 품질이 좋지 않아 사용도 제한적이다(화분, 보도블럭 등 잘 보이지 않는 곳에 주로 사용된다). 유일한 현실적 대안은 플라스틱 사용을 줄이는 것이지만, 인류는 결코 미래를 위해 현재의 안락을 포기하지 않는다. 자본주의는 물이 오염되면 생수를 팔지, 공장을 멈추려고 하진 않는다. 모두가 플라스틱 사용을 줄이자고 말하지만, 당장 부엌에 랩이나 비닐팩이 없다고 생각해보라. 에코백에 텀블러를 넣고 다니는 사람도 포장재 없이 택배가 배송된다면 광분할 것이다. 최근에 허무한 경험을 한 적이 있다. 어느 시민단체에서 진행한 강연에 참석했는데, 강연이 끝나고 모든 참석자에게 에코백을 선물로 나눠줬다. 짙은 녹색의 두툼한 캔버스로 된 질 좋은 제품이었다. 비닐봉투 사용을 줄여 환경을 보호하자는 취지의 선물이었을 것이다. 그런데 그 에코백은 놀랍게도 1회용 플라스틱 케이스에 담겨 있었다.

물론 일회용 플라스틱 사용을 줄이려는 시도가 모두 형식적인 것만은 아니다. 2018년 호주 정부는 매장에서 일회용 비닐봉투를 사용하는 것을 전면 금지했는데, 그 결과 비닐봉투 사용량이 전년 대비 80%나 줄어들었다. 한국도 2019년부터 대형 마트에서 비닐봉투 사용을 금지했고, 연말부터는 제품의 과대 포장도 금지할 예정이다. 좋은 정책이고, 앞으로 이런 정책은 더 늘어나야 한다. 하지만 전 세계 플라스틱 사용량에 비해 이런 노력은 턱없이 부족하다. 그리고 단순히 '줄이자'는 것이 존폐의 위기에 처한 우리의 유일한 대안이어서는 곤란하다. 플라스틱이 꼭 1회용 제품에만 사용되는 것도 아니지 않은가.

그래서 새롭게 떠오른 것이 바이오 플라스틱이다. 썩는 플라스틱을 만드는 것이다. 썩는다는 것은 매립했을 시 2년 내에(보통 수개월 이내) 환경 오염 물질을 만들어내지 않고(이 부분이 포인트) 자연적으로 분해되는 경우를 말한다. 초기 바이오 플라스틱은 옥수수나 감자 등 천연 재료를 이용해 주로 만들었다. 하지만 이런 방식은 식물을 기르고 원료를 추출하는 과정에서 환경 오염을 일으킨다는 비난이 있어, 최근에는

이메코Emeco 사가 콜라 페트 111개를 재활용해 만든 의자. 뒤편에 새겨진 재활용 마크가 포인트. 좋은 취지와 높은 완성도로 큰 인기를 끌었다. 하지만 이런 시도가 이슈가 되었다는 것 자체가 이런 사례가 얼마나 드문지를 보여준다.

석유화합물을 분해되게 만들거나, 미생물을 이용해 만드는 방법이 주목받고 있다.

바이오 플라스틱 기술은 빠르게 성장하고 있지만 사용량은 여전히 적다. 재활용과 마찬가지로 가격이 비싸기 때문이다. 많은 기업이 바이오 플라스틱을 개발하고도 선뜻 사업화를 하지 못하는데, 이는 플라스틱 자체가 싼값에 사용하는 물건이라 가격이 비싸지면 잘 팔리지 않기 때문이다. 더 큰 문제는 바이오 플라스틱은 플라스틱이 아니라는 점이다. 생각해보라. 플라스틱의 장점은 썩지 않는 것이다. 나무처럼 뒤틀리거나 금속처럼 산화되지 않기에 광범위하게 사용한다. 썩는 플라스틱이라니! 그것을 플라스틱이라고 할 수 있을까? 물론 바이오 플라스틱은 일상에서는 썩지 않고, 매립 시 주변 미생물에 반응해서 썩는 방식으로 만든다. 하지만 플라스틱은 다양한 환경에서 사용되기 때문에 변수는 늘 있다. 실제로 바이오 플라스틱 제품을 창고에 보관만 해뒀는데도 썩는 경우가 여러 차례 있었다.

바이오 플라스틱의 한계를 잘 보여주는 사례가 우리나라의 종량제 봉투다. 한국 정부는 플라스틱 사용을 줄이자는 취지로 1998년부터 각 지자체에 종량제 봉투를 바이오 플라스틱으로 만들 것을 권고했다. 하지만 대부분 지자체는 비용 문제를 들어 제대로 시행하지 않았다. 단순히 정부 말을 따르지 않은 지자체를 욕할 일은 아니다. 몇몇 모범적인 지자체가 정부의 권고대로 바이오 플라스틱으로 종량제 봉투를 만들어 배포했는데, 이 중 일부가 보관 중 썩어버렸다. 일부 봉투에는 구멍이 났고, 일부는 비닐이 헐거워져 쓰레기를 담으면 쉽게 찢어졌다

(사람들이 종량제 봉투에 얼마나 꾹꾹 눌러서 담는지를 떠올려보라). 사용자들의 불만이 이어졌고, 해당 지자체는 돈은 돈대로 쓰고 욕은 욕대로 먹은 뒤에 원래 봉투로 돌아갔다. 정부가 이 정책을 권고한 지 20년이 지났지만, 현재 바이오 플라스틱으로 종량제 봉투를 만드는 지자체는 단 한 곳도 없다.

●▶▶

이런 문제를 해결할 수 없다면 바이오 플라스틱을 만들기보다 일반 플라스틱을 분해하는 방법을 찾아내는 것이 더 확실한 해법일지도 모르겠다. 그리고 앞으로 세상 모든 이들이 바이오 플라스틱만 사용한다고 하더라도, 이미 만들어지고 버려진 플라스틱 문제를 해결해야 한다. 당연히 이런 생각을 내가 처음 했을 리가 없고 관련 연구가 꾸준히 이어지고 있다. 2015년에는 밀웜(Mealworm, 한국어로 갈색거저리 유충이지만, 대부분 영어 그대로 밀웜이라 부름. 식용으로도 쓰이며 믿기지 않겠지만 꽤 맛있다)의 몸속에 있는 박테리아가 플라스틱 폼을 먹어서 분해한다는 사실이 밝혀졌고, 2017년에는 벌집벌레 몸속의 미생물이 비닐봉지(폴리에틸렌)를 분해할 수 있다는 사실이 밝혀졌다. 발표 당시 CNN에서는 "최근 10년간 환경 과학에서 가장 큰 발견"이라며 치켜세웠다. 인류는 드디어 지긋지긋한 플라스틱 문제를 해결한 것일까?

안타깝게도 그런 것 같지는 않다(언론의 호들갑이 어디 하루이틀이랴). 사실 90종 이상의 박테리아와 미생물이 플라스틱을 분해할 수 있다. 문제는 이 친구들의 처리 속도가 쏟아지는 플라스틱 쓰레기에 비해 너무 느리다는 점이다. 예를 들어 밀웜 1마리가 하루에 처리하는 플라스틱 폼은 0.0000013g이다. 컵 1개를 1g이라고 치더라도, 컵 1개를 없애기 위해 밀웜 77만 마리가 필요하다. 밀웜 77만 마리가 쉬지 않고 분해하면(밀웜에게는 안타까운 일이지만 근로기준법이 적용될 것 같지 않다) 1년간 365개의 컵을 분해할 수 있다. 참고로 미국에서만 한 해 25억 개 이상의 플라스틱 폼 컵을 사용한다. 즉, 미국에만 약 5조 마리의 밀웜이 필요하다. 모든 플라스틱이 아니라 오직 플라스틱 폼 컵만을 위해서 말이다. 어차피 밀웜이 아니라 몸속의 박테리아가 플라스틱을 분해하니 박테리아만 배양해서 사용하면 될 거 같지만, 단순히 박테리아만 배양한 경우에는 플라스틱을 분해하지 않았다. 생명체 안에서 유기적으로 활동할 때만 박테리아는 플라스틱을 분해했다. 그러니 만약 벌레를 이용해서 지구상의 모든 플라스틱을 분해하려면, 우리는 벌레에게 지구를 양보하고 지구를 떠나야 할 것이다.

하지만 아직 포기하긴 이르다.

2019년 2월, 한국생명공학연구원은 꿀벌부채명나방 애벌레가 폴리에틸렌을 분해한다는 사실을 발견하고 이를 발표했다. 연구진이 다른 실험을 위해 꿀벌부채명나방 애벌레를 플라스틱 통에 넣어뒀는데, 이 애벌레가 통에 구멍을 뚫은 것이다. 꿀벌부채명나방 애벌레는 평소 벌집을 먹고 사는데, 폴리에틸렌의 구조가 벌집과 비슷해 소화할 수 있는 것이라고 한다. 이 애벌레가 앞에 소개한 친구들과 다른 점은 박테리아나 미생물 없이 장내 효소만으로 플라스틱을 소화할 수 있다는 점이다(이를 확인하기 위해 이 애벌레는 항생제로 장청소를 당했다). 한마디로 본인의 능력! 만약 이 애벌레의 소화 효소를 배양해서 효소만으로 플라스틱을 분해할 수 있게 된다면 문제 해결에 약간의 가능성은 생기는 셈이다. 물론 그래봐야 플라스틱이 비닐봉지만 있는 것도 아니고, 기술이 언제 상용화될지도 모르고, 상용화되더라도 과연 우리 사회가 순순히 그 비용을 지불하려고 할지 의문이긴 하지만 말이다. 아무튼 지금은 작은 가능성일 뿐이니, 괜한 기대 말고 일단 일회용품 사용부터 줄이자.

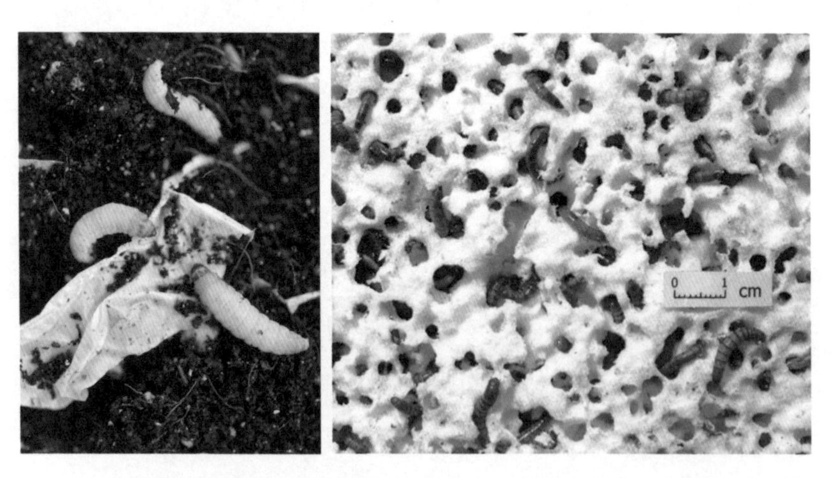

플라스틱을 먹어치우는 (좌) 꿀벌부채명나방 애벌레와 (우) 밀웜 전사들의 장엄한 모습. 다들 눈물을 흘리며 박수를 치고 있으리라 믿는다. 이들을 보고 입맛을 다시고 있다면 당신은 진정한 미래인.

•▸▸

플라스틱의 개발과 확산 과정은 자본주의의 장점과 단점을 명확하게 보여준다. 인류의 필요는 플라스틱 개발을 이끌어냈다. 저렴한 플라스틱 덕분에 인류는 풍족한 삶을 영위하게 됐다. 인류가 과거보다 더 자유로운지는 잘 모르겠지만, 적어도 물질적으로는 이전보다 풍족한 삶을 살고 있다는 것은 명확하다. 하지만 플라스틱의 재앙 역시 자본주의가 낳은 폐해다. 자본주의는 반성하지 않는다. 물이 더러워지면 생수를 팔고, 공기가 더러워지면 공기 청정기를 팔면 그만이다.

플라스틱 시대는 인류의 마지막 시대다. 인류가 멸망한다는 뜻이 아니다(물론 망할 수도 있다). 인류를 구할 새로운 물질이 나온다 하더라도 그것 역시 플라스틱일 것이다. 망하든 지속하든 인류는 플라스틱과 함께할 것이다. 이상하게 내 상상 속에는 인류가 멸망한 뒤 남아 있는 총천역색 플라스틱 세상이 그려진다. 비관적 영화를 너무 많이 본 탓이겠지.

세계 최대의 쓰레기 매립지 중 한 곳이었던 브라질 자르딤 그라마초Jardim Gramacho.
한국에도 1톤 이상의 쓰레기가 쌓인 쓰레기산이 전국 각지에 230여 곳 있다. 도시에 없어 우리가 보지 못할 뿐.

4

우리는 어디에나 있다

성전환, 수술, 그리고 끝나지 않는 이야기

"절대적인 것은 없다.
모든 것은 바뀌고, 모든 것은 움직이고, 모든 것은 회전하고,
모든 것은 떠오르고 사라진다."

– 프리다 칼로

난이도 ★☆

글을 쓸 때는 '정상, 보통, 남성적, 여성적'같이 편견을 강화하는 표현은 사용하지 않는 것이 좋다. 소수자를 타자화하는 것도 별로 좋은 글쓰기 방식이 아니다. 하지만 안타깝게도 이 챕터에는 그런 표현들이 종종 등장한다. 미리 양해를 구한다(이게 다 작가가 어휘력이 부족해서 그렇다).

스무 살 때 일이다. 스마트폰도 없던 시절이었지만, 예나 지금이나 스무 살은 술자리의 연속이다. 조선 시대 성균관에도 신입이 들어오면 술을 질펀하게 마시는 문화가 있었다(차이가 있다면 조선 시대에는 신입이 술값을 냈고, 지금은 선배들이 술값을 낸다). 그날도 기억나지 않는 어떤 이유 같지 않은 이유로 학교 앞 술집에서 단체로 술을 마셨다. 친목 도모를 위해 자리는 늘 바뀌었는데, 그날은 두 살 많은 동기 누나가 내 앞에 앉았다. 원래 친한 사이는 아니었지만, 언제나 그렇듯 술을 마시고 한 시간쯤 지나자 세상 둘도 없는 절친이 되었다. 무슨 이야기를 했는지는 기억나지 않는다. 시답잖은 고민을 털어놓거나 농담 따먹기나 했겠지. 이날을 내가 아직까지도 기억하는 것은 그 이후 벌어진 사건 때문이다. 한창 즐겁게 이야기를 하던 동기 누나는 갑자기 몸을 일으키더니 이렇게 말했다. "야, 나 화장실 다녀올게." 그러고는 아무렇지 않게 덧붙였다. "오후야, 같이 갈래?" 일순간 주변이 모두 조용해졌다. 그리고 몇초 뒤 약속이나 한 듯 모두가 빵 터졌다.

남자든 여자든 동성 친구와 화장실에 같이 가는 경우가 종종 있다. 물론 한

칸에 함께 들어가서 함께 일을 처리하는 경우는 드물겠지만, 세면대까지 가면서 이야기를 나누고 우정을 과시하는 건 흔한 일이다. 반면 이성 친구 사이에서 함께 화장실에 가는 경우는 거의 없다. 단순히 화장실이 남녀로 구분되어 있기 때문은 아니다. 대부분 후미진 술집 화장실이 그렇듯 그곳의 화장실은 공용이었다. 하지만 그 상황에서 쿨하게 따라나서지 못하고 웃을 수밖에 없었던 것은 내가 촌스러운 사람이어서는 아닐 것이다. 이상하지 않은가? 화장실에 간다고 같은 칸에 들어가는 것도 아닌데, 왜 남녀 친구는 화장실을 같이 가지 않을까?

아, 혹시 맥락을 오해할 변태들을 위해 덧붙이자면, 그 누나의 제안에는 어떤 성적인 의미도 없었다.

●▶▶

두 여성의 사랑을 다룬 영화 〈캐롤〉이 국내 개봉했을 때, 한 유명 영화 평론가의 발언이 동성애 비하 논쟁을 일으킨 적이 있다. 당시 문제가 된 부분은 아래와 같다.

"제가 느끼기엔, 테레즈한테는 동성애적인 사랑이 필요한 게 아니고 캐롤이 필요한 겁니다. 그런데 하필이면 캐롤이 여자였을 뿐이라는 거죠."

(일단 이 발언이 어디가 문제인지 모르겠다면 반성을 하고 시작하자) 이 평론가를 옹호하는 이들은 전체 맥락을 놓고 보면 결코 비하의 의미가 아니라고 항변하지만, 전체를 놓고 봐도 이 말의 맥락은 크게 달라지지 않는다.

하지만 그렇다고 그를 비난할 생각은 없다. 돌이켜보면 우리는 일상생활에서 이런 표현을 자주 사용한다. 사랑은 마치 육체가 아닌 정신으로 하는 것처럼 떠들고, "사람 대 사람" 같은 표현도 많이 쓴다. 그런데 이상하지 않은가? 어째서 헤테로(호모 섹슈얼의 반대 의미로 이성애자를 뜻함) 남성인 내가 사랑하는 대상은 하필이면 늘 여성일까? 나는 이성애적인 사랑이 아니라 그냥 사랑을 원할 뿐인데, 왜 하필 그 대상은 늘 여성일까? 왜 당신은 당신의 성 정체성에 맞는 대상만을 사랑하는가? 그게 모두 '하필이면' 일어나는 일인가? 당신의 사랑은 정말 그 사람의 성과 무관한가? "하필이면 캐롤이 여성이었을 뿐"이라는 표현은 양성애자들이나 할 수 있는 것이다. 그런데 이성애자 사회에서도 저런 표현은 아무렇지 않게 사용된다.

우리가 성소수자를 바라보는 입장은 장애인을 바라보는 입장과 크게 다르지 않다. 시스젠더 헤테로 남성이라는 값을 디폴트로 상정하고, 기준을 벗어난 다름은 장애로 여긴다. 물론 우리는 교양인이기 때문에, 장애가 있다고 해서 그들을 차별하지 않는다. 교양인들에게 성소수자는 이상하지만 동등한 존재다. 물론 겉으로는 "이상하다"고 말해서도 안 된다. 하지만 결국은 그렇게 생각하는 경우가 많다. 그러니 앞에서 언급한 발언도 아무렇지 않게 나올 수 있는 것이다. 자신의 사랑(이성애)으로 동성애의 사랑도 이해하려고 하고, 남성 역할, 여성 역할 같은 표현을 쓰며 성소수자를 자신들의 기준에 맞춰 넣으려고 한다. 이 고정관념이 사회에 얼마나 박혀 있는지, 심지어 성소수자 스스로도 이런 표현을 그대로 받아들여 사용한다.

결국 우리 사회는 모든 사람을 여성 아니면 남성으로 구분한다. 다른 값은 없다. 한국 사회는 이를 신분증에도 박아 넣는다. 이상적 형태의 1번(남성)과 2번(여성)이 존재하고, 조금 다른 사람이 등장하면 수치를 재서 가까운 범주에 집어넣는다. 게이는 조금 이상하지만 어쨌든 남성이고, 레즈비언은 조금 이상하지만 여성이다. 동등한 사람이라고 말하면서도 제2남성, 제2여성으로 여기고, 차별하지 말자고 말하면서 차별한다. 동성애자, 이성애자 같은 구분도 성을 양쪽으로 나누기 때문에 나올 수 있는 표현이다. 인류는 남성과 여성을 제외한 성은 존재하지 않는 것처럼 수십만 년을 살아왔다.

그런데 20세기 성전환 수술이 등장하면서, 결코 넘을 수 없었던 절대적 구분이 흔들리고 있다.

제3의 성

성전환 수술 이전에도 남성과 여성이 아닌 이들이 존재했다. 이들을 남성과 여성 사이에 있다는 의미에서 인터섹스Intersex라고 부른다. 한국에서는 사이 간間 자를 써서 '간성'으로 번역하는데, 한자보다 영어가 익숙한 요즘 세대에게는 인터섹스가 의미 전달이 더 명확한 것 같다. 최근 젠더 문제가 중요해지면서 '양성 평등'이라는 표현이 자주 보이는데, 양성에는 남성과 여성만 포함되므로 잘못된 표현이다. 성소수자의 인권을 무시하려는 이들이 일부러 양성 평등이란 단어를 강조하는 경우가 많으니, 우리는 '성평등'이라는 단어를 사용하자.

제3의 성이 본격적으로 대두된 건 20세기에 들어서지만, 이들은 인류가 탄생했을 때부터 늘 존재했다.

《조선왕조실록》에도 간성에 관한 기록이 있다. 세조 8년, '사방지'라는 하녀가 양반집 부녀자들과 놀아난다는 스캔들이 터진다. 국가에서 사방지를 잡아들여 성기를 확인해보니 (거대한) 남성 성기를 가지고 있었다고 한다. 사방지가 남자인데 하녀 노릇을 한 '크로스드레서(여장남자)'인지, 정말로 남녀의 성기를 다 갖춘 간성인지는 명확히 기록되어 있지 않다. 사방지 외에도 《조선왕조실록》에는 간성으로 의심되는 이들이 종종 등장한다. 《명종실록》에는 길주에 사는 '임성구지'라는 사람의 이야기가 나온다. 그는 "남자에게 시집도 가고 여자에게 장가도 들었다"고 한다. 그는 여자로 길러져 남자에게 시집을 갔으나 쫓겨났고, 이후 남자로 살기로 결심하고 여자와 결혼했다고 한다. 그의 성 정체성에 대해서도 자세한 기록은 남아 있지 않지만 어쨌든 과거에도 간성이 존재했고 사회도 이들의 존재를 알고 있었다. 당시에는 이들을 '어지자지'라고 불렀다.

우리의 성은 태어났을 때 의사로부터 부여받는다. 물론 우리가 슈뢰딩거의 고양이도 아니고 태어나는 딱 그 순간에 성별이 정해지는 건 아니다. 임신 8주 정도가 되면 태아에게 성기가 생긴다. 그런데 이때 태아는 남성 성기와 여성 성기를 모두 만든다.

남성과 여성은 성염색체가 다르다. 여성은 XX, 남성은 XY를 갖는다. 남성이 가지고 있는 Y염색체에는 SRY유전자(Sex-Determining Region of Y, Y염색체에서 성을 결정하는 유전자)가 포함되어 있다. 이 유전자가 작동하면 태아는 여성 성기를 없애고 남성이 된다. 반대로 이 유전자가 없으면 태아는 남성 성기를 없애고 여성이 된다. 딱 하나의 유전자로 남성과 여성이 나뉘는 것이다. 물론 남녀의 모든 차이가 이 유전자에서 발생하는 것은 아니다. 사실 인간의 유전자에는 남성과 여성의 성질이 모두 들어 있다. 다만 SRY유전자의 발현 여부에 따라 두 특성 중 하나만 발현된다. 보통 임신 16주 정도가 지나면 태아의 성이 정해지고, 초음파 검사로 성별을 확인할 수 있다. 법적으로 의사는 임신 32주 전에 태아의 성별을 알려줘선 안 되지만, 상당히 직접적이고 성차별적인 은유로 힌트를 주곤 한다(ex. 파란 옷을 준비하세요, 레이스 달린 침대가 좋겠어요, 집 많이 어지럽히겠네요).

대다수 사람은 이때 정해진 성별이 출생 후까지 이어진다. 하지만 유전자나 호르몬의 변화에 의해 성별이 명확하게 정해지지 않는 경우도 있다. 이런 경우에는 태어날 때 의사가 육안으로 성기를 확인하고 성별을 부여한다. 태어났을 때 외부 성기가 페니스면 남성, 클리토리스면 여성이 된다. 그런데 볼록 튀어나온 부분이 페니스인지 클리토리스인지 잘 판단이 가지 않는 경우가 있다. 이럴 경우에 성기 크기가 0.9cm 이하면 여성, 2.5cm 이상이면 남성으로 한다. 줄자의 컨디션에 따라 우리의 성별이 바뀔 수도 있다. 그래서 태어났을 때 남성으로 분류됐는데 2차 성징이 일어날 때 유방이 발달하는 등 여성적 특징이 일어나는 경우도 있고, 반대의 경우도 있다.

저 기준에 속하지 않은 아기(외부 성기 크기가 0.9~2.5cm)는 간성으로 판별된다. 간성으로 판별된다고 그대로 끝나는 게 아니다. 의사들은 부모에게 아이의 성 지정 수술(외부 성기 재구성 수술)을 강권한다. "아이가 놀림을 받는다, 일찍 죽는다, 동성애자가 된다" 등등 부모를 굴복시킬 표현은 많다. 이때 남자가 될지 여자가 될지는 부모와 의사가 결정하는데, 대부분 남성 성기를 제거하고 여성이 된다. "페니스가 작은 남성으로 살면 불행할 것이기 때문"이다. 참 남자스러운 이유다.

이 모든 과정에서 의사들의 행태는 우리 사회 현실을 그대로 반영한다. 그들을 비판하긴 쉽지만, 이 수술이 필요한지 아닌지를 판단하긴 어렵다. 수술을 받은 아이의 절반 이상은 한 성이 되어 큰 불편 없이 삶을 살아간다. 어쩌면 의사들은 진심으로 아이를 걱정하는 것인지도 모른다. 우리 사회에서는 남성인지 여성인지 정체성이 확실해야 한다. 다른 선택지는 없다. 수술을 하지 않으면 아이는 성장 과정에서 너무 큰 상처를 받을지도 모른다. 당사자의 의견이 가장 중요한데, 당사자는 갓난아기다. 의사와 부모의 선택이 아이가 겪을 혼란을 미연에 방지한 것일 수도 있다. 하지만 이때 성이 잘못 선택된 아이는 평생 자신의 성과 싸워야 한다.

2013년 유엔 고문특별보고관은 보고서를 통해 "간성 아동에 대한 자기 동의 없는 성 지정 수술은 유엔 고문방지협약에서 금지하고 있는 고문에 해당한다"고 지적했다.

●▶▶

간성에는 다양한 유형이 있다.

먼저 성염색체 숫자가 다른 경우다. 앞서 말했듯이 일반적으로 여성은 XX, 남성은 XY 성염색체를 갖는다. 그런데 두 번째 염색체가 제대로 작동하지 않아 XO염색체가(여기서 O는 작동하지 않는다는 의미로 사실상 염색체가 X 하나인 경우) 되는 경우가 있다. 이를 '터너 증후군'이라 하는데, 염색체에서 알 수 있듯이 미성숙한 여성이 된다. 남성의 특징을 갖진 않기 때문에 간성에는 포함하지 않는 경우도 있다. 반대로 염색체가 늘어나 XXY, XXYY, XXXY, XXXXY 같은 형태가 되는 경우가 있다. 보통 X염색체가 늘어나지만 가끔 Y염색체가 붙기도 한다. 이를 '클라인펠터 증후군'이라 한다. 이들은 남성 성기를 가지고 있지만 제 기능을 못하거나, 여성처럼 유방이 성장하는 등의 증상을 보인다. 아주 드물게 양쪽 성기를 완벽하게 갖춘 경우도 있다.

XX나 XY 염색체를 가지고 태어난다고 해서 모두 성이 확실한 것도 아니다. SRY유전자에 문제가 있거나 태아 상태일때 호르몬 분비에 이상이 생기면, 양쪽 성기가 모두 생기거나 미성숙한 성기를 갖게 된다. XY염색체를 가진 사람에게 여성 성기가 생기는 경우를 '안드로겐 무감응 증후군(태아가 남성 호르몬인 안드로겐에 노출되면 남성 성기가 생겨야 하는데 반응하지 않은 경우)'이라 하고, 반대의 경우를 '선천 부신 과다 형성(여성에게도 소량의 남성호르몬이 필요하다. 이를 분비하는 곳이 부신인데, 이곳에 이상이 생겨 남성호르몬이 과다하게 나오는 경우)'이라 한다.

성기 모습은 일반적인 남녀와 똑같거나 혹은 태어난 후 수술을 통해 하나의 성이 된 간성들은 자신이 간성이라는 사실을 모르고 살다가, 2차 성징을 전후해 자신이 남들과 다르다는 사실을 깨닫는 경우가 많다. 가끔은 평생 모르고 사는 이들도 있고, 결혼 후에 임신이 되지 않아 병원을 찾았다가 자신이 간성임을 알게 되는 경우도 있다. UN의 발표에 따르면, 전 세계 인구의 최대 1.7%가 간성이다. 일반 통념보다 훨씬 높은 비율이다. 아직 세계적 추세라고까진 하기 어렵지만, 호주, 네팔, 독일, 뉴질랜드, 미국의 일부 주에서는 제3의 성을 법적으로 인정하고 있다.

과거에는 염색체나 호르몬에 대한 지식이 없었기에, 현대의 기준에서 간성인 사람도 외부적으로 명확하게 차이가 나지 않는 이상 대충 뭉개서 남녀의 범주에 넣어버렸다. 극단적으로 희귀한 경우만 제3의 성으로 여기다 보니 극히 적었고, 그러니 일반 백성인데도《왕조실록》에 기록된 것이다.

역사적으로 제3의 성은 대부분 혐오나 조롱의 대상이었지만, 가끔은 신성한 존재로 여겨지기도 했다. 인도 지역의 히즈라Hijra가 대표적이다. 히즈라는 남성 성기를 인위적으로 제거하고 여성 역할을 하는 남성인데, 일부는 자연적인 간성이라고 한다. 이들은 남성적인 면과 여성적인 면을 모두 가지고 있는데, 한때는 그 특성이 신성한 것으로 여겨져 신앙의 대상이 되기도 했다. 하지만 동경과 혐오는 동전의 앞뒷면과 같다. 세상에는 오직 여성과 남성이라는 두 성만 존재했고, 제3의 성을 가진 이는 동경이든 혐오든 늘 외부자 취급을 받았다.

여전히 남아시아 지역에 존재하는 히즈라. 과거에는 이들을 신성시하기도 했지만, 지금은 사회 하층민으로 분류된다. 먹고살기 위해 매춘을 하는 이들도 많다.

트랜스젠더?

트랜스젠더(Transgender)는 '~을 넘어, 상대편'을 의미하는 라틴어 'Trans'와 '성별'을 의미하는 'Gender'의 합성어로, 자신이 타고난 생물학적 성과 사회적 성이 일치하지 않는 사람을 뜻한다. 우리는 보통 외과적 수술을 통해 외형을 바꾼 사람만 트랜스젠더라고 생각하지만, 수술을 받지 않았다 하더라도 자신의 성 정체성을 찾으려는 모든 사람이 트랜스젠더다. 그리고 트랜스젠더가 성을 바꿔가는 과정을 '트랜지션Transition'이라 한다(반대로 자신이 사회에서 지정받은 '신체적 성'과 자신의 성별 정체성이 '일치한다'고 느끼는 사람을 시스젠더Cisgender라고 한다).

아직 한국은 국가 단위에서 트랜스젠더 인구를 정확히 파악한 적이 없다. 인권 단체의 추정에 따르면 최소 5만 명에서 최대 25만 명으로 편차가 매우 크다. 미국은 2017년 조사에서 인구 10만 명당 390명이 트랜스젠더라고 밝혔다. 한국과 미국의 상황이 완전히 동일하진 않겠지만 어느 정도 비슷하다고 치고 이 비율을 대입하면 국내 트랜스젠더는 20만 명 정도 된다.

트랜스젠더 중에서 남성이 여성이 되는 경우를 'MtF, Male to Female(혹은 트랜스여성)', 반대로 여성이 남성이 되는 경우를 'FtM, Female to Male(혹은 트랜스남성)'이라 한다. MtF와 FtM이라는 표현에는 성별에 대한 명확한 기준과 방향이 표시되는데, 이런 부분이 오히려 차별의 요소가 될 수 있으므로 사용하지 않는 것이 좋다는 의견도 있다. 일부 트랜스젠더는 한쪽 성에 귀속되는 것이 아니라 제3의 성이 되길 원하는데, 이런 이들을 논-바이너리 트랜스젠더Non-Binary Transgender 혹은 젠더퀴어Genderqueer라고 한다.

짚고 넘어가야 할 건, 앞서 언급한 간성과 트랜스젠더는 다른 개념이란 것이다. 트랜스젠더는 말 그대로 성을 바꾼다는 뜻이고 간성은 남성과 여성의 범주에 포함되지 않는 성이라는 뜻이다. 물론 대다수 간성이 사회적 편견이나 건강상의 이유로 결국 한 성을 선택한다. 이런 경우, 간성에서 여성 혹은 남성으로 성을 바꾼 것이 되므로 트랜스젠더라고 할 수 있지만, 모든 간성이 꼭 트랜스젠더가 되는 것은 아니며 그럴 필요도 없다.

신체적으로 성이 명확하지 않든, 혹은 신체적으로는 성이 명확하지만 성장 과정에서 다른 성적 정체성을 가지든 간에, 트랜스젠더들은 보통 혼란한 청소년 시절을 보낸다. 유아기 때부터 '나는 다르다'는 인식을 갖는 경우도 있지만, 보통 2차 성징을 전후해서 혼란이 시작된다. 우리는 성 정체성이 태어날 때부터 정해져 있다고 여기고, 성소수자라 하더라도 이 때문에 고민하지는 않는다고 생각한다. 예를 들어 동성애자들이 동성애자로서 사회적 편견에 대한 혼란을 겪는 건 흔히 알고 있지만, 동성애자들이 자신이 동성애자인지 아닌지부터 혼란에 빠진다는 사실을 알지 못한다. 사회적으로 공인된 '시스젠더 헤테로섹슈얼'을 제외한 사람들은 자신의 존재부터 의문을 가진다.

트랜스젠더 역시 마찬가지다. 이들의 인터뷰를 보면, 처음에 자신이 동성애자라고 착각하는 경우가 많다. 성소수자 중에서 그나마 동성애자가 많이 알려져 있기 때문에, 성장 과정에서 이성이 아니라 동성에게 성적 호감을 느끼면서 자신이 동성애자일지도 모른다는 생각을 하는 것이다. 그들은 대부분 자신의 정체성을 숨긴 채 학창 시절을 보내고 성인이 된 후 게이 혹은 레즈비언 커뮤니티를 찾아간다. 그런데 그곳에서 만난 사람들과도 어딘가 다른 자신을 발견하면서, 자신이 동성애자가 아니라 트랜스젠더임을 깨닫게 된다. 그나마 이런 경우는 트랜스젠더 중에서는 흔한 패턴이다. 동성애자 트랜스젠더를 생각해보라. 그 사람은 자신의 정체성을 찾기 위해 대체 몇 번의 시행착오를 거치며 얼마나 많은 차별과 혼란을 겪어야 할까.

트랜지션의 시작

우리는 흔히 수술을 통해 상대의 외형을 가진 사람만 트랜스젠더라고 생각하지만, 모든 트랜스젠더가 수술을 받는 것은 아니다. 의료 행위를 원하지만 여건상 받지 못하는 트랜스젠더도 있고, 의료 행위를 원하지 않는 트랜스젠더도 있다.

일단 의료 행위를 하겠다고 마음먹으면, 첫 번째 단계는 정신과를 방문하는 것이다. 여전히 많은 국가에서 트랜스젠더를 정신질환의 일종으로 여긴다. 과거에는 병명이 성 주체성 장애Gender Identity Disorder였는데, 지속적인 문제 제기로 현재는 '장애'라는 표현 대신 성별 부조화Gender Incongruence 혹은 성별 위화감Gender Dysphoria이라는 표현을 사용한다. 하지만 달라진 건 없다. 여전히 정신과에서 진단을 받아야만 트랜지션을 시작할 수 있다. 정신질환 매뉴얼로 통용되는 DSM(미국 정신의학회가 발행하는 정신질환 진단 및 통계 편람)에 따른 성별 위화감 진단 기준은 아래와 같다.

〈DSM 성별 위화감 진단 기준〉(2013년 개정된 5판 기준)

A. 개인이 지정받은 성별과 자신이 경험하고 표현하는 성별의 불일치가 최소 6개월 이상 지속될 시, 다음 중 2개 이상의 항목에 해당될 때:

(1) 1차 성징 또는 2차 성징과, 개인이 느끼고 표현하는 성별의 불일치

(2) 불일치로 인해 1차 성징 및 2차 성징을 제거하고 싶은 강한 욕구

(3) 다른 성별의 1차 성징 및 2차 성징에 대한 강한 욕구

(4) 지정받은 성별과 다른 성별이 되고 싶은 강한 욕구

(5) 지정받은 성별과 다른 성별로 대우받고 싶은 강한 욕구

(6) 지정받은 성별과 다른 성별의 전형적인 감정과 반응을 지니고 있다는 강한 믿음

B. 상기 상태가 임상적으로 유의미한 고통을 초래하고 있거나 사회적, 직업적 및 기타 중요한 영역에서 지장을 줌.

비전문가에게는 그 항목이 그 항목인 거 같지만, 정신과 의사들은 구분이 가능한지 위와 같이 적혀 있다. DSM은 "정상인까지 환자로 만든다"는 비아냥을 종종 듣지만, 어쨌든 현재 가장 공신력 있는 정신질환 매뉴얼이다.

의사에게 트랜스젠더 진단을 받는다고 바로 수술을 받는 것은 아니다. 다음 단계는 호르몬 치료다. 처방전을 받으면 근처 병원에서 호르

몬 주사를 맞거나 먹고 바르는 약을 살 수 있다.

MtF(남 → 여)는 여성호르몬제(에스트로겐)와 남성호르몬억제제(항안드로젠)를 투여한다. 억제제는 남성호르몬(테스토스테론)의 생성과 활동을 떨어뜨리고 성욕을 감소시킨다. 개인차는 있지만 3개월 정도 투약하면 효과가 나타나, 성욕과 발기가 급격히 줄어들고, 체지방이 증가하고, 근육량이 감소한다. 또한 성기와 고환이 위축되고, 가슴이 여성화되고, 얼굴도 변한다.

FtM(여 → 남)은 당연히 반대의 처방을 받는다. 남성호르몬제(테스토스테론)와 여성호르몬억제제를 투여한다. 효과 역시 반대다. 체모와 근육이 증가하고, 체지방이 줄고, 얼굴이 남성스럽게 변하며, 월경이 중단되고, 목소리가 굵어진다. FtM은 호르몬 투약과 개인의 연습만으로도 남성 목소리를 얻을 수 있지만, MtF는 호르몬 투약 이전에 성대가 발달한 경우가 많아, 성대 길이를 줄이는 음성 여성화 수술을 추가로 받아야 여성 목소리를 얻을 수 있다. 우리가 트랜스젠더라고 하면 떠올리는 MtF의 독특한 목소리는 이런 이유로 생긴다.

트랜스젠더에 관심이 없는 사람들은 호르몬 치료 자체를 모르거나 안다고 해도 부수적인 약물 정도로 생각하지만, 수술보다 더 핵심적인 것이 이 호르몬 치료다. 트랜스젠더의 70%가량이 호르몬 투약을 받지만, 이 중 절반 정도만이 수술을 받는다. 또, 수술은 단기간에 끝나지만 호르몬 투약은 평생 이어진다.

호르몬 치료는 일찍 시작하는 것이 효과가 좋다. 하지만 청소년 때는 경제적으로 독립하지 못하고 자신의 정체성을 확신하기 어려워, 이 시기에 투여를 시작하는 사람은 많지 않다. 20대나 30대에 처음 투약하는 사람이 많고, 40대나 50대, 혹은 60대 이후에 시작하는 사람도 있다. 트랜스젠더의 삶이 평탄하지 않기 때문에 일부러 권할 생각은 없지만, 혹시 다른 정체성을 원한다면 나이 때문에 포기할 필요도 없다. "늦었다고 생각할 때는 이미 늦었다"는 개그맨 박명수 씨의 명언은 만고의 진리지만, "오늘이 내 인생에서 가장 젊은 날"이라는 격언도 틀린 말은 아니다.

6개월 이상 호르몬을 투약하면 더 이상 과거로 돌아갈 수 없을 정도로 변한다. 이 때문에 국제적으로 통용되는 '트랜스젠더 의료 표준'에서는 호르몬 투여를 시작하기 전 1년 정도는 전문의와 지속적인 상담을 받을 것을 권장한다. 하지만 국내에는 트랜스젠더에 대한 전문성을 갖춘 의사가 적어 상담이 날림으로 이루어지는 경우가 많다. 2018년 기준으로 국내 정규 의학 교육 과정에 트랜스젠더와 트랜지션에 대한 내용이 포함된 곳은 단 한 곳도 없다.

멀고 먼 수술의 길

호르몬이 얼마나 중요하든 간에 일반인들이 가장 궁금해하는 건 역시 외과 수술일 것이다. 트랜스젠더 수술에서 가장 중요한 부위는 어디일까? 머릿속에 섹스만 가득 차 있는 당신은 '성기'를 떠올리겠지만 현실 트랜스젠더에게 가장 중요한 부위는 '가슴'이다. 우리는 처음 만난 이의 성별을 어떻게 판단할까? 얼굴을 보고 성별이 구분되지 않으면 가슴을 보지 않나? 우리는 거의 본능적으로 가슴의 굴곡으로 성별을 판단한다. 그러니 트랜스젠더의 삶을 가장 피곤하게 하는 부위 역시 가슴이다.

FtM이 아무리 스스로 남성이라는 정체성을 가지고 살아간다고 해도, 가슴이 튀어나와 있다면 주변 사람들은 그를 여성으로 간주할 가능성이 크다. 그래서 비수술 FtM들은 가슴을 압박하고 주변인과의 신체 접촉을 최대한 피한다.

FtM의 가슴 수술은 크게 3단계다.

먼저 유방 절제 수술. 이 과정은 단순히 유방을 축소할 뿐 아니라 유선(포유류의 젖샘)도 제거한다. 유방암 같은 질병에 걸렸을 경우 이 수술을 하기도 한다.

두 번째는 유륜 축소 수술이다. 노브라로 티셔츠 한 장 입고 거리를 배회해보신 분은 도드라진 꼭지에 시선이 개념 없이 꽂히는 불쾌한 경험을 한 적이 있을 것이다. 유륜도 여성형 유방의 특징이고 FtM에게는 큰 스트레스다. 유륜 축소 수술은 유방 절제술과 함께 하는 경우가 많지만, 비용 문제로 단계별로 진행하거나 유방 절제 수술만 받는 FtM들도 많다. 남성 중에도 여유증(여성형 유방증)이 있는 사람은 유방 절제술과 함께 유륜 축소 수술을 받는다.

마지막은 흉곽 재건술이다. 평균적으로 남성이 여성보다 체격이 좋다 보니 FtM 중에는 좁은 어깨, 좁은 가슴에 콤플렉스를 느끼는 경우가 종종 있다. 그런 경우 흉곽 재건술로 어느 정도 극복할 수 있다. 물론 수술을 받는다 해도 갑자기 어깨 깡패가 되는 것도 아니고, 오리지널 남성들도 어좁이가 많기 때문에 굳이 이 수술까지 받는 경우는 많지 않다.

MtF 역시 가슴을 중요하게 생각한다. 다행히 여성호르몬을 투여하는 것만으로도 어느 정도 가슴이 커진다. 10대 때부터 호르몬을 꾸준히 투약하면 일반 여성의 90% 정도까지 가슴이 커지기도 한다. 하지만 MtF는 상대적으로 여성보다 골격이 큰 경우가 많아, 가슴이 웬만큼 크지 않아서는 티가 잘 나지 않는다. 외부 보형물(뽕)로 커버가 가능하지만 유방 확대 수술을 받는 경우가 많다. 해외 영화를 보면 트랜스젠더 캐릭터가 유독 과장된 가슴 사이즈를 가지고 있는 경우가 있는데, 이는 콤플렉스 때문이기도 하지만, 골격 자체가 크기 때문에 가슴을 돋보이게 하려면 크게 할 수밖에 없는 측면도 있다. MtF의 가슴 수술은 기본적으로 여성들이 받는 가슴 성형 수술과 비슷하다. 다만 유륜 확대 수술도 이루어진다는 점에서 차이가 있다.

최초의 MtF 성전환 수술

성기 수술을 다루기 전에, 성전환 수술의 역사를 간단히 짚어보자.

과거 전 세계에서 광범위하게 행해졌던 '거세'까지 성기 수술로 본다면, MtF 수술 역사는 매우 길다. 하지만 이 책은 고자의 역사가 아니니까 그 부분은 건너뛰자. 우리가 생각하는 현대적인 의미의 성전환 수술은 1930년 처음 이루어졌다. 첫 번째 주인공은 덴마크의 화가였던 에이나르 베게너Einar Mogens Wegener다(비슷한 시기 도라 리히터Dora Dörchen Richter라는 사람도 성전환 수술을 받았지만 관련 기록이 적으니 패스).

에이나르가 자신의 정체성을 깨닫게 된 건 그의 부인이자 동료 화가인 게르다Gerda Gottlieb의 역할이 결정적이었다. 게르다는 여성 인물화를 주로 그리는 화가였는데, 하루는 모델이 제시간에 나타나지 않자, 집에서 놀고 있던 남편에게 모델이 되어달라고 부탁하게 된다. 에이나르는 "남자가 어떻게 여자 옷을 입냐?"라며 거절하려고 했지만, 빡친 부인의 포스를 감지하고 잠자코 부탁을 들어준다. 그런데 이게 웬일인가. 스타킹과 굽이 달린 구두를 신는 순간…(숨겨왔던 나의 ♬)… 그는 숨겨져 있던 자신의 정체성을 발견한다. 에이나르는 이후 5차례 수술을 받고 여자가 된 뒤, 이름을 릴리 엘베Lili Elbe로 바꾼다. 그녀의 삶은 영화로도 만들어졌으니 궁금하신 분은 영화 〈대니쉬 걸〉을 찾아 보시고, 우리는 이 수술을 실행한 사람을 알아보자.

20세기 초는 유럽에 우생학이 활개치던 시절이다. 우생학은 인류를 유전학적으로 개량할 것을 목적으로 한 학문으로, 뛰어난 민족과 사람의 씨는 퍼트리고 열등한 씨는 퍼지지 못하게 막자고 주장했다. 지금이야 유사 과학 취급을 받으며 과학의 흑역사로 기억되지만, 당시 우생학은 주류 과학이었고 우생학에 의거한 인종 차별, 소수자 차별이 만연했다.

그런 분위기이니 대다수 의사들은 성소수자가 질병에 걸렸거나 열등하다고 판단했다. 사명감에 가득 찬 의사들은 성소수자를 자신들이 생각하는 정상으로 돌려놓기 위해 엉뚱한 치료를 하거나 가혹 행위를 벌였다. 하지만 유대계 독일 의사이자 양성애자였던 마그누스 허쉬펠트Magnus Hirschfeld의 생각은 완전히 달랐다. 그는 성소수자가 자연적인 존재라 생각했다. 이상주의자였던 그는 자신의 주장을 과학적으로 증명하기만 하면 사람들이 차별을 멈추고 관용을 베풀 것이라 믿었다.

그는 원시 상태에 가까운 원주민들의 삶을 관찰하고 과거 문헌과 예술 작품을 조사해, 양성 외에도 다양한 성이 오래전부터 존재했다는 사실을 드러냈다. 그는 자신의 주장을 대중적으로 알리기 위해 강연을 많이 다녔고 영화도 만들었다. 1919년, 영화감독 리처드 오스왈드Richard Oswald와 함께 만든 〈다른 사람과 다른Anders als die Andern〉은 동성애 해방을 주제로 한 최초의 영화다. 한반도가 대한 독립 만세를 외칠 때, 그는 성소수자의 독립을 외쳤다. 당연히 이 영화는 상영 금지 처분을 받았다.

또한 그는 당시 독일에 존재하던 동성애 처벌법을 폐지하기 위해 6,000여 명의 사회 저명 인사들을 일일이 찾아다니며 차별법 폐지 운동에 함께해줄 것을 호소했다. 결국 1929년 그는 독일 의회로부터 이 법의 폐지를 약속받는다. 하지만 이후 나치가 득세하고 소수자 혐오 정서가 팽배해지면서 의회는 그와의 약속을 뭉개버린다.

나치는 유대인과 진보 인사를 압박했고, 나치 추종자들은 백색테러를 일삼았다. 허쉬펠트 역시 수차례 위협을 받았는데, 괴한에게 습격당해 두개골이 골절된 적도 있었다. 그는 유대인이었고, 성소수자를 옹호했으며, 그 스스로도 성소수자였고, 심지어 사회주의자였으니, 나치에게 여러모로 골칫거리였다. 히틀러는 공개적으로 그를 "독일에서 가장 위험한 유대인"이라고 비난하기도 했다. 1930년, 결국 허쉬펠트는 조국을 떠나게 된다. 이후에도 그는 미국, 일본, 중국, 인도, 팔레스타인 등 전 세계를 떠돌며 자신의 주장을 이어간다. 1933년 나치는 그가 만든 '허쉬펠트 성과학 연구소'를 폭파한다. 해외에서 이 뉴스를 본 허쉬펠트는 고국으로 돌아가는 것을 완전히 포기한다. 1934년, 독일은 그의 국적을 박탈한다.

허쉬펠트를 성소수자의 인권을 옹호했던 사람 정도로 생각하기 쉽지만, 그의 주장은 단순히 '성소수자가 불쌍하니 차별하지 말자'는 수준이 아니었다. 그는 다른 사람들보다 열 걸음 이상 앞서나갔다. 현재 관점에서도 파격적인 부분이 있는데, 그는 "생물학적으로 완벽한 남성 혹은 여성은 존재할 수 없다"고 생각했다. 또한 "사람은 모두 다른 성 정체성을 가지고 태어나며, 타고난 정체성 역시 살면서 끊임없이 변한다"고 믿었다. 그의 세계관에서는 평범한 것은 존재할 수 없었다. 개인 개인이 모두 특별한 존재였다. 그의 연구와 사상은 바다 건너 킨제이Alfred Charles Kinsey(《킨제이 보고서》를 쓴 그 킨제이)에게도 큰 영향을 끼쳤다. 1999년, 독일에서 그의 삶을 다룬 전기 영화가 만들어졌는데, 제목이 무려 섹스계의 아인슈타인Der Einstein des Sex이었다. 아인슈타인이 상대성 이론으로 물리학의 패러다임을 바꿨듯, 허쉬펠트는 성의 패러다임을 바꾼 것이다(허쉬펠트가 아인슈타인보다 11살 많기 때문에 다소 이상한 비유긴 하지만).

이런 사고를 가진 사람이었기에 성전환 수술 역시 최초로 시도할 수 있었던 것이다. 다른 의사들은 여성이 되길 원하는 에이나르를 정신병자로 여겨 그를 남성으로 돌려놓으려고 했지만, 허쉬펠트는 에이나르에게서 '릴리(에이나르가 여성이 된 이후의 이름)'를 보았다. 그가 의사로서 할 수 있는 유일한 일은 그녀가 원하는 신체를 가질 수 있게 도와주는 것뿐이었다.

릴리는 1930년과 1931년, 총 5번의 수술을 받았다. 당시 나이 48세였다. 2차 수술부터는 허쉬펠트의 동료였던 산부인과 의사 커트 워네크로스Kurt Warnekros가 집도했다(영화에서는 이야기를 간략하게 하기 위해 워네크로스만 등장한다). 릴리는 아이를 갖길 원했고 난소와 자궁까지 기증받았다. 1930년대에 자궁 이식이라니 대단하긴 하지만 완벽하진 못했다. 그녀의 몸은 타인의 자궁을 받아들이지 못한다. 수술 3개월 뒤, 결국 그녀는 감염으로 사망한다. 자신의 성을 바꾸기 위해 오랜 시간 투쟁했지만, 릴리가 여성으로 누린 삶은 너무도 짧았다.

최초의 FtM 성전환 수술

로버르타 코웰Roberta Cowell이라는 남자가 있었다. 영국 출신으로 제

자신의 삶을 되찾기 위해 세계 최초로 성전환 수술을 받은 (좌) 릴리, 그리고 그녀를 도왔던 (우) 허쉬펠트 박사.

(위) 영화 <대니쉬 걸>의 한 장면. 배우 '에디 레드메인'이 릴리로 분해서 좋은 연기를 보여준다. 영화는 릴리뿐 아니라 아내였던 게르다의 심리도 잘 보여준다. 트랜지션 후에도 릴리와 게르다는 좋은 친구로 지냈다. (아래) 게르다가 그린 릴리.

2차 세계대전에 전투기 파일럿으로 참전했고, 자동차 그랑프리에 참여한 스피드광이었다. 결혼도 하고 자녀도 있었지만, 전쟁은 그와 아내 사이를 낯설게 만들었다. 종전 후 다시 만난 두 사람은 부부 관계를 지속하기 위해 몇 년간 노력했지만 끝내 갈라서게 된다.

가족이 떠나자 코웰은 심각한 우울에 빠진다. 그는 우울증을 극복하기 위해 당시 인기였던 프로이트식 심리 상담을 받게 된다. 그런데 이 과정에서 이상한 일이 일어난다. 프로이트의 이론에서는 남성과 여성의 꿈이 명확히 구분되는데, 그의 꿈은 여성이 꾸는 꿈과 더 유사한 것이다. 프로이트식 꿈의 해석에 대해서는 논란이 많기 때문에 그가 정말 여성의 꿈을 꾸었는지, 단순히 우연인지는 명확하지 않다. 하지만 코웰은 이 과정에서 자신의 우울이 이혼 때문이 아니라 조금 더 근원적인 것임을 깨닫는다. 1951년, 그는 40대 중반의 나이에 성전환 수술을 받고 여자가 된다. 영국 최초의 성전환 수술이다.

그녀는 여성이 된 뒤에도 자동차 그랑프리에 참여하고 비행기를 몰았다. 그리고 성전환 수술을 받은 사람의 수명이 짧다는 편견을 깨고 93세까지 장수하다 2011년에 세상을 떠났다. FtM 이야기한다고 해놓고 왜 또 MtF 이야기를 하는지 궁금할 것이다. 코웰의 성전환 수술을 집행한 의사가 바로 첫 번째 FtM 수술을 받은 트랜스젠더였다.

마이클 딜런Michael Laurence Dillon은 귀족 가문 출신이다. 딜런은 여성으로 태어났지만, 어렸을 때부터 자신이 남성이라는 걸 어렴풋이 알고 있었다고 한다. 남자 옷이 더 편했고 운동도 잘했다. 지금이야 남자 옷

입고 운동 잘하는 것 정도로 성별을 의심하진 않지만, 당시에는 특별한 경우였다. 딜런은 20대 중반부터 남성호르몬을 투약했고, 그때부터 남자로 살았다. 당시 의학 수준과 시대 상황을 고려해보면 상당히 운이 좋은 편이라 할 수 있다. 이래서 재산과 학식은 쌓고 볼 일이다.

그는 의대에 재학 중이던 1946년부터 3년간 13차례 이상 수술을 받았다. 그는 수술을 받고서 몸이 불편하면, 전쟁에서 얻은 부상 때문에 다리가 저린 것처럼 행동했다. 그는 학교를 돌아다니며 고래고래 소리를 지르며 전쟁 욕을 해댔고, 사람들은 그가 성전환 수술을 받았다는 사실을 눈치채지 못했다. 그는 성전환 수술을 받으면서 의대를 졸업했고, 1951년 의사 자격을 취득한다. 그리고 같은 처지에 있던 코웰의 수술을 도왔다.

그는 끝까지 성전환 사실을 숨기고 싶어 했고, 꽤 잘 해냈다. 하지만 노력과 무관한 곳에서 그의 비밀이 밝혀진다. 귀족이었던 아버지가 세상을 떠나자 작위 문제가 세간의 이슈가 되었다. 귀족 작위는 한 명의 자녀에게만(보통 아들) 세습됐는데, 누가 작위를 물려받느냐가 당시 영국인의 가십 중 하나였다. 그러니 당연히 딜런에게도 디스패치가 따라붙었고, 기자가 그가 딸이었다는 사실을 밝혀낸다. 기사 이후, 언론의 관심이 딜런에게 쏟아졌다. 지금도 트랜스젠더라고 하면 위아래를 훑어보는데, 당시 사람들이 얼마나 그를 입방아에 올렸을지 보지 않아도 비디오다. 결국 그는 영국을 떠나 티베트로 간다. 그리고 그곳에서 불교에 귀의해 남은 삶을 살았다. 그는 유럽 백인 중 최초로 티베트 불교 안수를 받은 사람으로 역사에 남았다.

(좌) 마이클 딜런 (우) 딜런의 FtM 수술을 진행한 뉴질랜드 출신의 이비인후과 의사 '해럴드 길리스'.
어쩌다 이비인후과 의사가 성전환 수술을 하게 됐을까?

그는 자신의 인생을 긍정했을까, 아니면 저주했을까? 그가 어떤 심정으로 인생을 살았는지 우리는 영원히 알 수 없을 것이다.

●▶▶

전쟁이 벌어지면 늘 새로운 무기가 등장하고 늘 새로운 형태의 부상이 등장한다. 전쟁은 의사들에게 늘 새로운 도전거리를 안겼다. 제1차 세계대전이 끝났을 때 의사들은 이전에 겪어보지 못한 새로운 유형의 환자를 만나게 된다. 다른 부위는 멀쩡한데 유독 얼굴을 심하게 다친 군인들이다.

제1차 세계대전에서는 참호전이 치열하게 벌어졌다. 참호란 전략적으로 중요한 위치를 방어하기 위해 구덩이를 파서 만드는 일종의 방어벽이다. 참호를 만들면 적은 병력으로도 거점을 방어할 수 있어 수비측에서 주로 사용한다. 전쟁이 길어지자 양측 모두 병력이 부족해졌고, 가성비를 올리기 위해 모두 참호를 파고 병사를 쑤셔 넣었다. 그런데 양측 다 참호에 숨어서 전쟁을 벌이니, 전쟁은 끝나지도 않고 사상자 수만 끝없이 늘어났다. 참호에 웅크리고 있다가 상황을 확인하려고 잠깐 고개를 드는 순간, 반대편 참호에서 총알이 날아들었다. 꼭 총이 아니더라도 참호의 구조상 얼굴 부상의 위험이 컸고, 그 결과 얼굴 환자가 쏟아졌다.

얼굴 부상은 생명에 치명적이진 않을 수도 있지만, 전쟁 후 일상으로 돌아가야 하는 군인들에게는 심각한 문제다. 그러니 외적으로 상처를 복구하는 치료가 필요해졌다. 바로 성형 수술이다. 하지만 당시에는 성형외과가 존재하지 않았다. 그래서 다양한 분야의 의사가 이 시기에 성형 수술을 맡았다. 그중 가장 탁월한 실력을 보인 이가 이비인후과 의사 해럴드 길리스Harold Gillies다.

전쟁이 터지자 길리스는 의료 봉사단에 지원했다. 그곳에서 얼굴에 부상을 입은 수많은 병사를 본 그는 전문적인 치료가 필요하다 생각하고 얼굴 수술 전문 병동을 세운다. 전장에서 얼굴을 다친 이들은 모두 이 병원으로 후송됐다. 1917년부터 7년간 길리스는 1만 번 이상 수술을 집도했다. 전쟁에서 얼굴을 다친다는 것은 단순히 긁히는 수준이 아니다. 화상 환자도 많고, 눈코입이 구분조차 되지 않아 살아 있는 것이 신기할 정도의 환자도 많았다.

길리스는 참전 군인에 대한 존경과 의사로서의 책임감으로 성형 수술을 시작했지만 점점 이 치료 과정 자체를 즐기게 된다. 그는 당시로서는 상당히 실험적인 방식을 많이 시행했는데, 다른 부위의 피부를 잘라 이식하는 방법을 최초로 수술에 적용한 것도 그였다. 현재 이 방법은 성형외과 외에도 다양한 수술에 사용된다. 그와 동료들의 활약으로, 전쟁이 끝난 뒤 성형외과는 번듯한 분과가 된다.

그는 제1차 세계대전에서의 공로로 작위를 수여받고, 성형외과의 전설이 되어 수많은 후학을 양성했다. 1946년 길리스는 딜런의 FtM 수술을 맡게 된다. 조금 더 빨리 수술을 하려고 했으나, 제2차 세계대전이 터지는 바람에 전쟁 후로 일정이 밀렸다.

길리스에게는 성전환 수술 역시 일종의 성형 수술이었다. 그는 당시 세계 최고의 성형외과 전문의였기 때문에 최초의 FtM 수술 역시 자신 있게 할 수 있었다. 다음 페이지의 비포 애프터 사진을 보면 알겠지만, 그는 단순히 있는 얼굴을 살짝 고친 게 아니라 없어진 얼굴을 다시 만들어냈다. 현대 성형 수술에 비하면 투박하지만, 과감성은 비전문가의 눈에도 확연히 보인다. 그는 얼굴을 만들어내듯, 페니스 역시 만들어 낸 것이다.

길리스가 수술한 환자의 회복 과정

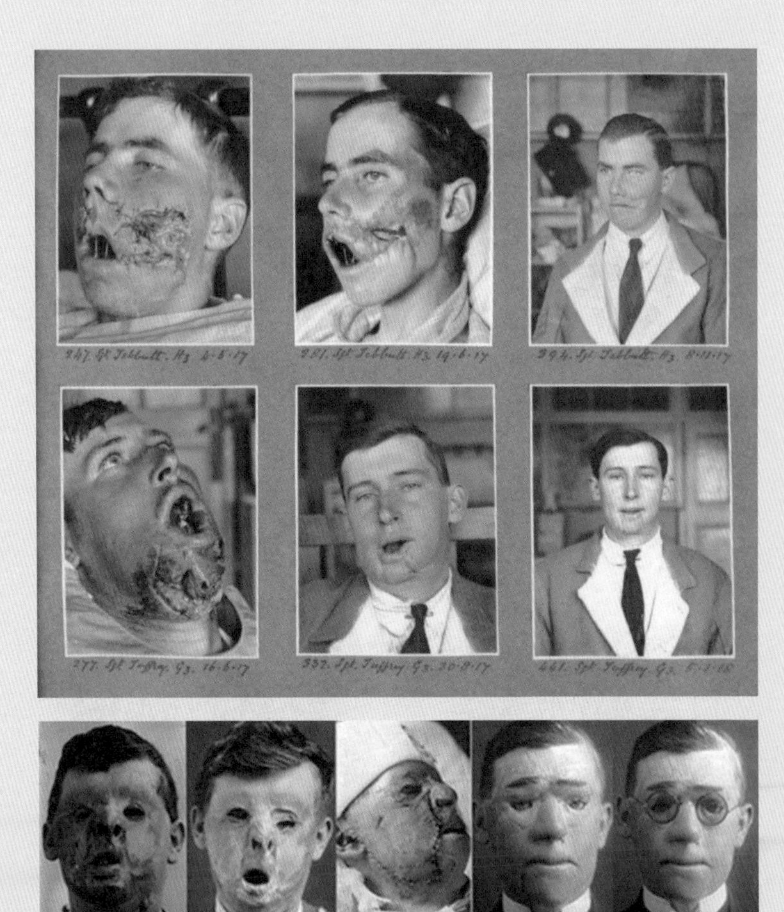

왜 그가 존경받는지 사진만으로도 알 것 같다. 그는 단순히 환자의 외모를 바꾼 것이 아니라 새 삶을 선물했다.

〈번외〉 한국 최초의 성전환 수술

그럼 한국에서 이루어진 최초의 성전환 수술은 언제일까?

연예인 하리수 씨를 떠올리는 사람도 있겠지만, 그보다 훨씬 오래전이다. 아래는 1955년 8월 15일 자《동아일보》에 실린 내용이다.

지난 십三일 하오二시경 시내 "적십자병원"에 "청년" 한 명이 입원하여, 의사의 수술을 받더니 두 시간 후 수술이 끝나자 묘령의 "처녀"로 돌변. 다시 설명할 필요도 없이 "성전환" 수술을 받은 것인데, 한국에서는 처음 보는 이 "성전환(性轉換)"의 주인공은 경기도 양평군 청원면 도원리에 본적을 둔 "조기철" 군. 수술이 끝난 후에는 여자 병실로 옮기는 등 이젠 완전히 여성계에 등록이 되었다고 하는데… 만 명에 하나 있을까 말까 하는 극히 드문 이변이라고는 하지만, 이러한 실례까지 있고 보니 앞으로는 부부지간에도 서로 상대방의 "생리적" 현상을 특히 주의해 보아야겠군….

'휴지통'이라는 제목의, 구석 코너에 실린 짤막한 내용이라 얼마나 신빙성이 있는 자료인지는 모르겠다. 코너 이름도 마음에 들지 않고 내용은 더 마음에 들지 않는다. 특히 마지막, 대체 뭘 '주의'해서 보자는 걸까? 어쨌든 현재까지는 이 사례가 최초인 것으로 알려져 있다. 외국과 마찬가지로 MtF가 먼저 이루어졌다.

최초의 FtM 수술 환자는 1963년, 경북 영주군의 김행순 씨다. 이 사람은 자식을 못 낳는다는 이유로 결혼 5년 만에 이혼한 뒤 독신으로 살다 수술을 받고 남자가 되었다고 한다. 역시 자세한 기록은 남아 있지 않다.

그런데 기사에 쓰인 두 사람의 이름이 설마 본명은 아니겠지?

MtF의 성기 수술 과정

MtF 성기 수술은 간단히 말하면 남성 성기를 제거하고 여성 성기를 만드는 것이다.

전통적인 방식은 '음경 회음부 피부 반전법'이다. 쉽게 말하면 페니스를 뒤집어 재활용하는 방법. 먼저 음낭을 잘라 고환을 제거한다. 페니스도 제거한다. 귀두 부분은 이후 클리토리스를 만드는 데 사용하므로 잘 떼어둔다. 요도와 직장 사이를 잘라 구멍을 만든 뒤, 그 속으로 페니스를 뒤집어 넣어 질을 만든다. 고무장갑을 뒤집는다고 생각하면 쉽다. 하지만 페니스만으로는 질의 길이가 부족하다. 페니스를 뒤집으면 페니스가 들어가는 사이즈가 되지 않는다. 환자의 페니스보다 더 큰 페니스를 가진 상대와 섹스할 수도 있고, 수술하다 보면 접합 부위가 생겨 길이가 줄어들 수밖에 없다. 그래서 고환 쪽 피부를 덧대거나 부족하면 다른 부위의 피부를 떼서 길이를 맞춘다. 페니스 속은 평소에는 부드럽게 수축되어 있다가 발기 시 팽창하며 딱딱해지는 해면체로 가득 차 있는데, 질을 만들 때는 이를 모두 긁어내고 페니스의 피부만 사용한다. 이때 요도(소변을 배출하는 통로)가 상하지 않게 조심해야 한다. 요도는 따로 구멍을 내 소변이 제대로 나올 수 있게 해준다. 귀두 부분을 활용해 클리토리스를 만든다. 트랜스젠더는 성감을 느끼지 못한다고 생각하는 사람이 많은데, 귀두 부분의 감각이 클리토리스에 살아 있기 때문에 성감을 느낄 수 있다.

오랫동안 사용된 방식이라 MtF 성기 수술 하면 이 방법을 주로 떠올리지만, 부작용이 많아 현재는 거의 사용하지 않는다. MtF건 FtM이건 성기 수술에서 가장 중요한 건 위생이다. 성기 부위는 배설물을 포함해서 분비물이 많은데, 이를 제대로 처리하지 못하면 감염 등 심각한 문제가 생길 수 있다. 첫 MtF 수술을 받았던 릴리 역시 감염으로 사망했다. 그런데 페니스는 원래 외부에 있던 기관이라, 내부로 들어가면 청결하게 관리하기가 어렵다. 페니스는 습기에 취약한데, 질의 형태상 건조하게 유지하기 어렵다. 또 분비물이 나오지 않아 성교 시에는 젤 등을 이용해 인위적으로 부드럽게 만들어야 한다. 가장 심각한 문제는 수술 후 지속적으로 수축 현상이 일어나 피부가 줄어드는 것이다. 이 때문에 꾸준히 관리를 받아야 한다. 하지만 관리에도 한계가 있어 재수술하는 경우가 많다.

이런 문제점 때문에 현재는 대부분 '결장 이식법'으로 수술한다. 수술 방법은 비슷하다. 다른 점은 페니스 대신 대장의 일부인 결장을 이용해 질을 만든다는 점이다. 장은 길이가 매우 길기 때문에, 일부를 잘라낸다고 큰 문제가 생기지는 않는다. 다만 소화 기능이 떨어지므로 평생 식습관 조절을 해야 한다(다시 생각해보니 큰 문제다). 결장은 페니스와 달리 형태가 질과 비슷하다. 원래 내부 기관이라 습기에 강하며, 자체에 점액이 있어 성교 시 질 분비물과 유사한 역할을 한다. 페니스를 재활용하는 방법보다는 사후 관리가 편하지만, 질은 아니기 때문에 수술 후 늘 주의를 기울이며 관리해야 한다.

어느 수술 방법을 사용하든, 여성에게서 자궁과 난소를 기증받으면 이식도 가능하다. 이식은 트랜스젠더뿐 아니라 선천적으로 난소와 자궁에 이상이 있거나 사고나 질병으로 해당 부위에 문제가 생긴 여성도 받을 수 있다. 아직까지 자궁과 난소를 이식받은 MtF가 임신에 성공한 경우는 없지만, 몇 년 전 선천적으로 자궁과 난소가 없던 여성이 타인에게 자궁과 난소를 이식받아 임신과 출산에 성공한 경우가 있다.

모든 장기가 그렇듯, 기증은 필요에 비해 턱없이 부족하다. 그래서 인공 자궁과 인공 난소 개발도 활발히 진행 중이다. 건강한 여성의 난소 세포를 배양해 난소를 만든 경우도 있고, 3D프린터로 찍어낸 젤라틴 재질의 인공 난소도 있다. 아직 사람이 이식받은 적은 없지만, 쥐 실험은 성공적으로 이루어졌다. 인공 난소를 이식한 쥐는 정상적인 임신과 출산을 했다. 어쩌면 우리는 얼마 지나지 않아 MtF가 임신에 성공했다는 기사를 만날 수 있을지도 모른다. 물론 MtF가 임신이 가능해진다 하더라도 골반 넓이 등의 문제로 출산까지 제대로 이어질 수 있을지는 추가적인 연구가 필요하다.

임신과 출산이 미래 MtF 수술의 관심 분야 중 하나이긴 하지만, 임신과 출산이 가능해져야 진정한 여성이 된다는 뜻은 아니다. 여성의 존재는 임신 가능 여부와 무관하다. 세상에는 이 사실을 모르거나 모르는 척하는 멍청이들이 아직도 많은 것 같다.

FtM의 성기 수술 과정

FtM의 성기 수술 과정은 MtF에 비해 훨씬 복잡하고 어렵다('있는 걸 없애는 것'이 아니라 '없는 걸 만드는 것'이니 당연하다고 생각하는 이들이 많지만, 둘 다 있는 걸 없애고 없는 걸 만드는 작업이므로 이 표현 자체도 남성 중심적이다). 남성 성기를 만들기 전에 난소와 자궁을 제거하는 수술을 미리 하는 것이 일반적이다. FtM 수술 역시 MtF와 마찬가지로 크게 두 가지 방법이 있다. 하지만 두 방식의 장단점이 달라 둘 다 사용되고 있다.

먼저 음경 형성술Phalloplasty이다.

말 그대로 페니스를 만드는 수술이다. 페니스의 겉은 팔뚝, 허벅지 혹은 옆구리의 피부를 잘라서 만든다. 단순히 피부만 이식하는 게 아니라 피부 아래 혈관까지 이식한다. 이 수술 방식을 피판皮瓣이라 하는데, 이 때문에 음경 성형술을 간단히 '피판술'이라 부르기도 한다. 다만 피판술은 음경 성형 외에도 광범위하게 쓰이는 기법이므로, 꼭 FtM 수술을 의미하지는 않는다.

이 수술에서 가장 중요한 건 '요도'다. MtF는 긴 요도 길이를 짧게 맞추면 되기 때문에 상대적으로 간단하지만, FtM은 짧은 요도를 길게 늘여야 한다. 먼저 기존 요도에 실리콘 튜브를 연결해서 밖으로 빼준다. 그리고 요도 조직이 성장하기까지 기다려야 하는데, 최소 6개월이 걸린다. 그 때문에 수술은 무조건 2번 이상 나눠서 해야 한다. 성기의 길이는 원하는 대로 만들 수 있지만, 보통 성인 남성의 발기한 사이즈

(약 12cm)로 만든다. 기술이 많이 발전했지만, 다른 부위의 피부를 이 정도나 잘라내니 큰 흉터가 남을 수밖에 없다. 미관을 위해 고환도 만든다. 고환은 어차피 작동하지 않으므로 적당한 인공물을 삽입해서 모양만 잡는다.

자연 발기는 되지 않는다. 처음에는 성기 자체를 딱딱하게 만들어 성교가 가능하게 만들었으나, 최근에는 버튼으로 페니스를 딱딱하거나 부드럽게 조작할 수 있다. 일종의 발기 ON/OFF 기능. 유압으로 내부를 채우는 것으로, 필수가 아닌 옵션이다(이런 농담은 옳지 않지만, 그 버튼 하나 갖고 싶다). 자동차가 그렇듯 옵션은 늘 돈을 요구한다. 이 수술의 가장 큰 단점은 성감을 느낄 수 없다는 점이다. 피부를 이식했기에 느낌은 있지만, 그 느낌을 성감이라 하기는 힘들다.

두 번째는 메토이디오플라스티Metoidioplasty, 간단히 '메토'라고 부른다.

대부분 트랜스젠더가 호르몬 치료를 시작한 다음에 수술을 받지만, 호르몬 치료가 수술에 꼭 선행할 필요는 없다. 하지만 메토 수술을 하려면 최소 1년 전부터 남성호르몬을 맞아야 한다. 남성호르몬을 투여하면 클리토리스가 남성 성기처럼 살짝 커진다. 이 상태에서 의사가 클리토리스와 연결된 부분을 바깥으로 끌어당긴다. 그림 숨어 있던 클리토리스 뿌리 부분이 밖으로 나오면서 길이가 길어진다. 클리토리스를 페니스로 만드는 것이다. 질을 제거하고 요도를 클리토리스 안쪽으로 넣어 남성처럼 서서 소변을 눌 수 있게 만든다. 그리고 모양을 페니스처럼 잡아준다.

피판술과는 달리 팔이나 다리에 큰 상처를 낼 필요도 없고, 수술비도 상대적으로 저렴하다. 클리토리스가 페니스가 되므로 성감 또한 살아 있다. 자연 발기도 가능하다. 하지만 결정적 문제가 하나 있으니, 크기가 작다는 것이다. 수술 후 평균적으로 5cm 정도 되고, 굵기도 얇은 편이다. 꼬마 남자아이 성기 정도라고 생각하면 된다. "어차피 한남들 다 그만한 거 아니냐"고 위로할 순 있겠지만, 힘든 수술을 거친 결과치고는 아무래도 아쉽다. 수술 후 상처가 아물고 나서 부항기를 이용해 꾸준히 압력을 주면 크기가 조금 커진다. 그래도 삽입 성교는 보통 불가능하다고 한다. 대신 남성 스타일의 자위는 가능하다. 일전에 FtM이 첫 남성 자위를 하고 나서 받은 감동에 대해 쓴 글을 읽은 적이 있는데, 묘한 죄책감이 들었다. 이렇게 감동적인 일을 나는 쓰레기 치우듯 하는구나 싶어서.

페니스와 정소 이식은 자궁과 난소 이식에 비하면 연구가 적다. 2014년을 시작으로 미국, 중국, 남아공 등지에서 병이나 전쟁으로 성기를 잃은 남성에게 타인의 성기를 이식한 경우는 있지만, 아직 FtM에게 이식한 적은 없다. 여성의 자궁과 난소는 출산과 직접 연관이 있다 보니 이식이건 인공물이건 연구가 활발하지만, 페니스와 정소는 상대적으로 출산에 중요하지 않다 보니 연구가 적은 것이 아닐까 싶다. 자연 상태에서야 정자와 난자가 만나 생명체가 되지만, 지금은 난자와 체세포 복제만으로 인공 임신이 가능하다. 생명공학 시대에 남자는 필요 없….

수술은 수술로 끝나지 않는다

사람들(나)의 머릿속은 온통 섹스로 가득 차 있기 때문에 그쪽을 중심으로 설명하긴 했지만, 성기 수술을 하는 것이 꼭 외관이나 섹스 때문은 아니다. 핵심은 호르몬이다.

고환에서는 성 호르몬이 지속적으로 만들어지는데, 여성호르몬을 투여하는 MtF에게는 두 호르몬이 충돌하면서 각종 병을 유발할 수 있다. 고환을 제거하면 남성호르몬 생성이 급격히 줄어들어 건강을 유지하는 데 도움을 준다. FtM도 마찬가지다. 유방과 난소, 자궁이 남아 있는 상태에서 남성호르몬을 투여하면 암 발병률이 치솟는다. 그래서 인공 페니스까지 만들 필요는 없지만, 난소와 자궁 제거는 꼭 하는 것이 좋다.

가슴 수술과 성기 수술 외에도 트랜스젠더들이 받을 수술은 끝도 없이 많다. 욕심 부려서 성형까지 하면 거의 평생 수술을 받으며 지내야 한다. 이 과정에서 가장 큰 문제는 세상 모든 일이 그렇듯 비용이다. 중요한 수술만 따져봐도 MtF는 고환·정소 제거 수술 300만 원, 가슴 수술 500만 원, 성기 재건 수술 1,500만 원, 목소리 성형 650만 원, FtM은 난소·자궁 제거 수술 400만 원, 가슴 수술 400만 원, 성기 재건 수술 2,000만원가량 든다. 그나마 돈이 많다면 수술을 몰아 기간을 단축할 수 있지만, 대다수 트랜스젠더가 경제적으로 힘든 상황에 처해 있다.

사회가 성소수자에 대한 편견으로 가득 차 있기 때문에, 대부분 트랜스젠더가 트랜스젠더임을 선언하는 순간 가족과의 관계가 틀어진다. 그래서 많은 성소수자들이 청소년기에 제대로 돌봄을 받지 못한다. 가족과 잘 지낸다 해도 사회에서 경제적 불이익을 당하는 경우가 많다. 특히 지금처럼 취업난이 심각한 상황에서는 남과 조금이라도 다른 사람들이 먼저 벼랑으로 밀린다. 트랜스젠더에게 안정적인 일자리란 꿈 같은 이야기다.

하지만 수술은 어떻게든 받아야겠으니, 3년 일하고 수술받고, 2년 일하고 수술받고, 5년 일하고 수술받고, 이런 식으로 평생을 살아가는 트랜스젠더가 많다. 10대와 20대 중에는 수술은 둘째 치고 호르몬 치료도 제대로 못 받는 이들이 많다(호르몬 치료도 매달 5만 원 이상 든다). 여러 번 강조하지만 호르몬 치료와 성기 제거 수술은 트랜스젠더의 건강을 위해서 꼭 필요하다. 해외에서는 수술비가 없는 MtF가 자신의 고환을 스스로 잘라낸 사건도 여러 차례 있었다.

또한 트랜스젠더는 스트레스를 많이 받기 때문에 심리 치료 역시 꼭 필요하다. 하지만 정신과 상담을 정기적으로 받을 수 있을 정도의 경제력을 가진 트랜스젠더는 매우 적다. 여유가 있다고 해도 전문가가 부족해 제대로 상담해줄 수 있는 곳도 거의 없다. 성소수자 인권 단체인 'SOGI 법정책연구회'의 2014년 조사에 따르면, 국내 트랜스젠더의 48%가 자살을 시도한 적이 있다. 자살을 생각한 비율이 아니라 시도한 비율이다. 트랜스젠더에게 필요한 모든 치료와 수술을 사회가 지원해주기는 힘들다고 하더라도 최소한의 수술과 호르몬 치료, 심리 치료 정도는 보험에 포함돼야 하는데, 아직 한국은 이들에 대한 제대로 된 인식이 없다 보니 언급조차 되지 않는다.

우리는 당신의 성별을 알고 있다

트랜스젠더가 트랜지션 하는 데 수술이나 치료만큼 중요한 과정이 있다. 바로 바꾼 성별을 국가에 인정받는 것이다. 보이는 게 중요하지, 호적상 남자인지 여자인지가 무슨 상관이냐 싶겠지만, 이게 결코 무시할 수 있는 부분이 아니다.

한국에서는 주민번호로 모든 일이 이루어진다. 그런데 이 중요한 주민번호는 몇 가지 단순한 규칙으로 정해진다. 앞의 여섯 자리는 생년월일, 뒤의 일곱 자리는 성별과 출생지를 나타낸다. 이와 관련해 2017년 행정안전위 국정감사에서 재미난 장면이 연출됐다. 더불어민주당 이재정 의원이 김부겸 행정안전부 장관의 주민번호를 즉석에서 맞힌 것이다. 주민번호의 단순함과 노출 위험을 강조하기 위해 벌인 퍼포먼스였다.

일반인들은 출생지 번호까진 보통 모르기 때문에 주민번호를 본다고 고향을 알진 못하겠지만, 나이와 성별은 누구나 알 수 있다. 상하 관계가 확실한 한국 사회에서 나이는 중요한 정보다. 그런데 생년월일이 암호화도 없이 드러난다는 건 고민해볼 문제다. 더 심각한 건 성별이 노출된다는 점이다. 성별은 뒤 번호 첫 자리로 알 수 있다.

1: 1900 ~ 1999년에 태어난 남성

2: 1900 ~ 1999년에 태어난 여성

3: 2000 ~ 2099년에 태어난 남성

4: 2000 ~ 2099년에 태어난 여성

5: 1900 ~ 1999년에 태어난 외국인 남성

6: 1900 ~ 1999년에 태어난 외국인 여성

7: 2000 ~ 2099년에 태어난 외국인 남성

8: 2000 ~ 2099년에 태어난 외국인 여성

9: 1800 ~ 1899년에 태어난 남성

0: 1800 ~ 1899년에 태어난 여성

참 꼼꼼하다. 번호의 제한 때문에 세기별로 번호를 다르게 매긴 건 그렇다 치더라도 남녀와 외국인까지 나눠야 하는 것일까? 설령 관리자 입장에서 사람들을 구분하는 것이 필요하다고 하더라도, 암호화를 하지 않아 일반인까지 바로 알아볼 수 있게 만들었다는 건 한심한 일이다.

특히 엄격한 남녀 구분은 중간 상태에 있는 사람들에게는 최악이다. 우리가 신용카드나 휴대폰을 사용하다 문제가 생겨서 고객센터에 전화를 걸면 본인 확인을 한다. 트랜스젠더의 전화를 받은 상담사는 주민번호와 성별이 다른 목소리를 의심할 것이다. 그러면 고객은 자신이 트랜스젠더임을 굳이 밝혀야 하고, 밝힌다 해도 쉽게 믿어주지 않을 것이고, 상담사는 관련 서류를 요구할 것이다. 상담사는 자신의 일을 하는 것뿐이니 불만을 터트릴 수도 없다. 그나마 트랜스젠더를 위해 절차가 정해져 있는 곳은 훌륭한 곳이다. 대부분 제대로 된 매뉴얼이 없어 서로 당황할 뿐이다. 대면 업무는 전화 업무보다 더 복잡하다. 복잡한 걸 떠나 일단 시선을 버텨야 한다. 시스젠더에게는 쉽게 처리할 수 있는 일이 트랜스젠더에게는 복잡하고 힘든 일인 경우가 많다. 취업을 포함한 사회생활에서 그들은 늘 스스로 상황을 설명해야 한다. 트랜스젠더임을 굳이 밝히고 싶지 않으면 사실을 숨기려고 거짓말을 해야만 하고, 후에 거짓말이 밝혀져 '믿을 수 없는 사람'이 된다.

이렇게 쉽게 드러나는 문제라면 주민번호를 간단히 변경할 수 있게 해줘야 그나마 불편을 줄일 수 있는데, 한국에서는 이 과정이 너무 길고 지난하다. 신청한다고 해서 잘 되지도 않는다. 법적인 성별을 바꾸는 것을 '성별 정정'이라 한다. 과거에는 성별 정정에 기준이 없어서 주먹구구식으로 이루어지다가 그나마 2006년 대법원 판결로 관련 지침이 생겼다.

〈2006년 대법원이 정한 '성별 정정 허가 기준'〉

1. 신청인이 대한민국 국적자로서 만 20세 이상이고 혼인한 사실이 없으며, 자녀가 없음이 인정되어야 한다.

2. 신청인이 성전환증으로 인하여 성장기부터 지속적으로 선천적인 생물학적 성과 자기의식의 불일치로 인하여 고통을 받고, 오히려 반대의 성에 대하여 귀속감을 느껴온 사정이 인정되어야 한다.
3. 신청인에게 상당기간 정신과적 치료나 호르몬요법에 의한 치료 등을 실시하였으나, 신청인이 여전히 수술적 처치를 희망하여, 자격있는 의사의 판단과 책임 아래 성전환수술을 받아, 외부성기를 포함한 신체외관이 반대의 성으로 바뀌었음이 인정되어야 한다.
4. 성전환수술의 결과, 신청인이 현재 반대의 성으로서의 삶을 성공적으로 영위하고 있으며, 생식능력을 상실하였고, 향후 종전의 성으로 재전환할 개연성이 없거나 극히 희박하다고 인정되어야 한다.
5. 남성에서 여성으로의 성전환인 경우에는 신청인이 「병역법」 제3조에 따른 병역의무를 이행하였거나 면제받았어야 한다.
6. 신청인에게 범죄 또는 탈법행위에 이용할 의도나 목적으로 성별정정 허가신청을 하였다는 등의 특별한 사정이 없다고 인정되어야 한다.
7. 그 밖의 신청인의 성별정정이 신청인의 신분관계에 중대한 영향을 미치거나 사회에 부정적인 영향을 주지 아니하여 사회적으로 허용된다고 인정되어야 한다.

대법원은 이 원칙에 의거해 사무 처리 지침을 만들고, (1)기본적인 인적 서류 (2)2명 이상의 정신과 의사 진단서 (3)성전환 수술 의사의 소견서 (4)현재 생식 능력을 상실했고 향후에도 발생하거나 회복될 가능성이 없음을 확인하는 전문의의 진단서 (5)성장환경진술서와 이를 입증해줄 2명 이상의 지인 보증서 (6)부모 동의서를 요구한다. 별생각 없이 읽으면 그런가 보다 하고 넘어갈 수 있다. 성별을 너무 쉽게 바꾸는 것도 이상하지 않은가. 하지만 막상 현실에서 적용하면 문제는 한두 개가 아니다. 1번부터 따져보자.

1. 결혼을 했거나 자녀가 있으면 불가능하다. 혼인 상태에서 성별 정정이 안 되는 것이야 한국이 동성혼을 인정하지 않기 때문에 그러려니 할 수 있지만(물론 동성혼도 인정해야 한다), 이혼한 상태여도 이전에 결혼을 한 적이 있다면 소위 말하는 '정상적인 성생활'이 가능하다는 뜻이기에 트랜스젠더임을 의심받는다. 이는 뒤늦게 자신의 정체성을 깨달은 트랜스젠더, 혹은 자신의 정체성을 억누르다가 늦게라도 찾으려는 이의 발목을 잡는다. 자녀가 있을 경우는 자녀에게 정신적 피해를 줄 수 있다는 이유로 거의 허가되지 않는다. 만 20세 기준도 이해하자면 이해할 수 있지만, 청소년 트랜스젠더에게는 가혹한 조항이다. 학창 시절이야말로 성 정체성으로 상처받기 가장 쉬운 때인데, 이들에게 기회 자체가 주어지지 않는다.

2. 내용 자체는 별문제가 없다. 그런데 생각해보라. 성장기부터 지속적으로 고통을 받았고, 반대 성에 귀속감을 느껴온 사정을 인정해줄 수 있는 사람이 누굴까? 가장 신뢰할 만한 사람은 부모다. 부모는 그 사람의 성장기를 지켜봐 왔으니 가장 확실한 증인이다. 그래서 법원은

부모의 동의서를 요구한다. 그런데 트랜스젠더는 트랜스젠더 선언을 하면서 부모와 척을 지는 경우가 많다. 사이가 좋다 하더라도 차마 자녀의 성전환 동의서를 작성하지 못하는 부모도 많다(2019년 8월 대법원은 성별 정정 신청시 제출해야 할 필수 항목에서 '부모 동의서'를 제외했다).

3, 4. 이 경우는 비수술 트랜스젠더를 배제한다. 앞에서 말했듯이 경제적 이유로 수술을 못 받는 트랜스젠더가 많다. 수술받기 전에는 성별 정정을 해줄 수 없다는 것인데, 성별 정정이 되지 않으면 그들은 일자리를 구하기 힘들다. 돈이 없어서 성별 정정을 할 수 없고, 성별 정정이 안 되어서 돈을 못 번다. 악순환의 반복이다. 또한 경제적 여건과 무관하게 수술을 원하지 않는 트랜스젠더도 있다. 그런 사람에게는 국가가 성별 정정이라는 제도를 통해 수술을 강요하는 셈이다. 또한 의사의 소견서를 제출했음에도 사실 확인을 명목으로 성기 사진을 요구하는 판사도 있다. 이는 명백한 인권 침해로, 의사의 소견보다 사람들에게 보이는 외형을 중요하게 생각하는 인식을 그대로 보여준다.

5. 하… 군대….

6. 이 때문에 사소한 범죄 행위라도 있으면 성별 정정이 어렵다. 대체 누가 범죄 사실 때문에 성전환을 한단 말인가? 만약 범죄 사실을 숨기기 위해 성전환 수술을 받는다면 엄청나게 큰 범죄일 텐데, 굳이 사소한 범죄까지 포함해야 하는지 의문이다.

7. 신분 관계에 중대한 영향? 사회에 부정적인 영향? 사회적으로 허용된다고 인정? 코에 걸면 코걸이, 귀에 걸면 귀걸이다. 부정적으로 생각하면 어떤 경우도 허용될 수 없다. 이 때문에 성별 정정은 판사의 성

향에 따라 결과가 천차만별이다. 결국 많은 트랜스젠더가 성별 정정을 위해 오랜 시간 법적 공방을 벌이거나 아예 포기해버린다.

물론 이 7가지 원칙이 절대적인 건 아니다. 정확히 법률로 정해지지 않아서 예외가 많이 적용된다. 재판 당사자와 시민단체의 노력으로 진보적 판결이 나기도 한다. 2013년에는 성기 수술을 받지 않은 FtM(자궁과 난소 제거 수술은 함)에게 성별 정정이 허용되기도 했다. 수술 전에 성별 정정이 되면 이후 수술에서 혜택을 받을 수 있다. 가령 가슴 수술을 받지 않은 FtM이 성별 정정이 되면, 남성이 여성형 유방을 가진 여유증이 되므로 가슴 수술을 의료보험으로 받을 수 있다.

물론 "사회의 기강 확립을 위해 이 정도 검증은 필요하다"고 생각하는 사람도 있을 것이다. 하지만 세계에는 성별을 변경하는 데 의사의 진단이나 법원의 허가가 전혀 필요 없는 국가도 존재한다. 덴마크, 몰타, 스웨덴, 아일랜드, 노르웨이, 포르투갈은 일정 나이가 되면 의사의 진단 없이 스스로 성별을 선택할 수 있다. 우리 시각에서는 놀라운 일이다. 하지만 조금만 달리 생각해보자. 성별을 바꾸는 게 뭐가 그리 큰일이라고 국가가 강압을 해야 한단 말인가. 성을 자유롭게 선택하게 해줬다고 해서 이 국가들에서 사건 사고가 생겼다는 뉴스를 들어본 적이 없다.

그런데 이런 논의를 하다 보면 본질적인 의문이 생긴다. 성별 정정이 쉽고 어렵고를 떠나서, 과연 사회가 애초에 성별을 나눌 필요가 있을까? 나눌 필요가 있다고 하더라도 생활에는 피해가 없도록 시스템을 설계할 수 있지 않을까?

트랜스젠더가 알려주는 것들

책을 쓰면서 트랜스젠더의 인터뷰를 많이 찾아봤다. 다들 각자의 사연과 각자의 생각이 있었다. 그들을 함부로 재단하는 것은 옳지 않지만, 내가 보기에 트랜스젠더는 자신의 정체성에 대해 크게 2가지 입장이 있는 것 같다.

하나는 '반대 성이 꼭 되고 싶은 사람'이다. 우리가 흔히 생각하는 트랜스젠더다. 이들은 적극적으로 수술을 받고 외형적으로 반대 성이 된 후에는 트랜스젠더가 아닌 평범한 남성 혹은 여성으로 불리길 원한다. 이런 트렌스젠더들에게 트랜지션 이전의 삶은 단지 잘못된 육체를 타고난, 잊고 싶은 과거일 뿐이다. 그러니 이들에게 성기 수술은 오롯이 반대 성이 되었다는 만족감과 자신감을 준다. 한 명의 남성 혹은 여성으로서 성행위가 가능하다는 것 역시 그들에게 큰 의미가 있다.

또 한 부류는 '사회가 하나의 성을 요구하기 때문에 그나마 가까운 성을 선택한 사람'이다. 이들은 꼭 수술을 받고 싶은 건 아니지만, 사회가 한 성이 되기를 강요하기에 수술을 받는다. 이들에게 성기 수술은 일종의 성형 수술인 셈이다. 착각하지 말아야 할 건, 성기 수술을 받지 않더라도 누구나 자기만의 방식으로 성행위가 가능하다는 점이다. 단지 시스젠더들이 생각하는 일반적인 방식이 아닐 뿐이다. 한 트랜스젠더는 인터뷰에서 "트랜스젠더로서의 삶 자체를 긍정적으로 받아들이려 하지만, 사회가 이를 원하지 않는다"고 밝혔다. 우리 사회는 구성원에게 오직 여성이거나 남성이기를 요구한다.

우리는 흔히 이슬람 문화권은 성소수자와 여성의 인권이 형편없다고 생각한다(실제로 그런 측면이 있다). 그런데 몇몇 이슬람 국가는 다른 성소수자는 인정하지 않으면서 특별히 트랜스젠더만은 허용한다. 가령 이란에서는 동성애자에게는 최대 사형을 내리지만, 트랜스젠더에게는 수술비와 정신과 치료비를 지원해준다. 우리가 보기에 이들의 정책은 일관성이 없다. 동성애를 처벌하면 트랜스젠더도 처벌하고, 처벌하지 않으면 모두 처벌하지 않는 게 우리가 생각하는 일관성이다. 우리에게 그들은 모두 성소수자이기 때문이다. 그런데 이란은 전혀 다르게 생각한다. 그들의 눈에 게이와 레즈비언은 기존의 성관념을 흔들고 종교의 권위를 위태롭게 하지만, 트랜스젠더는 최후에는 어쨌든 한 성에 정착하기 때문에 기존 성관념을 파괴하지 않는다고 여긴다. 남자가 되면 남자 역할을 하면 되고, 여자가 되면 여자 역할을 따르면 된다. 이 모순이 이해가 되는가?

하지만 이란의 정책은 기존 성관념을 지켜내지 못할 것이다. 완벽히 남녀의 성에 동화되려고 노력하는 트랜스젠더에게 상처가 될 수도 있는 말이지만, 그들이 아무리 노력해도 대다수 시스젠더는 트랜스젠더를 자신과 완전히 똑같은 남자 혹은 여자라고 느끼지 않는다. 그래서 트랜스젠더의 존재는 남녀만이 전부라고 여겼던 이에게 다른 성이 존재할 수 있다는 충격을 준다. 성이 바뀌는 존재를 눈으로 확인하면, 절대적이라고 여겼던 성의 기준에 의문을 품을 수밖에 없다. 육체적으로 다른 성이 될 수 있다는 인식은 모든 걸 바꾼다. 동성애자는 치료 가능한 병에 걸린 것이라고 생각하는 사람에게 트랜스젠더는 풀 수 없는 문제다. 트랜스젠더의 존재를 확인하면서, 우리는 다른 모든 성소수자에 대해서도 '가능하다'는 인식을 갖게 된다.

인권 문제에서 가장 중요한 것은 존재를 인식하는 것이다. 인권 운동을 비난하는 사람들은 자신들만의 논리 속에 산다. 그들에게 소수자는 실재하지 않는다. 만약 가까운 사람 중에 소수자가 있거나, 그들의 존재를 '진짜' 인식하면 절대 함부로 말할 수 없다. 폐지 수거를 하는 노인들이 얼마나 힘든 생활을 하는지 '진짜' 알게 되면 결코 함부로 대할 수 없다. 누구도 나쁜 사람이 되고 싶어 하지 않는다. 그래서 인간에게 가능성이 있는 것이다.

2001년 하리수 씨 등장 이후로 성소수자에 대한 인식이 얼마나 변해왔는지를 생각해보라. 성소수자를 '인식'하는 사람이 늘어난 것이다. 1990년대만 해도 성소수자를 차별하지 말아야 한다는 여론이 10% 수준이었지만, 2019년 신년 조사에서는 시민의 60%가 차별금지법 도입에 찬성했다. 과반이 마음을 돌리는 데 30년이 채 걸리지 않았다. 몇 년 전만 해도 성소수자를 희화화하는 개그가 지상파에서 거리낌없이 방송됐지만, 지금은 일상에서조차 그런 농담을 하는 사람은 눈총을 받는다. 미국에서 성소수자 이슈가 시작되고 동성혼이 합법화되는 데 100년 가까운 시간이 걸린 걸 생각해보면, 한국의 변화는 놀랍도록 빠르다. 물론 여전히 갈 길이 멀고 편견의 지뢰는 여기저기 널려 있지만, 우리가 체감하는 것보다 사회는 훨씬 많이 변했다. 원래 변화란 절대 오지 않을 것 같다가도 임계치를 넘어서는 순간 거짓말처럼 찾아온다.

●▶▶

트랜스젠더들의 인터뷰를 보면 또 한 가지 흥미로운 부분이 있다. FtM과 MtF가 살아가는 과정이 다르다는 점이다.

학창 시절, 모든 트랜스젠더가 정체성에 혼란을 느낀다. 그런데 주변에서 받는 대우가 다르다. FtM은 소위 '걸크러시' 타입이 많다. 남성적인 태도를 가져서인지 다른 여학생들에게 인기가 있는 경우가 많고, 인기까지는 아니어도 기껏해야 아웃사이더가 되는 정도다. 반면 MtF의 학창 시절은 지옥이다. "여자애 같다"는 비난은 남학생들 사이에서 결코 좋은 게 아니다. 그들은 대부분 학창 시절을 흑역사로 기억한다.

트랜지션 후에도 다르다. FtM은 대부분 "남성이 된 뒤의 삶이 여러모로 편하다"라고 말한다(트랜스젠더라는 게 주변에 밝혀지지 않은 경우에 한해서). 직장에서나 사회생활에서 여성일 때 겪었던 많은 불편이 남성이 된 뒤로는 사라졌고 급여도 높아졌다는 것이다. 반면 MtF는 트랜지션 후에도 차별에 시달린다. 미국 자료에 따르면, MtF의 60% 이상이 강력 범죄(주로 성범죄)에 노출된다. 사람들은 MtF를 일반 여성보다 더 '쉬운' 상대로 여기고, 함부로 대해도 된다고 착각한다.

대부분 사람은 평생 한 가지 성으로밖에 살아보지 않아서 성차별을 제대로 인식하지 못하는 경우가 많다. 나만 해도 성차별에 대해 할 수 있는 이야기가 대부분 책에서 본 객관적인 수치뿐이다. 하지만 트랜스젠더들의 증언은 수치화되어 있지 않더라도 새겨들을 필요가 있다. 여성과 남성의 삶을 다 겪어본 이의 이야기 아닌가. 일본에서는 FtM의 비율이 다른 나라에 비해 최대 8배 정도 높은 편인데, 이는 남녀 차별이 심한 일본 특유의 사회 분위기 때문이라는 지적이 있다.

문화 때문에 성소수자 비율이 차이 난다는 말을 하면 꼭 따라붙는 논쟁이 "성소수자는 선천적인가, 후천적인가?" 하는 질문이다. 보통 성소수자의 인권을 외치는 측에서는 이를 선천적이고 자연스러운 것으로 여기고, 성소수자를 혐오하는 이들은 이를 후천적인 것으로 여겨 자연의 섭리를 어겼다고 주장한다. 그들은 "성소수자는 후천적으로 길러진 것이기에 치료할 수 있다"고 말한다.

나는 전문가가 아니라서, 성소수자가 선천적인지 후천적인지는 잘 모르겠다. 타고나기를 성소수자인 사람도 있을 것이고, 혐오하는 사람들 말대로 성장 환경 때문에 성소수자가 된 사람도 있을 것이다. 그런데 대체 그게 무슨 상관이란 말인가? 우리는 모두 인위적인 존재다. 아파트 지어놓고 침대 위에서 자는 것은 자연스러운가? 밤에 전등을 켜는 것은 자연스러운가? 당신이 오럴섹스를 좋아하는 것은 자연스러운가?

인간은 누구나 자연의 섭리를 어기고 산다. 문화 자체가 인위에서 시작한 것이다. 동물 세계를 통틀어서 인간이 특별한 존재라고 한다면 인간이 부자연스러운 일들을 매우 잘하는 존재이기 때문일 것이다. 그러니 성소수자가 자연의 섭리를 어겼다 한들 그게 대체 무슨 상관이란 말인가? 누구한테 피해를 주는 것도 아니지 않은가. 피해는 많은 경우 소수자의 존재 자체를 두고 쓸데없는 논쟁을 벌이는 다수가 준다(현재 성소수자를 치료할 수 있다는 의견은 의학적으로는 완전히 폐기됐다).

성중립을 위하여

화장실 이야기로 시작했으니 화장실 이야기로 마무리하자. 나는 성중립 화장실이 우리 사회의 표준이 되어야 한다고 생각한다. 지금 화장실은 남녀만을 구분한다. 성중립 화장실이란 화장실을 성별 구분 없이 사용하는 것이다. 범죄의 온상인 남녀 공용 화장실이 떠오를지도 모르겠다. 이는 비슷해 보이지만 다른 개념이다.

일단 개인 공간을 지금의 화장실보다 철저하게 구분해줘야 한다. 쉽게 말해 칸과 칸 사이가 통하지 않게 위아래를 다 막아준다. 편하게 쓸 수 있게 공간을 조금 넓히고 방음도 신경 써야 한다. 세면대와 기타 부대 시설은 함께 이용할 수 있게 만들어도 좋고, 칸마다 따로 준비해도 좋다. 이렇게 되면 남녀, 트랜스젠더, 그 외 모든 성소수자가 불편 없이 사용할 수 있다. 함께 쓰는 화장실이라기보다는 개개인이 따로 사용하는 화장실이라고 이해하면 될 것이다. 익숙해서 그러려니 하겠지만 지금 화장실은 성이 같다는 이유만으로 개인의 사생활을 심각하게 침해한다.

성중립 화장실은 공간 구조에도 효율적이다. 가령 예전에는 여자 화장실에만 기저귀 교환대가 있었다. 그런데 성평등 의식이 확산되고 남성이 아이를 보는 경우가 늘어나면서 남자 화장실에도 기저귀 교환대가 설치되고 있다. 같은 비용을 2번 지불하는 셈이다. 또한 벽을 트면 화장실 자체가 넓고 쾌적해져서 장애인도 편하게 사용할 수 있고 자신과 성별이 다른 자녀를 돌보기에도 편리하다. 약자에게 편한 공간은 모두에게 편하다.

화장실만큼 성의 이기가 극단적으로 드러나는 곳은 없다. 캘리포니아대학의 조사에 따르면, 68%의 트랜스젠더가 화장실에서 폭언을 당한 경험이 있으며, 10%는 폭행을 동반했다고 응답했다. 사회 전체가 남녀의 구분이 명확하지만, 특히 화장실은 이 구분이 극에 달한 공간이다. 그러니 그 사이의 존재가 들어오는 것에 극도의 불쾌감을 느끼고 폭력을 행사하는 것이다.

기존 화장실에 익숙한 사람들은 성중립 화장실이 처음에는 불편하게 느껴질 수도 있다. 하지만 잠깐이다. 개인 공간이 철저히 구분되는 만큼 결국은 누구에게나 더 편한 느낌을 주는 공간이 될 것이다. 물론 끝끝내 성중립 화장실을 불편하게 느끼는 사람도 있을 수 있다. 하지만 소수를 위해 다수가 그 정도 불편은 감수할 수 있는 것이 좋은 사회다.

2010년 이후 국내에도 젠더퀴어Genderqueer 운동이 등장했다. 젠더퀴어란 남녀 이분법적인 성별 구분을 벗어난 성 정체성을 가진 이를 통칭하는 표현이다. 양성을 다 갖춘 안드로진Androgyne, 부분적으로 양성을 나눠 갖는 바이젠더Bigender, 성이 없는 에이젠더Agender, 신체적으로 중성이 되는 뉴트로이스Neutrois, 수많은 젠더 사이를 오가는 젠더플루이드Genderfluid 등이 젠더퀴어에 속한다. 이름이나 구분이 중요한 건 아니다. 왜냐면 이 목록은 점점 더 복잡해지고 더 길어질 것이기 때문이다. 우리는 모두 다른 성 정체성을 가지고 태어나고, 앞으로 성의 구분은 더 다양해질 것이다. 이들에게 모두 다른 화장실을 제공할 것인가?

성중립 화장실을 대중화하기 위해서는 사회적 합의가 필요하다. 예산도 필요하다. 만약 예산이 가장 큰 문제라면, 이미 지어진 건물은 기존 화장실을 유지하고, 새롭게 지어지는 건물에 성중립 화장실을 설치하는 방법을 생각해볼 수 있다. 특히 학교에 우선적으로 설치돼야 한다. 성인이 되어서 소수자에 대한 인식을 바꾸는 것에는 한계가 있다. 차별 없는 성교육도 중요하지만, 성중립 화장실처럼 일상에서 자연스럽게 마주칠 수 있게 해주는 것은 더 중요하다. 그리고 화장실을 갈 때마다 '남자' 혹은 '여자'라고 정체성을 강압하는 것 역시 누군가에게는 폭력일 수 있다.

어떤 부모들은 성중립 화장실이 자녀들의 성 정체성에 혼란을 준다며 걱정할지도 모르겠다. 그런데 혼란, 까짓거 조금 겪으면 어떤가. 대부분 성소수자가 학창 시절 정체성 혼란을 겪는다. 하지만 그들이 힘든 학창 시절을 보내는 것은 그들이 혼란하기 때문이 아니라, 아무도 그들을 보호하지 않고 아무도 그들의 고민을 들어주지 않기 때문이다.

혼란 자체는 나쁜 것이 아니다. 그 고민의 시간이 아이들을 성숙하게 만드는 계기가 될 수도 있다.

재밌는 설문조사를 하나 보자. 아래는 2017년 미국인 5만 명을 대상으로 한 설문조사에서 어떤 질문에 대해 '그렇다'라고 응답한 비율이다.

이성애자 남성	이성애자 여성	동성애자 여성	동성애자 남성
95%	65%	86%	89%

어떤 질문에 대한 응답일까?

정답은 "당신은 성관계 시 일상적으로 오르가슴을 느끼나요?"라는 질문이다. 이 질문에 이성애자 남성의 95%가 성관계 시 일상적으로 오르가슴을 느낀다고 답변했다. 반면 이성애자 여성은 65%만이 그렇다고 답변했다. 30% 포인트나 차이가 난다(사실 이 수치도 상당히 높다고 생각했는데, 한국에서 비슷한 조사를 한다면 여성 만족도는 훨씬 떨어질 것이다). 남성의 오르가슴은 쉽고 여성의 오르가슴은 어렵다는 건 많이 알려진 이야기다. 그럼 이 30% 포인트는 단순히 성별의 차이일까? 같은 조사에서 레즈비언들은 86%가 성관계 시 일상적으로 오르가슴을 느낀다고 답변했다. 이성애자 여성보다 압도적으로 높은 비율로 남성과 큰 차이가 나지 않는다(게이는 89%로 이성애자 남성과 함께 역시 남성은 오르가슴이 쉽다는 편견을 증명했다). 왜 이런 결과가 나왔을까?

우리는 평생을 이성애(특히 남성 중심) 성교에 노출된 채 산다. 양지의 성교육이든 음지의 야동이든, 영화든 드라마든 대부분 이성애 성교가 등장한다. 꼭 성교가 아니더라도 사회는 일상적으로 남녀의 역할을 구분하고, 우리는 관습대로 자신의 성역할을 흉내 내며 산다. 자신의 욕구조차 배운 대로 반복한다. 남성은 여성을 트로피 정도로 여긴다. 그래서 대부분 이성 관계에서 섹스는 '했느냐, 안 했느냐'가 중요해진다. 남자들은 의례적으로 파트너에게 좋았냐고 묻지만 그건 자기 만족을 위해서지, 파트너를 위해서가 아니다(그러니 여성도 좋았다고 거짓말을 하는 것이다).

반면 동성애자를 포함한 성소수자들은 처음에는 성교 방법조차 제대로 알지 못한다. 그렇기에 역설적으로 그들의 성교에는 제약이 없다. 그들은 대화와 경험을 통해 자신과 파트너가 원하는 방식을 찾아간다. 처음엔 서툴더라도 결국 자신들만의 관계를 맺는다. 사회가 강요한 성 정체성이 없었기에 오히려 자신의 오르가슴을 발견할 수 있는 것이다.

나는 종종 남녀 문제를 포함해 우리 사회가 겪고 있는 성에 관한 많은 문제가, 어쩌면 어린 시절 우리가 우리의 성을 너무 고민 없이 받아들였기 때문이 아닐까 하는 생각을 한다. 어쩌면 우리는 평생 미성숙한 성을 가지고 살아가는 것인지도 모른다. 만약 성에 장애가 있다면,

그건 성소수자가 아니라 다수라는 이유로 비판 없이 자신의 성을 수용한 비성소수자들일 것이다.

잊지 말자. 약자에게 편한 것은 모두에게 편하다.

5

허세가 쏘아 올린 작은 별

까라면 까는 소련의 우주 노동자들

“지구는 인류 문명의 요람이다.
하지만 누구도 언제까지나 요람에 머물 수는 없다.”

- 콘스탄틴 치올콥스키

난이도 ★★★

배경이 러시아다. 러시아 소설을 읽어봤으면 아시겠지만, 이름이 길고 복잡한 건 어쩔 수 없다. 또한 뺀다고 뺐는데 소재가 우주 개발이다 보니 덕후스러운 용어가 나올 수 있다. 지구 밖 일에 관심이 없다면 딴세상 이야기처럼 들릴지도 모른다.

냉전 시대, 미국과 소련은 경쟁적으로 우주를 개척했다. 하지만 우리가 아는 이야기는 대부분 미국이 주도한 우주 개발에 관한 것뿐이다. 우주를 양분했던 소련의 성과에 관해서는 특별히 관심을 가진 이가 아니면 대부분 잘 모른다. 이상하지 않은가? 양분했다며? 소련의 이야기는 어디로 갔을까?

물론 우리가 아는 소련 우주 개발 이야기가 딱 하나 있다. 바로 '우주 펜' 일화다.

〈우주 펜 일화〉

1960년대 미국은 우주에서 펜을 사용할 수 없다는 사실을 깨닫는다. 펜은 중력이 있어야 잉크가 아래로 쏠려 펜촉으로 나오는데, 우주에는 중력이 없다. 미국은 우주에서 사용 가능한 '우주 펜'을 개발하기 위해 10년간 120만 달러의 제작비를 투입해 결국 제작에 성공한다. 미국 우주비행사가 당당히 자신의 우주 펜을 과시하자, 소련 우주비행사가 웃으면서 답한다.

"우린 그냥 연필을 써."

어디선가 들어본 기억이 날 것이다. 이 일화가 국내에 처음 소개되었을 때는 비용을 절감한 소련의 탁월한 아이디어, 미국의 삽질(생각 없는 투자)에 관한 교훈 정도로 받아들여졌다. 하지만 이런 논지는 곧 반박된다. 우주에서 연필을 사용하면 흑연 가루가 떠다니게 되는데, 이 가루가 기계 속으로 들어가 사고를 유발할 수 있다는 것이다. 이 버전에서는 미국도 처음에는 연필이나 샤프를 사용했지만, 위험성을 알고 난 뒤 우주 펜을 개발했다는 것으로 변한다. 우주 펜을 개발하는 과정에서 미국은 기술과 경험을 축적했고, 이를 바탕으로 이후 우주 경쟁에서 소련을 앞서나가게 되었다는 스토리. 맥락이 180도 변해 갑자기 천조국 찬가가 된다.

이 일화를 전자로 받아들이든 후자로 받아들이든 아이들에게 적당한 교훈을 주는 좋은 이야기가 되겠지만, 두 버전 다 실제 현실과는 차이가 있다. 먼저 우주 펜은 미국 정부가 직접 개발하지 않았고, 비용과 제작 기간도 그렇게 크지 않았다. 우주 펜은 필기구 회사인 피셔Fisher 사가 독자적으로 제작한 것으로, NASA(미항공우주국)는 이 펜이 우주에서 쓰기 적당한 것 같아 3~4달러에 구매해 사용했을 뿐이다. 우주 펜은 우주에서뿐 아니라 영하 30도, 영상 50도의 극한 환경에서도 이상 없이 사용할 수 있고, 물속에서도, 반들반들한 표면에도 사용할 수 있다. 우주 펜은 비밀 프로젝트가 아니며, 누구라도 쉽게 구매할 수 있다. 현재 가격은 40달러 선이다.

또 하나, 소련의 우주인들도 연필의 흑연 가루가 우주선에 문제를 일으킬 수도 있다는 사실을 알고 있었다. 우주에서는 가루가 날릴 수 있는 물건은 조심해야 한다는 건 오래된 상식이다. 이제까지 흑연 가루 때문에 사고가 일어난 경우는 다행히 없었지만, 소련 우주인들이 연필의 위험을 몰랐던 것이 아니다. 그들은 위험을 알면서도 기꺼이 감수했다.

우주 펜 일화는 사실이 아니지만, 허세 넘치면서 동시에 절박했던 소련 우주 개발의 성격을 잘 보여준다. 우주 개발 전쟁에서 미국은 소련을 제치고 최후의 승자가 됐다. 그 사실을 부정할 생각은 없다. 하지만 소련은 미국보다 압도적으로 적은 금액으로 그에 버금가는(한동안은 뛰어넘는) 성과를 이뤘다. 소련이 붕괴하고 러시아가 세워지는 정치적 격변 속에서도 이들은 미국보다 훨씬 많은 로켓을 우주로 쏘아 올렸다.

대체 소련 우주과학의 저력은 어디서 나온 것일까? 그리고 그 저력은 지금은 완전히 사라졌을까?

〈우주 펜의 뒷이야기〉

일반 볼펜의 성능이 향상돼 무중력 상태에서도 펜이 잘 나오게 되자, 소련 비행사들은 당연히 위험한 연필을 버리고 일반 펜을 사용했다. 냉전이 끝나고 한참 뒤인 2003년, 유럽우주국 소속 우주비행사 페드로 듀크Pedro Francisco Duque가 러시아 비행사와 함께 임무를 하게 되었다. 우주 펜 일화를 알고 있었던 듀크는 러시아 비행사들이 일반 펜을 준비하는 것을 보고 "너희 연필이나 우주 펜 사용하지 않아?"라고 물었다. 그러자 러시아 비행사들은 웃으며 말했다.

"그냥 펜도 우주에서 잘 나와."

듀크는 미리 준비한 우주 펜 외에 평소 사용하던 싸구려 펜도 챙겨 우주로 나갔다. 그리고 당연히 싸구려 펜도 우주에서 사용하는 데 아무 문제가 없었다. 그렇다. 우주비행사들조차 우주 펜 일화를 사실이라고 믿고 있었던 것이다. 참고로 현재 나오는 펜들은 점성이 좋아 대부분 우주에서 쓸 수 있다.

우주비행사가 아니어도 누구나 구매할 수 있는 우주 펜. 뽀대용으로 좋다. 나는 아버지 환갑에 우주 펜을 선물로 드렸다. 멋진 역사 설명과 함께! 물론 가격은 말씀드리지 않았다.

우주 식량으로 제작된 신라면. 우주에서는 분말 형태가 위험해 스프가 면에 섞여 있는 비빔면으로 되어 있다. 이소연 박사는 외국 우주인도 우주 라면을 좋아했다고 말했다. 우주선의 환경은 미각을 둔하게 만들기에 라면같이 자극적인 음식이 맛있게 느껴진다고.

멀고 먼 옛날 러시아에서는…

라이트 형제가 하늘을 날아오른 1903년, 러시아 시골 초등학교에서 근무하던 한 수학 선생님은 〈반작용 추진 장치에 의한 우주 탐험〉이란 논문을 발표한다. 이는 우주 비행에 관해 구체적으로 연구한 세계 최초의 논문이다.

콘스탄틴 치올콥스키Константин Эдуардович Циолковский는 1857년 태어났다. 당시 러시아는 계급 사회였고, 그는 평민 출신이었다. 6세 때 성홍열로 청력을 잃었고, 이후 성격이 내성적으로 변해 어린 시절 대부분의 시간을 방에서 혼자 상상하며 보냈다. 1865년, 쥘 베른의 소설 《지구에서 달까지》가 발표되자, 어린 치올콥스키는 열광한다. 소설은 제목 그대로 로켓을 타고 달을 방문하는 내용으로(제목이 스포일러), 치올콥스키는 이때부터 언젠가 우주선을 만들겠다는 꿈을 갖게 된다. 그의 부모는 자식이 좋은 교육을 받길 원해 모스크바로 유학 보내지만, 그는 그만 대학 입학 시험에 떨어지고 만다. 좌절하고 고향에 돌아갔다면 그의 이름은 역사에 남지 않았을 것이다. 하지만 그는 자신이 만든 보청기를 끼고 대학교 천문학 수업을 도강하며 꿈을 키운다.

이후 고향에 돌아와 초등학교 선생님이 된 그는 방과 후 시간을 활용해 본격적으로 우주선 연구를 시작한다. 이런 독특한 경력 때문에, 1898년에 처음 논문을 투고했지만 5년이 지난 1903년이 되어서야 겨우 발표할 수 있었다. 쥘 베른이 상상한 세계에 감명을 받은 사람은 많았지만, 그 꿈에 과학적으로 접근한 건 치올콥스키가 최초였다(치올콥스키는 SF 소설을 쓰기도 했다).

그의 첫 번째 논문에는 다단식 로켓에 관한 이론이 완벽하게 포함되어 있다. 다단식 로켓이란 처음 발사 후 연료를 다 사용한 단을 바로바로 버리는 방식으로 추진력을 얻는 로켓으로, 현재 우리가 사용하는 우주선이 대부분 이 방식을 채택하고 있다. 또한 이 논문에서 우주로켓의 연료로 당시 일상적으로 사용되던 고체 연료 대신 액체 연료를 제안한다. 그는 액체 수소-액체 산소, 액체 메탄-액체 산소, 가솔린-액체 산소, 알코올-액체 산소를 예로 드는데, 이 조합은 훗날 모두 로켓 연료에 실제로 사용된다.

이 논문은 제정 러시아의 혼란한 상황과 치올콥스키의 출신 성분 때문에 큰 반향을 일으키진 못했다. 하지만 치올콥스키는 실망하지 않고 연구를 꾸준히 이어갔다. 인공위성, 우주정거장, 우주복, 우주 엘리베이터 등 현대 우주공학 기술의 기초적인 아이디어가 모두 그의 논문에 포함되어 있다. 그는 핵이 발명되기도 전에 원자력을 이용한 장기 우주 여행을 이야기했다.

1917년, 러시아에 혁명이 일어나고 공산주의를 이념으로 소비에트 연방(이하 소련)이 세워진다. 과학 기술의 중요성을 알았던 레닌은 61세의 평민 출신 과학자 치올콥스키를 인민의 영웅으로 치켜세운다. 독학한 평민 출신 과학자라니, 공산주의 구미에 당길 만하지 않은가. 이때부터 소련에는 우주 붐이 일게 된다. 아마추어 동호회가 유행하고, 각종 전시회가 상시적으로 열렸으며, 전문적인 연구소가 생겨났다. 1929년

청각 따위(?) 필요 없다. 어차피 우주에서는 소리가 들리지 않는다(본인은 우주에 한 번도 나가지 않았다는 건 함정). 소련 우주 개발의 상징적 존재 (좌) 치올콥스키 사진과 (우) 기념우표.

에 우주 여행만 전문적으로 다루는 9권짜리 백과사전이 발간될 정도로 많은 사람이 우주에 관심을 가졌다. 이런 분위기에 취해 이 분야에 뛰어든 젊은이들이 훗날 소련 우주과학을 이끌게 된다. 치올콥스키 역시 국가의 지원 아래 연구를 계속해 이후 소련 우주과학의 기초가 될 많은 논문을 남겼다. 러시아는 그의 첫 번째 논문이 발표된 1903년을 우주 개발의 원년으로 삼고 있다.

우주 개발에 관한 상징과 이론은 세웠지만, 바로 우주 로켓을 쏘아 올릴 수는 없다. 소련에는 실무 경험을 가진 기술자들이 필요했다. 소련 우주 개발의 상징이 치올콥스키라면, 기초 실무 기술은 독일에서 왔다.

제1차 세계대전의 패배 후 독일은 어려운 시절을 보냈다. 당시 대다수 유럽 국가는 식민지를 바탕으로 발전했지만, 독일은 대부분의 식민지를 빼앗겼고 갚아야 할 전쟁 배상금도 엄청났다. 이런 상황을 돌파하기 위해 독일은 정책적으로 과학에 올인했고, 그 결과 과학 기술 전 분야에서 세계 정상 수준의 국가가 된다. 특히 무기와 관련된 분야에서는 독보적이었다. 제2차 세계대전이 한창 진행되던 1942년, 독일은 세계 최초로 로켓(V-2)을 우주로 쏘아 올린다. 전쟁 말기, 연합군 측으로 승기가 넘어간 뒤에는 독일의 발전된 기술을 흡수하기 위해 미국과 소련은 보이지 않는 경쟁을 펼쳤다. 독일 로켓 연구를 진두지휘했던 베르너 폰 브라운Wernher von Braun 박사는 미국에 넘어가지만, 로켓 연구 시설을 점령한 소련은 실무를 담당했던 과학자들을 사로잡는 데 성공한다.

제2차 세계대전의 혼란한 상황 속에 미국과 소련은 우주 개발 외에도 많은 기술을 주워먹었다. 소련은 독일의 핵 과학자들을 대부분 미국에 빼앗겼는데, 이를 만회하기 위해 전쟁 막판 급하게 일본에 선전포고를 하고 만주 지역으로 남하한다. 당시 만주에는 핵 실험을 하던 일본 과학자가 다수 있었다. 미국은 물론 다른 유럽 국가보다 핵 기술이 뒤처져 있던 소련은 일본의 기술을 흡수해, 전쟁이 끝난 지 4년 만에 세계에서 두 번째로 핵무기를 완성한다.

그들은 어쩌다 우주로 갔을까?

미국과 소련의 우주 경쟁은 다른 나라에는 재미난 구경거리였지만, 당사자들에게는 상당히 바보 같은 일이었다. 여유가 있는 상황에서 우주를 개척하는 것은 매력적일 수 있지만, 전후 소련과 미국은 전혀 그럴 만한 상황이 아니었다. 소련은 전쟁의 직접적 피해로 국토가 황폐해졌고 인명 피해도 컸다. 무엇보다 소련은 전쟁 전에도 부유하거나 발전된 지역이 아니었다. 미국은 본토에서 전쟁이 일어난 건 아니었기에 소련보다는 상황이 좋았지만, 쑥대밭이 된 서유럽 복구에 막대한 돈을 들이붓고 있었다. 그래서 초기에는 두 국가 모두 우주를 개발할 생각이 없었다. 이는 1942년 제2차 세계대전 중 소련에서 있었던 사건에서 극명하게 드러난다. 당시 소련의 우주 개발 책임자는 세르게이 코놀로프Сергей Павлович Королёв였는데, 소련 정부는 "비실용적인 기술 개발로 국고를 낭비했다"는 이유를 들어 그를 시베리아 수용소로 보내버린다. 그 정도로 초기 우주 개발은 찬밥 취급을 받았다.

하지만 전쟁이 끝나자 미국보다 상대적으로 전력이 약했던 소련이 먼저 우주 개발에 뛰어든다. 전후 소련과 미국은 언제 전쟁이 터져도 이상하지 않은 냉전 시대에 돌입했는데, 소련은 미국보다 군사력이 떨어졌고 이 차이는 시간이 지날수록 점점 더 벌어졌다. 이때 소련 지도부의 눈에 띈 것이 바로 장거리 발사체다. 핵탄두를 실은 미사일이 미국 본토를 곧바로 타격할 수 있다면 미국과 힘의 균형을 맞출 수 있다고 판단한 것이다(이후 미국과 각을 세운 나라들은 이 전술을 그대로 사용했다. 심지어 북한조차). 수용소에서 살아 돌아온 코놀로프가 세계 최초로 대륙 간 탄도 미사일(ICBM)을 개발하자, 소련은 이 기술에 자국의 미래가 달렸다고 보고 전력을 몰빵한다. 장거리 미사일과 우주 로켓은 달라 보이지만 같은 기술이다. 우주 로켓을 쏘아 올릴 수 있다면 그 기술을 이용해 장거리 미사일도 쉽게 개발할 수 있다.

또 전쟁이 언제 일어날지 모르는 시기에는 상대의 정보를 정확하게 파악하는 것이 중요하다. 정찰의 중요성은 미국과 소련 양측 모두 알고 있었다. 미국은 유럽과 터키 등의 미군 기지에서 정찰기를 띄워 소련 깊숙이 침투해 정밀 사진을 찍었다. 1960년 미국의 U-2 정찰기가 소련 본토 한가운데서 격추되는 사건이 벌어진다. 이 사건만 놓고 보면 정찰기를 격추한 소련의 승리지만, 전체 과정을 보면 미국의 승리다. 미국은 원할 때 얼마든지 소련을 정찰할 수 있다는 사실을 증명했기 때문이다. 반면 소련은 미국 본토를 정찰할 능력이 없었다. 미국 가까이에 소련의 우방국이 없어 정찰기를 띄울 곳이 없었기 때문이다. 이 정보의 비대칭은 소련에 엄청난 공포감을 줬고, 이 공포감은 정찰위성을 만들어 우주에서 미국을 살핀다는 계획까지 이어진다.

인생은 알 수 없는 것이다. 예산을 많이 썼다는 이유로 한때 수용소까지 끌려갔던 코놀로프는 흐루쇼프Никита Сергеевич Хрущёв 서기장(소련 최고 권력자의 직위)의 전폭적인 지원 아래 소련 우주 기술 총책임자가 된다. 1955년, 그는 평생 꿈꿔왔던 인공위성 개발에 착수한다. 치올콥스키 탄생 100주년인 1957년, 소련은 인류 최초의 인공위성 스푸트니크Спутник(러시아어로 동반자라는 뜻) 1호를 쏘아 올린다. 이 위성은 어떤 임무도 하지 않고 단지 92일간 지구 주위를 돌다 떨어졌다. 하지만 이 사건이 세계에 던진 충격은 어마어마했다. 하늘에 소련이 인위적으로 만든 별이 잠깐이나마 떠 있었던 것이다. 이는 전 세계에 소련이 미국보다 더 뛰어난 동반자란 사실을 과시했다. 성공적으로 위성을 띄워 올린 코놀로프와 그의 동료들은 일약 스타가 되었다. 그들이 모스크바로 귀환하자, 모스크바의 모든 인민이 뛰쳐나와 "동반자"를 연호했다.

상황이 이렇게 흘러가자 미국도 가만히 있을 수 없었다. 같은 해 12월 미국은 NASA를 창립하고, 독일에서 넘어온 폰 브라운 박사를 중심으로 우주 개발에 뛰어든다. 실용적인 목적에서 시작된 우주 개발은 이후 두 나라의 명예를 건 전장이 된다.

스푸트니크 1호의 발사 모습. 로켓 기술은 무식하게 쏘아 올린다는 점에서는 그때나 지금이나 별반 다르지 않다.

소련의 질주

스푸트니크의 성공으로 홍이 오른 소련은 스푸트니크 2호를 계획한다. 이 우주선에는 모스크바의 떠돌이 개 라이카Лайка가 탑승했다(라이카는 개 품종의 이름이다. 진짜 이름은 '쿠드리아브카'). 최초로 지구의 생명체가 우주로 나간 것이다. 소련은 "평화롭게 우주를 여행한 라이카는 독이 든 먹이를 먹고 편안히 잠들었다"고 발표했지만, 실상 라이카는 로켓의 고열을 견디지 못해 죽었다. 소련은 라이카가 죽는다는 사실을 처음부터 알고 있었고, 살릴 생각도 없었다. 하지만 당시 언론은 이런 사소한(?) 죽음은 신경 쓰지 않았다. 소련이 생명을 우주에 보냈다는 사실, 미국보다 앞섰다는 사실이 중요할 뿐이었다.

미국은 초조해졌다. 그들은 번번이 기술적 문제 때문에 위성을 발사하지 못했고, 다음 해인 1958년이 돼서야 뱅가드Vanguard를 발사한다. 하지만 뱅가드는 고작 1.5kg짜리였다. 반면 같은 해 소련이 쏘아 올린 스푸트니크 3호는 1.5톤이었다. 이러니 소련 정부는 신이 날 수밖에. 흐루쇼프는 "우리 코놀로프 하고 싶은 거 다 해"라며 백지수표를 던진다. 코놀로프는 달과 화성, 금성으로 보낼 우주선 프로젝트를 준비하면서, 미국의 군사 기지를 관찰할 수 있는 첩보 위성 제작에 돌입한다.

1959년, 소련은 달을 향한 인류의 첫 번째 로켓 '루나(정직한 이름)' 1호를 발사하지만 실패한다. 하지만 곧바로 9월에 루나 2호를 쏘아 올려 달에 보낸다. 루나 3호는 달을 선회하면서 달의 뒷면을 촬영해 지구로 전송한다. 지구에서는 달의 한쪽 면밖에 볼 수 없기 때문에, 인류는 이때 최초로 달의 뒷면을 보게 된 것이다(그리고 달에 토끼가 살지 않는다는 충격적인 사실이 밝혀진다!). 그래서 달의 후면에 있는 가장 큰 분화구에는 소련 우주과학의 상징인 치올콥스키의 이름이 붙어 있다.

코놀로프의 다음 도전은 사람을 우주로 보내는 것이었다. 그는 전투기 조종사 20명을 뽑아 우주에 나갈 수 있게 훈련시킨다. 20명 중 최종 발탁된 사람은 27세의 공군 소령 유리 가가린Юрий Алексеевич Гагарин이다. 그가 다른 사람들을 제치고 뽑히게 된 건, 실력이 좋아서이기도 했지만 무엇보다 키가 작았기 때문이다. 당시에는 우주선 내부를 넓게 만들 기술이 부족했기 때문에 체구가 작은 사람을 발탁한 것이다. 가가린의 키는 157cm였다(지금도 우주인을 뽑을 때는 키가 작은 사람을 선호하는 경향이 있다. 그러니 키 작은 남자들이여, 우주로 가자). 1961년 4월 12일, 가가린은 보스토크Восток(러시아어로 동방이라는 뜻) 1호를 타고 우주로 나간다. 그는 108분간 지구 궤도를 한 바퀴 돈 뒤, 낙하산을 타고 유유히 지구로 돌아왔다. 둥근 지구를 세계 최초로 본 가가린은 너무 당연한 말이지만 최초이기에 할 수 있는 위대한 말을 남겼다.

"지구는 푸르다."

가가린은 제2차 세계대전에서 소련이 승리했을 때만큼이나 열렬한 환영을 받았다. 소련이 이런 홍보 기회를 놓칠 리 없었고, 그는 7년간 귀빈 대접을 받으며 전 세계를 여행했다. 그의 인기는 체제를 초월했고, 그가 가는 곳마다 구름 인파가 몰려들었다. 엘리자베스 여왕까지 일부러 찾아와 함께 사진을 찍고 갈 정도였다. 하지만 이 기간이 결과적으로 가가린 개인에게는 독이 됐다. 세계 투어를 마치고 다시 조종사가 되기 위해 실전 훈련을 받던 그는 34세의 나이에 사고로 세상을 떠난다.

최초의 우주인 타이틀을 소련이 가져간 것에 미국은 큰 충격을 받는다. 자신감이 최고조에 달한 흐루쇼프 서기장은 자신이 디카프리오라도 된 양 "따라올 수 있다면 따라와 봐"라는 엄청난 어그로를 시전해 미국인들의 속을 박박 긁었다. NASA는 가가린이 우주를 다녀온 직후 프리덤 7호에 사람을 태워 우주로 보냈지만, 미국인들은 "두 번째를 누가 기억해주나?"라며 분통을 터트렸다. 심지어 프리덤 7호는 보스토크 1호와는 달리 지구 궤도를 제대로 돌지도 못한다.

참고로 프리덤 7호에 탑승한 앨런 셰퍼드Alan Bartlett Shepard Jr는 두 번째임에도 당시 미국인들이 걱정하던 것보다는 훨씬 유명해졌다. 자존심이 상한 미국이 그를 띄우기 위해 홍보를 열심히 했기 때문이다. 앨런은 후에 달 탐사 프로젝트에도 참여해 달을 밟은 5번째 사람이 되는 등, 가가린과 달리 오래 살면서 많은 활동을 했다. 그가 남긴 유일한 최초의 기록은 달에서 골프를 쳤다는 것이다.

어쨌든 미국은 특단의 대책이 필요했다. 이런 식이라면 계속해서 소련의 뒤꽁무니만 쫓게 될 판이었다. 1961년 미국 대통령에 취임한 케네디는 유인 달 착륙 프로젝트를 발표한다. 그의 연설을 잠시 들어보자.

"세계의 눈이 지금 우주를 향해, 달과 그 너머 행성들을 향해 있습니다. 우리는 맹세했습니다. 우주가 적의에 차 있는 소련의 깃발 아래 지

아폴로 14호를 타고 달에 가서 골프를 치는 앨런 셰퍼드의 모습.
골프 덕후를 위해 알려드리면, 그가 달에서 사용한 골프채는 6번 아이언이다.

배되지 않고, 자유와 평화의 깃발 아래 지배되도록 할 것을 우리는 맹세했습니다. 우리는 달에 갈 것입니다. 우리는 달에 갈 것입니다. 1960년대 안에 달에 갈 것이고, 다른 일도 할 것입니다. 쉬운 일은 아닙니다. 어려운 일이기 때문에 우리가 하는 것입니다."

이 얼마나 비장한가. 지금 보면 우스울 정도다. 당시 미국은 대통령이 저런 연설을 해야 할 만큼 절박했다.

하지만 이 연설 이후에도 미국은 좀처럼 소련을 따라잡지 못했다.

소련은 케네디의 발언에 대꾸조차 하지 않고 자국의 계획을 밀어붙였다. 1961년, 소련은 금성을 탐색할 수 있는 장치를 발사했고, 소련의 두 번째 우주인 게르만 티토프Герман Степанович Титов가 우주 비행에 성공한다. 우주선 내부도 조금 넓어졌는지, 이번에는 키가 작은 사람이 아니라 외모가 준수한 사람을 뽑았다. 티토프는 원래 첫 번째 우주인으로 유력하게 거론되던 사람이었지만, 앞에서 말했듯 키 때문에 그 영광을 가가린에게 넘겼다. 티토프의 우주 비행 시간은 가가린보다 훨씬 긴 24시간이었다. 소련은 세 번째, 네 번째 우주인을 연달아 보냈고, 이들의 비행 시간은 3일을 넘겼다.

1962년, 소련은 최초의 첩보 위성인 제니트Зенит(러시아어로 천장, 정점이라는 뜻)를 발사해 미국 내부 촬영에 성공한다. 미국 하늘에 소련의 위성이 떠 있는 것이다. 미국인들은 패닉에 빠졌다.

미국은 소련의 계속된 성과를 따라잡기 위해, 여성을 우주에 보낼 계획을 세운다. 이전까지 우주인은 모두 남성이었다. 기술에서 밀리니 자유와 평등의 상징성을 획득하려 한 것이다. 이 정보를 접한 소련은 "미국이 최초로 여성을 우주에 보낸다면 이는 전 공산주의 여성에 대한 모욕이 될 것"이라며, 미국이 계획을 실행하기 직전인 1963년 6월 방직공 출신의 여성 발렌티나 테레시코바Валенти́на Влади́мировна Терешкова를 우주로 보낸다. 여성이라는 상징성도 중요하지만, 심지어 방직공이라니! 그야말로 공산주의의 위상이 전 우주에 휘날릴 선택이다. 그녀는 3일간 우주를 비행했는데, 이는 당시까지 우주로 나간 모든 미국 남성의 기록보다 긴 시간이었다. 소련 여성 방직공만도 못한 미국 남성 우주인! 지금이야 여성이 남성과 같은 대접을 받고(받는다고 주장하고) 직업에도 귀천이 없지만(없다고 주장하지만), 당시에 전 세계가 이를 어떻게 받아들였을지는 뻔하다. 미국은 한순간에 세계의 웃음거리가 되었다.

1964년, 미국이 최초의 2인승 우주선 제미니Gemini를 개발하고 있을 때, 코놀로프는 실내에서 일상복 차림으로 지낼 수 있는 3인승 우주선 보스호트Восход(러시아어로 일출이라는 뜻)를 개발해 우주로 쏘아 올린다. 이 우주선에는 지금까지도 우주 개척의 기본이 되는 조종사, 엔지니어, 의사 조합이 최초로 탑승한다. 미국이 포기하지 않고 꿋꿋이 제미니 프로젝트를 추진하자, 소련은 미국이 제미니를 쏘기 5일 전 보스호트 2호를 발사한다. 이 우주선 탑승자 중 한 명인 알렉세이 레오노프Алексе́й Архи́пович Лео́нов는 우주선을 떠나 10분간 우주 유영(우주복만 입고 우주를 떠다니는 것)을 했고, 이 장면은 전 세계 텔레비전에서 중계되었다. 당연히 세계 최초였고, 세계는 열광했다. 미국 제미니에 관심을 두는 사람은 아무도 없었다.

1960년대 초까지 우주 개발은 늘 이런 식이었다. 미국이 화성이나 금성에 탐사선을 보내려고 하면, 소련은 한발 더 나가 화성이나 금성에 우주선을 착륙시켰다. 성공보다 실패가 더 많았지만, 소련은 통제된 사회였고 실패는 드러나지 않았다. 달, 화성, 금성으로의 첫 번째 비행, 첫 번째 우주인, 첫 번째 여성 우주인, 첫 번째 우주 랑데부, 첫 번째 첩보 위성, 첫 번째 우주 유영 등등, 소련은 우주와 관련된 최초 타이틀을 쓸어 담았다. 1960년대 초 우주는 소련의 독무대였다.

최초의 우주 유영을 다룬 영화 <스페이스 워커>의 한 장면.
계획은 간단했다. 원통 모양의 좁은 통로로 나와 유영을 하고 다시 원통으로 들어가면 끝. 하지만 쉽지 않았다. 계획대로 통로를 빠져나와 유영에 성공했으나, 우주선 내부와 외부의 기압 차로 우주복이 부풀어 원통으로 다시 들어갈 수가 없는 것이 아닌가. 한동안 방법을 찾지 못한 그는 20여 분간의 유영을 추가로 해야 했고, 결국 우주복 안의 공기를 제거하고 진공 상태를 만든 후에야 겨우 통로로 들어갈 수 있었다. 이렇게 소련의 우주 계획은 무모함으로 가득 차 있었고, 우주인들은 늘 목숨을 건 사투를 벌여야 했다. 하지만 당시 세계는 오직 '소련의 성공'에만 주목했다.

〈번외. 지구를 떠난 생물들〉

사람들은 라이카를 지구를 떠난 최초의 생명체로 기억하지만, 이는 사실이 아니다.

1947년 미국은 독일에서 입수한 V-2 로켓에 초파리를 태워 우주로 날려 보냈다. 지구의 생명체가 최초로 우주로 나간 순간이다. 왜 우리는 이 초파리를 기억해주지 않을까? 초파리는 그림이 별로라서 그런 걸까? 하지만 우리가 동물로 인정하는 꽤 그럴듯한 친구도 라이카 이전에 우주로 떠났다. 라이카가 지구를 떠나기 8년 전인 1949년, 미국은 원숭이 앨버트 2세Albert II를 우주로 쏘아 올렸다. 2세라는 이름에서 알 수 있듯이 '앨버트 1세'도 있었는데, 이 원숭이는 지구를 벗어나지 못하고 고도 63km 지점에서 질식사했다. 앨버트 2세는 고도 134km까지 비행했다. '카르만 라인'이라고 해서 고도 100km를 벗어나면 공식적으로 우주에 나간 것으로 인정한다. 앨버트 2세는 앨버트 1세와 달리 비행에는 성공했지만, 낙하산이 펴지지 않아 역시 죽음을 맞이했다. 우주 역사 전체를 놓고 보면 개보다 원숭이가 훨씬 많이 우주로 나갔다. 이 외에도 쥐, 식물, 박테리아가 라이카 이전에 우주로 나갔다. 그런데도 사람들은 라이카를 지구를 떠난 최초의 생명으로 기억한다. 왜 그럴까? 개가 인류의 친구이기 때문일까?

라이카 이후에도 동물들의 수난은 계속됐다. 토끼, 고양이, 거미, 물고기, 꿀벌이 줄줄이 우주선에 올랐다. 1968년 소련이 쏘아 올린 존드Зонд(러시아어로 '탐험'이라는 뜻) 5호는 최초로 달 궤도 비행에 성공하는데, 이 우주선 안

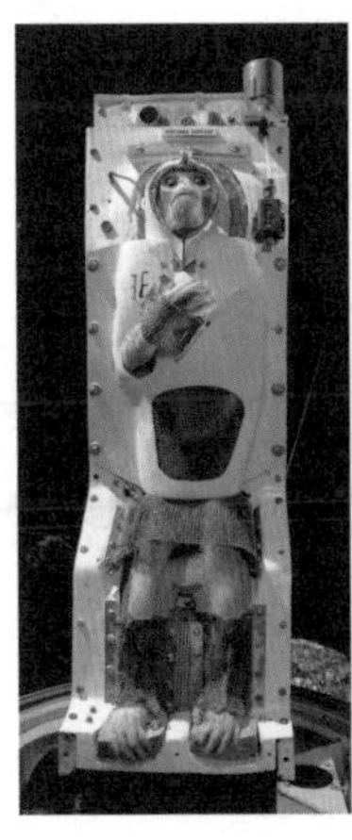

(좌) 미국 국립 항공우주박물관에 전시 중인 모형. 당시 이렇게 결박한 상태로 동물을 우주로 내보냈다. (우) 존드 5호에 탑승했던 거북이들.

에는 거북이 두 마리와 밀웜, 파리, 그리고 몇 가지 식물이 타고 있었다. 사람보다 거북이가 먼저 달 궤도를 돈 것이다. 다행히 존드 5호에 탑승한 생명체들은 임무를 마치고 살아서 지구로 귀환했다.

미국의 반격, 인류의 위대한 한 걸음

1961년 케네디가 처음 달에 사람을 보내겠다고 발표했을 때, 소련은 아무 반응을 보이지 않았다. 이후 미국은 끊임없이 사람을 달에 보낼 계획이라며 이슈화했지만, 소련은 별 관심이 없었다. 1963년 흐루쇼프는 기자들의 질문에 "소련은 달에 사람을 보낼 계획이 없다"며 입장을 명확히 했다. 소련은 자신들만의 계획이 있었다.

하지만 분위기가 이상하게 흘러갔다. 전 세계가 '흐루쇼프의 발언은 일종의 속임수고, 소련도 뒤에서는 미국보다 달에 먼저 사람을 보내기 위해 준비 중일 것'이라 생각하는 것이다. 상황이 이렇게 되자, 소련이 달에 사람을 보내려고 했든 안 했든, 미국이 먼저 달에 사람을 보내면 소련이 지는 것 같은 분위기가 형성된다. 1964년 8월, 결국 소련은 분위기에 떠밀려 뒤늦게 달에 사람을 보내기로 결정한다. 당연히 이 계획도 코놀로프가 맡게 된다. 시작은 미국보다 3년 늦었지만, 소련은 그동안의 성과로 인해 자신감에 차 있었다.

1966년 1월, 코놀로프는 작은 종양을 떼어내는 수술을 받는다. 간단한 수술이었지만, 보건부 장관이 직접 집도할 만큼 그는 소련에서 중요한 사람이었다. 하지만 수술 도중 악성 종양이 추가로 발견된다. 수술은 예정보다 길어졌고, 젊은 시절 수용소에서 고된 노역을 했던 코놀로프의 몸은 긴 수술을 버티지 못한다. 의료진은 인공호흡을 하려 했으나, 코놀로프의 턱뼈가 부러져 있어(수용소 시절 얻은 상처였다) 이조차 시도하지 못했다. 소련 우주과학의 전성기를 이끌었던 코놀로프는 다시는 깨어나지 못한 채 우주의 먼지가 되었다.

소련의 우주과학이 코놀로프 한 명의 손에서 탄생한 것은 아니다. 하지만 그는 상징적인 존재였고, 당의 절대적 지지를 받는 인물이었다. 그래서 수많은 실패에도 동료들은 그를 따랐고, 당의 흔들림 없는 지원을 받을 수 있었다. 그가 사라지자 소련 우주과학은 사분오열했다. 얄궂게도 이 시기부터 미국의 노력도 조금씩 성과를 내서 우주 랑데부, 도킹, 우주 유영, 2주간의 장기 우주 체류를 차근차근 성공한다. 반면 코놀로프를 잃은 소련은 미국의 성공에 조급함을 드러내며 자멸한다. 코놀로프가 살아 있었다 해도, 미국은 언젠가 소련을 추월했을 것이다. 하지만 그의 죽음은 이 시기를 앞당겼다.

뒤늦게 달 경쟁에 뛰어든 소련은 성공보다 훨씬 많은 실패를 맛봤다. 그들은 늘 미국보다 한발 앞서 우주선을 쏘아 올렸지만 대부분 실패했다. 그리고 일주일쯤 지나 미국의 성공을 TV로 지켜봤다. 1969년 7월 20일, 아폴로 11호의 선장 닐 암스트롱Neil Alden Armstrong이 인류의 위대한 한 걸음을 내디딤으로써, 미국이 우주에서 소련을 앞질렀음을 전 세계에 선언한다.

이때도 소련이 가만히 있었던 것은 아니다. 아폴로 11호가 지구 궤도를 벗어날 때쯤, 소련의 루나 15호는 이미 달 궤도에 진입한 상태였다. 암스트롱과 올드린(달을 두 번째로 밟은 사람)이 달에 착륙하기 몇 시간 전, 루나 15호의 착륙선이 먼저 달에 착륙할 준비를 하고 있었다. 착륙선에는 사람이 타고 있진 않았지만, 달 암석을 세계 최초로 채취해 지구로 가져올 계획이었다. 하지만 마지막 순간에 착륙 장치가 문제를 일으켜, 루나 15호는 480km의 속력으로 그대로 달 표면으로 직행해 터져버린다. 결국 그들은 아폴로 11호의 가장 극적인 들러리가 된 셈이다. 암스트롱의 한 걸음이 인류의 위대한 한 걸음인지는 모르겠지만, 미국의 위대한 한 걸음임은 확실했다.

만약 달 경쟁에서 소련이 승리했다면 이후 역사가 달라졌을까? 코놀로프가 죽지 않고, 소련의 실험이 성공하고 암스트롱보다 먼저 달에 착륙했다면 결과는 달라졌을까? 모르겠다. 아마 그렇지 않을 것이다. 미국으로 세계가 재편되는 거대한 흐름을 거스를 순 없었을 것이다. 하지만 세상의 많은 일이 아주 사소한 차이로 바뀌곤 한다. 만약 소련의 성공에 중립을 지키던 나라들이 공산주의 블록으로 넘어왔다면 상황이 어떻게 진행됐을지 아무도 장담할 수 없다.

(위) 최초의 우주인 가가린과 코놀로프, (아래) 최초의 여성 우주인 테레시코바와 코놀로프. 선수가 바뀌어도 감독은 언제나 코놀로프였다. 하지만 세계는 그의 존재를 전혀 몰랐다. 소련은 그의 존재가 알려지면 미국이 납치하거나 테러할 것이라 생각해 극비로 다뤘다. 그의 존재는 냉전이 끝난 뒤 밝혀졌다.

그들만의 길

달 착륙 이후 미국과 소련의 입장은 완전히 뒤바뀐다. 뒤에 있던 미국이 앞으로 치고 나가고, 소련은 미국의 뒤꽁무니를 쫓게 된다. 소련은 이후 끝내 미국 콤플렉스를 벗어나지 못한다. 소련의 미국 콤플렉스를 잘 보여주는 사건이 있다.

1970년대 소련과 미국의 사이가 잠깐 좋아진 적이 있었다. 이런 분위기 속에서 1972년, NASA와 소련과학원은 미국의 아폴로와 소련의 살류트가 도킹하는 프로젝트에 합의한다. 미국과 소련이 함께한 최초의 우주 협력 프로젝트다. 소련은 이 기회에 자신들이 미국에 뒤처져 있지 않음을 세계에 증명해야 한다는 강박에 시달렸다. 미국은 이 프로젝트에 우주선 1대와 우주인 6명을 참여시켰지만, 소련은 우주선 7대와 우주인 8명을 참여시켰다. 미국이 혹시나 있을 기술 유출에 대비해 성의를 보이는 정도로만 참여했다면, 소련은 쓸개까지 빼서 기술력을 자랑한 것이다.

합동 프로젝트 이후 소련은 미국이 공개한 기술 외에 별달리 알아낸 것이 없었지만, 미국은 소련이 어떻게 작전을 수행하고 어떤 기술을 사용하는지 대부분 파악했다. 이는 이후 미국 우주 기술이 발전하는 데 큰 도움을 준다. 미국이 우주 개발에 앞서 있긴 했지만, 독자적인 체계로 발전한 소련 기술 중에는 미국이 알지 못한 것도 많았다. 결국 소련은 콤플렉스 때문에 자국의 정보를 미국에 갖다 바친 셈이다.

1975년 소유즈와 아폴로는 계획대로 도킹에 성공한다. 전 세계 텔레비전에 소련과 미국의 우주인이 우주에서 악수를 하는 모습이 중계됐다. 돌아올 때 소소한(?) 가스 누출 사고로 우주인들이 정신을 잃기는 했지만, 다행히 인명 피해는 없었다. 두 국가는 앞으로도 함께 프로젝트를 수행하겠다고 발표하지만, 이후 소련과 미국의 관계가 다시 틀어지면서 다음 합동 프로젝트는 냉전이 끝난 이후에야 이뤄지게 된다.

이 협동 프로젝트에 관한 재미난 일화가 있다. 두 나라의 연구는 소련 영토인 모스크바 근처에서 진행되었고, 미국 우주인들과 엔지니어들은 모스크바의 호텔에서 지냈다. 성실한 소련 첩보원들이 가만히 놓아두지 않았다. 자국민도 도청하는데 미국인을 안 하겠는가. 도청은 공공연한 사실이었고, 미국인들도 당연하게 받아들였다. 미국인들은 방에 옷걸이가 부족하면 "아, 소련은 뭐 호텔에 옷걸이도 없어"라고 큰 소리로 말했고, 그럼 다음 날 방에는 훨씬 많은 옷걸이가 걸려 있었다고 한다.

1970년대, 미국에 덜미가 잡힌 소련은 혼란스러운 시기를 보낸다. 소련은 미국이 자신들을 역전했듯 자신들도 게임을 뒤집을 수 있다고 생각했다. 문제는 미국만큼 자금이 풍부하지 못했다는 점이다. 프로젝트별로 차이는 있지만, 소련의 우주 개발 예산은 미국의 5분의 1 수준이었다. 아무리 추격하려 해도 격차가 좁혀지지 않았다. 이럴 때는 미국이 소련에 뒤처질 때 유인 달 탐사 프로젝트를 발표했던 것처럼 완전히 새로운 비전을 제시해야 했지만, 소련은 그럴 여유가 없었다.

예산 문제보다 더 심각한 건 소련 내 우주 개발팀의 분열이었다. 공산주의라고 주장하는 전체주의 국가의 최대 강점은 국가의 힘을 한 곳에 집중할 수 있다는 것이다. 코놀로프가 이끈 소련이 미국보다 적은 예산으로 큰 성과를 낼 수 있었던 건 그 적은 예산이 모두 코놀로프에게 집중됐기 때문이다. 단순히 돈의 문제가 아니라, 국가의 모든 역량이 한 곳에 집중되었다. 예를 들면 이런 식이다.

바이코누르Космодром Байконур라는 로켓 발사장이 있다. 소련 시절 가장 많은 로켓이 발사된 곳이다(현재 카자흐스탄 지역에 위치해 있다). 그런데 바이코누르 발사장은 바이코누르보다 레닌스크에 더 가까웠고, 발사장에서 일하는 사람도 모두 레닌스크에 살았다. 그럼 소련은 왜 발사장의 이름을 레닌스크 발사장이 아니라 바이코누르 발사장이라고 붙였을까? 이유는 단순하다. 혹시 모를 사태가 벌어져 미국이 소련을 공습하게 되면 레닌스크 대신 바이코누르를 폭파하도록 유인하기 위해서다. 간단한 속임수지만, 민주주의 국가라면 일어나기 어려운 일이다. 다른 도시를 방패막이로 쓴다면 해당 도시 시민들이 가만있겠는가. 하지만 전체주의 국가에서 이 정도는 농담거리와 기지로 여겨진다.

그런데 소련은 이런 전체주의의 장점(?)을 스스로 날려버린다. 코놀로프 사후, 우주 관련 부처 20개와 산업체 500개는 제각각 돌아갔다. 부족한 재원을 조금이라도 더 차지하기 위해 설계국끼리 싸웠고, 정치적 이유로 다른 설계국에 중복 투자하는 일도 많았다. 코놀로프가 책임자로 있을 때도 설계국 사이에 알력 다툼이 있었지만 이 정도로 노골적이진 않았다. 안 그래도 미국에 비해 적은 예산이 쪼개지면서 소련의 우주 개발은 점점 더 나빠진다. 반면 자본주의 국가인 미국은 NASA라는 통일된 조직으로 우주 개발을 밀어붙였다. 조직 내에서 다양한 프로젝트가 진행됐지만 서로 발목을 잡진 않았다. 자본주의와 공산주의는 우주 개발에 한해서는 완전히 뒤집힌다.

자금이 줄어들자 소련은 충분한 예비 실험을 하기 힘들어진다. 그럼에도 세계에 건재함을 과시해야 했기 때문에 발사 횟수를 줄이진 않았다. 소련은 끊임없이 우주선을 쏘아 올렸다. 실험은 적고 발사만 많다면 당연히 사고가 빈번해진다. 이 시기 소련은 다섯 번 발사하면 그중 네 번은 실패했다. 하지만 소련은 통제된 국가였다. 실패는 알리지 않고 성공만 뉴스로 내보냈다. 반면 미국은 과정 전반을 대부분 공개했다. 미국 언론의 특성을 생각해보면, 로켓 발사를 비밀로 하고 싶어도 할 수 없었을 것이다. 그렇기에 미국은 최대한 실패를 줄이려고 노력했다. 미국도 당연히 실패를 했지만, 실패율은 소련의 절반도 되지 않았다.

이런 상황은 소련의 우주 개발에 아주 독특한 특성을 부과했다. 바로 우주 펜 대신 연필을 쓰는 '가성비'라는 특성이다. 끊임없는 실패는 소련에 오히려 기술 축적을 가져왔다. '해봤다'는 것만큼 큰 자산이 없기 때문이다. 돌이켜보면 이런 특성은 이전부터 있었다. 미국이라면 우주선 내부 공간이 좁다면 공간을 더 넓히고 추력을 강화한 뒤 로켓을 발사했을 것이다. 하지만 소련은 일단 가능한 대로 키 작은 사람을 뽑아 우주로 쏘아 보낸다. 그로 인한 위험은 개인이 감수한다. 자금 압박이 심해지자 이런 소련 우주 개발의 특징이 더 강하게 드러나기 시작한 것이다.

위성을 재활용하는 방법도 소련이 최초로 고안했다. 1964년 소련 정보부가 첩보를 위해 사용한 인공위성 얀타르Янтарь(러시아어로 보석의 일종인 '호박'이라는 뜻)는 최대 3회까지 발사할 수 있었다. 미국 최초의 재활용 가능 비행체인 우주왕복선 컬럼비아호는 1981년에야 등장했으니, 소련은 상당히 빠른 시점에 재활용을 선택했다. 열악한 재정이 기술 개발을 촉발한 것이다. 미국에서 우주왕복선 개념이 등장한 것도 우주 경쟁에서 완전히 우위를 차지했다고 생각한 미국 정부가 NASA의 예산을 줄였기 때문이다. 늘 돈이 문제다.

이런 사례는 수없이 많다. 지금이야 구글 지도로 전 세계 어디든 자세히 살필 수 있지만, 20세기에는 지도가 귀했다. 소련은 1981년 적국의 정밀 지도를 제작하기 위해 얀타르를 개조한 코메타Комета(러시아어로 '혜성'이라는 뜻)를 쏘아 올린다. 이 위성은 레이저를 탑재해 정확한 고도를 측정했고, 기존 첩보 위성보다 훨씬 정밀한 사진을 찍었다. 소련이 붕괴한 이후 이 자료는 러시아 정부가 만든 회사로 넘어간다. 이 회사는 자신이 가지고 있는 사진 자료를 적극적으로 전 세계에 판매했다. 미국과 척을 진 나라들은 재빨리 이 사진을 구매했고, 러시아는 돈을 벌었다.

그런데 미국 역시 이 사진을 돈을 주고 구매했다. 미국에도 첩보 위성이 있었지만 적국을 정찰하기 위한 것이었기에, 정작 미국의 정밀 사진은 가지고 있지 않았다. 미국은 자국 내 행사의 이동 동선을 짜기 위해, 소련이 찍은 워싱턴 사진을 구매했다. "아무리 냉전이 끝났다지만, 적국의 사진을 돈을 주고 사는 게 말이 되느냐"는 논란이 있었지만, 직접 찍는 것보다 구매하는 것이 훨씬 저렴했기에 미국은 실용적인 방법을 택했다. 이후 미국 회사 '에어리얼 이미지'는 코메타 사진을 2천만 달러에 모두 사들여 코닥과 마이크로소프트에 판매했다. 이들은 미국과 서방 세계의 정밀 지도를 작성하기 위해 사진을 구매했다. 미국 최초의 정밀 지도가 소련의 첩보 위성에 의한 것이라니, 세상은 오래 살고 볼 일이다.

소련, 우주에 사람을 살게 하다

미국에 밀린 뒤 위상을 끝내 회복하지는 못했지만 소련 우주과학은 꾸준히 발전했다. 1970년대의 혼란은 치명적이었지만 그만큼의 경험치를 소련 엔지니어와 우주인에게 제공했다. 혼란이 어느 정도 안정된 1970년대 후반부터 1980년대까지 소련은 우주 개발의 절정기를 맞는다. 소련은 매주 2개의 위성을 쏘아 올렸다. 정찰 위성, 첩보 위성, 공격 위성, 천문 관측 위성, 기상 위성, 통신 위성 등 분야도 다양했다. 특히 우주정거장과 관련해서는 많은 부분 미국에 앞섰다.

1971년, 소련은 세계 최초의 우주정거장 살류트Салют(러시아어로 '불꽃놀이'라는 뜻)를 쏘아 올린다. 우주정거장이란 지구 궤도를 도는 대형 구조물로, 사람이 생활하기에 충분한 공간이 있어야 하며, 우주선과 도킹 가능한 포트가 있어야 한다. 무엇보다 우주정거장이라면 사람이 살아야 한다. 3명의 소련 우주인이 살류트로 이동해 우주복을 입지 않은 상태로 생활했다. 그들은 먹고, 자고, 화초를 기르고, 지구에서 가져간 올챙이가 무중력 상태에서 어떻게 움직이는지 관찰했다. 소련 우주인들은 24일간 우주정거장에서 체류한 뒤, 타고 올라갔던 소유즈 11호를 타고 지구로 귀환한다. 소유즈 11호는 지구 궤도에 진입한 뒤 계획대로 낙하산을 펴고 착륙했지만, 착륙 지점에 간 구조팀은 운전석에서 죽어 있는 영웅들을 발견한다. 대기권에 진입할 때 조종석의 밸브가 열리면서 모두 사망한 것이다.

1970년대 초반 소련은 몇 차례 더 우주정거장을 쏘아 올렸지만, 발사 과정에 문제가 생겨 대부분 실패했다. 소련이 주춤한 틈을 타 미국은 우주정거장 '스카이랩'을 쏘아 올리고, 우주 체류 시간을 84일까지 늘린다.

1970년대 후반이 되면서 소련은 활기를 되찾는다. 살류트 6호에 승선한 유리 로마넨코Юрий Ви́кторович Романе́нко와 게오르기 그레츠코Георгий Михайлович Гречко는 우주에서 96일간 체류해 미국 기록을 뛰어넘는다. 이후 소련은 러시아를 거치는 동안 단 한 번도 우주 장기 체류 기록을 다른 나라에 넘겨주지 않는다.

살류트 6호는 여러모로 혁신적이었는데, 일단 도킹 포트가 2개였다. 이렇게 되면 승무원들이 타고 온(그리고 타고 갈) 우주선이 도킹된 상태에서 화물 수송용 우주선을 추가로 도킹할 수 있게 된다. 이에 맞춰 무인 화물선 프로그레스Прогресс도 등장한다. 무인 화물선은 우주정거장과 지구를 왕복하며 공기, 물, 식량, 연료, 과학 장비 등 생활과 연구에 필요한 물품을 운반하는 역할을 담당했고, 이 때문에 우주 체류 기간이 비약적으로 늘어난다. 최대 체류 기간은 살류트 6호에서는 185일, 살류트 7호에서는 237일로 늘어난다.

미국과 소련 소속이 아닌 제3국의 우주인도 이 시기 처음 탄생한다. 주인공은 체코슬로바키아의 블라디미르 레메크Vladimír Remek. 그는 소련의 로켓을 타고 살류트 6호에 방문했다. 이후 소련은 쿠바, 베트남 등 공산주의 국가와 유럽의 대표들을 살류트에 탑승시키는 프로젝트를 진행한다. 이는 타국과의 관계 개선뿐 아니라 공산주의 이념을 퍼트리는 데 큰 역할을 했다(당연히 돈도 벌었다). 이소연 박사가 우주에 나갈 당시를 떠올려보라. 무려 2008년이었음에도 한국인 최초로 우주에 나간다는 사실 하나만으로 전 국민이 뉴스를 지켜봤다. 그러니 70년대, 80년대에는 분위기가 얼마나 뜨거웠겠나. 최초의 우주인은 자국에서 영웅 대접을 받았고, 그런 일을 허가해준 소련의 위상도 높아졌다.

이 프로젝트가 크게 성공하자 소련은 이후 인도, 시리아, 아프가니스탄 같은 비공산권 국가의 대표도 탑승시켰고, 300억 원을 받고 도쿄 방송국의 기자를 일주일간 탑승시켜주기도 했다. 냉전 시대의 산물이었던 우주 개발이 국제 협력의 장으로 변하기 시작한 것이다.

우주정거장의 규모는 점점 더 커져 살류트 8호에는 총 6개의 도크가 달렸다. 또한 살류트 8호는 모듈형으로 만들어진 최초의 우주정거장이다. 모듈형은 레고 블록처럼 되어 있어, 발사한 후에도 필요하면 우주에서 시설을 증축할 수 있다. 획기적인 변화를 한 만큼 미르Мир(러시아어로 '세계'와 '평화'라는 두 가지 뜻이 있다)라는 새 이름도 부여받았다. 미르 우주정거장은 1986년 우주로 나가 15년간 지구 궤도를 돌며 우주인 104명의 거처가 된다.

1,500여 회의 크고 작은 사건 사고가 있었지만 미르는 15년간 버텼다. 2001년 러시아는 노후화를 이유로 미르의 퇴역을 결정했다. 그해 3월 23일, 미르는 고도를 낮춰 지구 대기에 진입했다. 기체의 대부분은 불타 사라졌고, 일부 잔해는 태평양에 떨어졌다. 마지막 임무를 완수한 미르는 역사 속으로 영원히 퇴장했다.

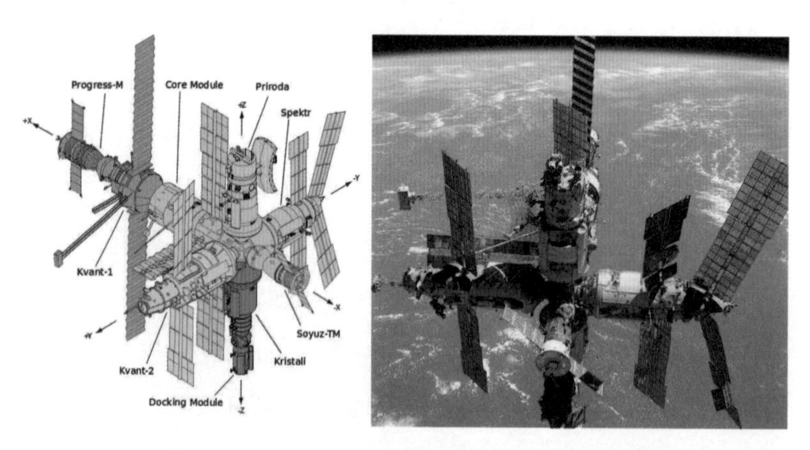

미르의 완성된 모습. 처음에는 코어 모듈뿐이었지만, 하나씩 쏘아 올려 우주에서 합체했다. 조립이 끝난 후 무게는 205톤으로, 이후 국제우주정거장이 기록을 경신하기 전까지 인간이 우주로 보낸 것 가운데 가장 무거운 물체였다.

닥치면 해내는 소련의 우주 노동자들

〈생활의 달인〉이라는 프로그램이 있다. 이 프로그램에는 보통 한 가지 일을 10년 넘게 한 사람이 등장해서, 인간으로서는 도저히 불가능해 보이는 수준의 업무 처리 능력을 과시한다. 매주 다른 직업을 가진 다른 인물이 등장하지만 한결같이 불가능한 일을 해낸다. 그런데 이 프로그램을 꾸준히 보다 보면 한 가지 공통점을 발견할 수 있다. 어떤 직업을 가졌든 근무 환경이 매우 열악하다는 점이다. 이들은 열악한 환경을 극복하기 위해 노하우를 쌓아, 기계도 하기 힘든 수준의 일 처리 능력을 보여준다. 달인의 숙련된 몸놀림은 노동의 신성함을 깨닫게 하기 충분하지만, 그동안 그들이 당했을 노동 착취와 부상의 위험을 생각해보면 슬픈 일이기도 하다.

소련의 우주인과 엔지니어도 〈생활의 달인〉 출연자와 비슷하다. 물론 소련 우주 개발은 국가가 밀어주는 국책 사업이었고, 우주비행사는 다른 노동자보다 훨씬 좋은 대우를 받았을 것이다. 소련이 망하기 직전인 1989년에도 소련의 총 GDP 중 1.5%가 우주 개발에 투입될 정도였다. 하지만 그 정도로는 미국과 경쟁할 수 없었다. 뱁새가 황새를 쫓아가면 가랑이가 찢어지는 법이다. 소련 우주인은 미국 우주인보다 어려운 환경에서 일했다. 부족한 예산으로 여러 가지 업무를 추진하다 보니 사전 테스트가 부족했고, 소련의 발사체는 늘 사소한 오차와 고장에 시달렸다. 발사하기 전에도 그랬고, 우주에 나가서도 그랬다. 소련의 우주비행사와 엔지니어는 항상 위태로웠고, 그만큼 대처 능력이 향상됐다. 미국이라면 난리가 날 고장을 소련은 아무렇지 않게 여겼다.

현재까지 우주 장기 체류 기록 상위권은 대부분 소련을 포함한 러시아가 가지고 있다. 단일 최장기 체류 기간은 발레리 폴랴코프Валерий Владимирович Поляков가 미르에서 기록한 438일이다. 5차례에 걸친 기록이긴 하지만 겐나디 파달카Геннадий Иванович Падалка는 총 879일을 우주에서 보냈다.

살류트 7호 이후 소련 우주인이 우주에서 200일 이상 보내는 것은 그다지 특별한 일이 아니게 된다. 그런데 이들의 장기 체류는 사전에 계획된 경우보다 임기응변인 경우가 더 많았다. 소련과 러시아가 자금난(혹은 정치 불안)으로 대체자를 제때 보내주지 않는 바람에 어쩔 수 없이 장기 체류를 하게 되는 것이다. 생존에 필요한 도구들이 제공된다 해도 우주에서 오래 생활하면 신체에 큰 지장을 준다. 그래서 미국 우주비행사들은 그렇게 길게 체류하지 않는다. 과학적 조사를 위해서 일부러 장기 체류를 한 경우는 있지만 매우 특이한 경우였고 사전 준비도 철저히 했다. 하지만 소련과 러시아는 단순히 대체자를 쏘아줄 로켓이 없어서 100일이 200일이 되고 200일이 300일이 되었다. 한 번 나가기 힘든 우주에 오래 있으니 좋다고 생각한 우주인도 있었겠지만 건강에 좋을 리가 없다. 하지만 이들의 장기 체류는 역설적으로 우주의학 발전에 결정적 데이터를 제공하게 된다.

소련 우주인들의 상황과 실력을 잘 보여주는 웃픈 일화가 있다.

소련 붕괴 후 러시아는 어느 때보다 심각한 자금난을 겪었다. 그러자 어느 자본주의 국가보다 더 자본주의화된다. 비용을 줄이는 건 당연했고(우주 투자 비용이 80% 감소했다), 우주비행사의 보수를 성과에 따라 인센티브로 지급했다. 우주비행사가 보험 외판원도 아니고 무슨 인센티브제란 말인가. 러시아 우주인은 우주로 나갈 때마다 정부와 일종의 단기 계약을 맺었다. 우주 체류 하루에 100달러였다. 임무를 완수하지 못하면 벌금이 붙어서 이 금액도 다 받지 못했다. 우주에 나가는 사람을 이렇게 대우하는 게 가당키나 한 일인가. 가난은 무엇이든 가능하게 만든다.

하지만 슬퍼하지 마시라! 인센티브제니까 당연히 보너스도 있다. 기계 고장으로 자동 도킹이 불가능한 상황에서 수동으로 도킹에 성공하면 성과급이 지급됐다. 그런데 이 제도가 만들어진 뒤 묘한 현상이 벌어진다. 도킹을 할 때마다 기계에 문제가 생겨 수동 도킹을 해야 하는 상황이 계속 발생하는 것이다. 도킹이 간단한 작업은 아니지만, 그렇다고 할 때마다 오류를 일으킬 정도로 복잡한 업무도 아니다. 잦은 오류의 진실은 단순했다. 러시아 우주인들이 보너스를 받기 위해 관제소에 비상 상황이 발생했다고 거짓 보고를 한 다음, 일부러 수동 도킹을 한 것이다.

우주에서 보너스 때문에 도박을 하는 것이 이해가 가는가? 러시아 우주인들은 그렇게 했다. 그들에게는 축적된 경험이 있었고 수동 도킹쯤 아무것도 아니었다(상징성을 중요하게 여긴 미국은 새로운 사람을 뽑아 우주로 보내는 경우가 많았지만, 소련은 교육비를 아끼고 실패를 줄이기 위해 늘 베테랑을 내보냈다). 테스트를 여러 번 거치는 미국 우주인들은 직면하지 않을 상황이다. 미국인이 우주에서 수동으로 무언가를 했다면, 미국에서는 영화가 만들어졌을 것이다. 하지만 러시아 우주인들은 이를 용돈벌이 정도로 여겼다. 이런 기괴한 상황 속에서 러시아의 우주인과 엔지니어의 실력은 강제로 향상됐다.

그렇다고 러시아 우주인이 단순히 돈 때문에 일을 한 것은 아니다. 어느 나라 우주인이든 우주인으로서 자부심과 애정을 느끼지 않는 이는 없다.

1997년 6월 25일, 화물선이 미르와 충돌하는 사고가 발생한다. 미르는 선체 일부가 파손되고 정상 궤도를 이탈한다. 교본에 적힌 대로라면 선원들은 정거장을 포기하고 탈출해야 하는 상황이다. 당시 미르 안에는 러시아 우주인 바실리 찌블리에프Василий Василиевич Циблиев, 알렉산드르 라주킨Александр Иванович Лазуткин, 그리고 미국 우주인 마이클 포엘Colin Michael Foale이 타고 있었다. 선장이었던 찌블리에프는 포엘에게 탈출 명령을 내렸고, 포엘은 비상 탈출 우주선으로 들어가 동료들을 기다렸다. 그런데 아무리 기다려도 러시아 우주인 두 명이 탈출선으로 오지 않았다. 포엘은 그들이 결코 미르를 포기하지 않을 것이라는 사실을 깨닫는다. 러시아 우주인들은 포엘을 탈출시키고, 자신들은 미르와 운명을 함께하기로 마음먹은 것이다. 하지만 인간 된 도리로 어찌 혼자서 도망칠 수 있겠나. 포엘 역시 탈출을 포기하고 미르로 돌아와, 동료들과 함께 파손된 우주정거장을 살리기 위해 노력한다. 이들은 몇 달 동안 잠도 제대로 자지 못한 채 미르 수리에 매달린다. 수리 도중 미르의 태양전지판이 박살나 전기와 컴퓨터가 완전히 멈추기도 하고, 산소 공급에 차질이 생기는 등, 몇 차례나 생사의 기로에 섰다. 특히 문제가 된 건 엄청난 수준의 스트레스였는데, 수리를 시작하고 보름쯤 지났을 때 우주인들은 이상한 행동을 하기 시작했다. 하지만 끝까지 미르를 지켜 결국 살려냈다. 당시 러시아의 경제 상황으로 봤을 때, 미르가 침몰했다면 러시아 우주 개발 자체가 침몰했을 것이다. 그들이 구원한 건 러시아 우주 개발 전체였다.

남자들의 의리를 그린 허접한 영화를 보면 "우리가 돈이 없지, 가오가 없나?"라는 대사가 나온다. 영화에서는 보통 돈이 없으면 가오가 있지만, 현실에서는 돈이 없으면 가오도 없다. 소련의 우주 개발은 돈이 없었다. 그렇기에 가오도 없었다. 소련의 우주 개발사를 찬찬히 살펴보면 눈물이 날 정도로 처절한 순간이 많다. 하지만 그곳에는 꿈을 이루려는 일군의 노동자가 있었다. 그들은 가오를 세우지 못하고 살았지만, 아주 가끔 비루한 상황 속에서도 기적처럼 위대한 인류의 별을 쏘아 올렸다.

허세가 쏘아 올린 인류의 꿈, 그것이 소련 우주과학이다.

소련 붕괴, 그 이후

1985년, 공산권 붕괴가 가속화되자 소련은 위기를 돌파할 인물로

54세의 고르바초프를 서기장에 임명한다. 54세가 젊은 나이는 아니지만 소련 서기장 중에서는 최연소였다. 그는 적극적인 개방 정책을 펴며 자본주의 국가들에 유화 정책을 펴는 한편, 독립을 원하는 동구권 지역을 설득하기 위해 백방으로 노력했다. 하지만 한 사람의 의지가 전체 흐름을 바꿀 수는 없다. 1991년 발생한 우파 쿠데타로 고르바초프는 쫓겨나듯 퇴임한다. 이어서 집권한 세력은 모든 동구권 국가의 독립을 인정하고 소련 연방이 해체됐음을 선언한다. 고르바초프는 끝까지 이 결정에 반대했으나 그의 의견은 묵살됐다.

자본가가 되고 싶었던 당 간부들은 소련 붕괴 즉시 국가의 산업 시설을 외국에 팔아넘겼다. '민영화'라는 순화된 표현이 있지만, 당시 러시아의 극악한 상황에 적당한 표현은 아니다. 국영 시설을 통째로 서구에 넘기진 않고 합작이라는 형태를 취하는데, 이 때문에 지금까지 러시아 기득권을 장악하고 있는 러시아 재벌이 생기게 된다. 이들은 대부분 소련 시절 공산당 간부 출신이다. 인민들의 생활은 소련 때보다도 훨씬 나빠진다. 1인당 소득은 절반 이하로 떨어지고, 그나마 가난에서 버티게 해줬던 배급과 복지는 완전히 끊긴다.

이런 상황이니 우주 개발이 제대로 될 리가 없다. 예산이 준 것은 당연하고, 우주인들의 급여도 제대로 지급되지 않았다. 우주선 발사는 대부분 취소되었고, 소련 때 미르로 나간 우주인이 지구로 타고 돌아올 우주선조차 제때 출발하지 못했다. 결국 그 우주인은 마지막 소련인이 되어 미르에서 장기 체류 기록을 경신할 수밖에 없었다(우주에서

나라가 망했다는 소식을 듣는다는 것은 대체 어떤 기분일까?).

우주 산업도 민영화를 피할 수 없었다. 일부 시설은 정부에 남았으나, 몇몇 설계국은 유럽과 미국에 팔려 합자회사 형태로 독립했고, 일부 시설은 그런 시도조차 하지 못하고 그대로 사라졌다. 베일에 싸여 있던 소련 우주 기술이 이때 대부분 공개된다. 미국은 상당히 놀랐는데, 그들이 예측했던 것보다 소련의 기술이 훨씬 뛰어났기 때문이다.

특히 로켓 엔진에 한해서는 당시 미국보다 앞섰던 것으로 보인다. 1992년 러시아를 방문한 미국 엔지니어들은 로켓 엔진 400여 개가 먼지와 함께 창고에 쌓여 있는 것을 발견한다. 이는 소련이 미국과 달 탐사 경쟁을 벌일 때 개발한 NK 엔진으로, 대형 탐사선 N-1에 사용하기 위해 만들어진 것이었다. 프로젝트 실패에 화가 난 당시 책임자가 엔진을 모두 폐기하라 명령했으나, 담당 엔지니어들이 차마 없애지 못하고 창고에 숨겨둔 것이다. 미국 회사 '에어로제트'는 혹시나 하는 마음에 엔진 90여 개를 4억 5천만 달러라는 헐값(?)에 사들인다. 미국으로 가져가 실험해보니 NK 엔진은 당시 미국에서 사용되던 어떤 엔진보다 성능이 10% 이상 좋았고 개발 단가도 저렴했다.

이후 러시아 엔진의 잠재능력을 알게 된 미국 회사들의 러시가 이어졌다. 가장 성공한 사례는 RD-180이다. RD-180은 미국의 우주 발사체 1단 로켓인 아틀라스 3의 기본 엔진으로 채택된다. 아틀라스는 원래 미국이 소련을 공격하기 위해 만든 대륙 간 탄도 미사일(ICBM) 프로젝트였는데, 냉전이 끝나면서 우주 발사체로 방향을 틀게 된다. 소련을 겨누던 무기에 러시아 로켓 엔진이 채택된 것이다. 역시 영원한 적도, 영원한 친구도 없다. 록히드마틴 역시 RD-180 엔진을 채택하고 제작비를 기존보다 20% 낮출 수 있었다.

쪼그라든 상황에서도 러시아의 우주 개발은 계속 굴러갔다. 1989년 7조 루블이었던 러시아 우주 예산은 매년 큰 폭으로 감소하더니 1996년에는 1조 대로 떨어졌다. 루블화 가치 자체도 엄청나게 폭락해서 러시아는 미국은 물론이고 유럽, 일본, 중국, 심지어 인도보다 적은 예산으로 우주 개척을 해야 했다. 그럼에도 이 기간 러시아는 세계에서 가장 많은 로켓을 쏘았고 가장 많은 우주인을 배출했다. 1996년 미국에 뒤집히기 전까지 러시아는 매년 가장 많은 로켓을 우주로 쏘아 올렸다. 최고급 기술에서는 미국에 밀렸지만, 물량에서만큼은 러시아를 따라올 국가가 없었다(2018년에는 중국이 미국과 러시아를 제치고 가장 많은 로켓을 쏘아 올린 국가가 된다).

〈1991년 소련 붕괴 이후 세계 로켓 발사 기록〉

	1992	1993	1994	1995	1996	1997	1998	1999	계
러시아	54	47	46	32	23	23	24	26	278
미국	28	24	26	27	32	37	34	29	237
유럽	7	7	6	11	10	12	11	10	74
중국	4	1	5	2	2	6	6	4	30
일본	1	1	2	2	1	2	2	–	11
인도	–	–	2	–	1	1	–	1	5

〈국가별 위성 보유 현황〉

***2018년 7월 기준으로 활동 중인 위성만 표기, 10개 이하 국가 생략**

나라	발사 년도	2018년 7월 기준 활동 중인 위성
미국	1958	1619
소련(러시아)	1957(1992)	1507
중국	1970	312
일본	1970	173
인도	1975	88
프랑스	1965	68
독일	1969	54
캐나다	1962	48
영국	1962	43
이탈리아	1964	27
스페인	1974	24
대한민국	1992	24
호주	1967	21
아르헨티나	1990	19
브라질	1985	17
이스라엘	1988	17
인도네시아	1976	16
터키	1994	15
사우디아라비아	1985	13
멕시코	1985	12
스웨덴	1986	12
싱가폴	1998	10
대만	1999	10

러시아의 여전한 위엄. 소련 시절을 포함하면 러시아는 이제까지 4,000대가 넘는 위성을 쏘아 올렸다(미국의 2배). 얼마나 많은 위성을 쏘았는지, 이름 짓기가 귀찮아진 러시아는 모든 위성에 코스모스Космос라는 이름을 붙이기로 했는데,, 2018년 12월에 발사한 위성은 '코스모스 2533호'였다.

소련 우주과학은 어디로 갔을까?

소련 붕괴 후 우주과학, 수학, 기초과학 등 다양한 분야의 인재들이 해외로 빠져나갔다. 공산권 학자들은 자유 진영과의 교류 없이 수십 년간 독자적으로 지식을 쌓고 있었다. 이들이 자유 진영으로 퍼지자 학문의 새로운 르네상스가 열리게 된다. 또한 소련제 무기와 로켓이 이 시기 공식적, 비공식적으로 제3세계에 퍼져나갔다. 당시 러시아가 얼마나 처절했느냐면, 항공모함을 고철값만 받고 팔 정도였다. 보통 무기를 다른 나라에서 살 때는 제약이 많다. 가격도 비싸고, 기술 유출을 방지하기 위해 분해나 수리를 금지하는 경우도 많다. 하지만 경제가 어려워진 러시아는 푼돈과 생필품에 무기와 기술을 팔아치웠다.

우리나라도 이때 소련제 무기를 많이 구입했고, 이를 분해하며 열심히 공부한 덕에 90년대부터 성능 좋은 무기를 만들 수 있는 국가가 되었다(물론 공식적으로는 우리나라가 자체 개발한 기술이라고 말하고 있다). 한국은 이제 중동과 남아시아에 무기를 수출하는 국가다. 분쟁이 끊이지 않는 지역에 무기를 파는 것이 옳은 일인지는 모르겠지만.

한때 세계 절반의 수도였던 모스크바에 레닌이나 스탈린의 동상은 더 이상 남아 있지 않다. 하지만 가가린을 비롯한 우주인들의 동상은 여전히 자리를 지키고 있다. 이후 러시아는 전 세계 우주 산업의 하청업체가 된다. 냉전도 끝났으니, 미국도 굳이 저렴한 러시아 기술을 두고 자국 기술을 고집할 필요가 없었다. 미국과 러시아는 손을 잡고 우주 개발을 진행했고 진행 중이며, 다른 국가들도 러시아의 도움으로 우주 개발을 진행했고 진행 중이다. 미국이 주도하고 러시아, 유럽, 일본, 캐나다가 함께 만든 국제우주정거장International Space Station, ISS이 발사되기 전까지, 소련의 미르는 세계 유일의 우주정거장으로 각국 우주인들이 머물고 연구하는 베이스캠프가 되었다. 이름 그대로 '세계'와 '평화'를 상징하는 존재였다.

2008년 이소연 박사가 우주로 나가면서 한국은 세계에서 37번째(소련과 러시아를 다른 국가로 보면 38번째)로 우주인을 배출한 국가가 되었다. 그녀가 타고 간 우주선은 러시아가 제작한 '소유즈 TMA-12호'였다. 우리나라뿐 아니라 우주인을 배출한 37개국 중 23개국이 러시아의 우주선을 타고 우주로 나갔다. 그리 성공적이진 않았지만, 한국이 제작한 최초의 우주 발사체 나로호도 러시아와의 협업으로 완성되었다. 냉전 종식 이후 투자가 줄어든 미국도 우주인을 보낼 때 러시아에서 훈련을 받고 러시아 우주선을 이용한다. 그 때문에 많은 우주인이 러시아어를 배운다. 우주에서는 러시아어가 공용어라는 농담이 있을 정도다.

나는 '가성비(가격 대 성능 비)'라는 표현을 그다지 좋아하지 않는다. 안전, 개성, 스타일, 부가 기능 등 드러나진 않지만 중요한 것들을 무시해야 나올 수 있는 것이 가성비이기 때문이다. 가성비를 추구하는 세상은 획일적인 사회일 뿐이고 대기업의 배만 불려주는 사회일 뿐이다. 하지만 그럼에도 정말 인간이 지구를 벗어나 우주에서 생활하기 위해서는 가성비를 생각하지 않을 수 없다.

2016년, 엘론 머스크Elon Reeve Musk가 이끄는 민간 우주 개발 업체 '스페이스X'는 재사용 로켓을 사용해 우주선을 우주로 보내는 데 성공했다. 머스크가 이런 혁신을 시도한 것 역시 가성비 때문이다. 그는 이 성공에 탄력받아, 2026년까지 인류를 화성에 정착시키겠다고 공언했다(살짝 허풍쟁이 기질이 있어 그의 말을 100% 믿을 순 없지만). 스페이스X 사의 성공 이후 우주 개발에 뛰어드는 민간 업체와 관련 스타트업도 늘어나는 추세다.

물론 우주 개발 같은 전 지구적 프로젝트를 민간 기업이 주도하는 것이 옳은가에 대해서는 충분한 고민이 필요하다(내셔널 지오그래픽이 만

우주로 물체를 쏘아 올리고 안전하게 귀환하는 스페이스X 사의 재사용 로켓 '팔콘 9'. 해당 장면을 영상으로 보면 신기함과 뭉클함이 함께 느껴진다.

든 〈마스 시즌 2〉에서는 기업이 우주 산업을 주도할 때 일어날 수 있는 문제를 잘 보여주니 궁금하신 분들은 찾아보시라). 하지만 어느 분야든 대중적인 산업에 민간 기업이 들어오지 않는 경우는 없다. 민간 기업이 우주 산업에 관심을 가진다는 것 자체가 과거와는 다른 대중 우주 시대의 개막이 얼마 남지 않았음을 보여주는 것이다.

기존 국가 주도의 우주 개발이 고성능을 추구했다면, 민간 기업이 주도하는 지금의 우주 개발은 저비용을 추구한다. 인류가 우주로 나가려면 새로운 기술 역시 꼭 필요하다. 그런 기술은 아직은 미국이나 중국 같은 국가가 돈을 쏟아부어야만 성취할 수 있다. 하지만 일회용 보여주기가 아니라 다수의 인간이 우주로 나가기 위해서는 결국 비용이 저렴해져야 한다.

소련의 허세가 쏘아 올린 작은 공은 가성비의 우주 개발 시대를 열었다. 그것이 그들이 원한 결과는 아니었겠지만.

이렇게 된 이상 우주로 간다!

〈Special thanks to〉

아폴로 1호(1967년)

거스 그리섬Gus Grissom

에드워드 화이트Edward White

로저 채피Roger Chaffee

소유즈 1호(1967년)

블라디미르 코마로프Влади́мир Миха́йлович Комаро́в

소유즈 11호(1971년)

게오르기 도브로볼스키Гео́ргий Тимофе́евич Доброво́льский

블라디슬라프 볼코프Владисла́в Никола́евич Во́лков

빅토르 파차예프Ви́ктор Ива́нович Паца́ев

챌린저 우주왕복선(1986년)

로널드 맥네어Ronald Ervin McNair

엘리슨 오니즈카Elison Shoji Onizuka

그레고리 자비스Gregory Jarvis

주디스 레스닉Judith Arlene Resnik

크리스타 매콜리프Christa McAuliffe

마이클 J. 스미스Michael John Smith

프랜시스 스코비Francis Scobee

컬럼비아 우주왕복선(2003년)

윌리엄 맥쿨William Cameron McCool

데이비드 브라운David McDowell Brown

마이클 앤더슨Michael Phillip Anderson

칼파나 촐라Kalpana Chawla

일란 라몬Ilan Ramon

릭 허즈번드Rick Douglas Husband

로렐 클라크Laurel Clark

위에 적힌 21명은 우주 개발 과정에서 목숨을 잃은 우주인들이다. 소련이 숨긴 사망자가 더 있다는 폭로가 있었지만, 공식적으로 확인되진 않았다. 닐 암스트롱이 달을 밟는 과정을 그린 〈퍼스트 맨〉이라는 영화가 있다. 이 영화의 미덕은 영웅이 아닌 인간을 보여준다는 점이다. 영화는 자신의 능력으로는 도저히 어찌할 수 없는 상황에 직면한 인간의 공포와 외로움을 잘 보여준다. 어김없이 찾아오는 동료의 사고와 죽음. 그들이 무능해서 실패한 것이 아니다. 암스트롱은 어쩌면 그저 운이 좋았던 것뿐인지도 모른다.

치올콥스키의 말처럼 인류가 지구라는 요람을 벗어나게 될 날이 올지 안 올지는 지금으로서는 알 수 없다. 우주 개발은 늘 "쓸모없다"는 비난을 들어왔고 실제로 그런 측면이 있다. 하지만 결과를 떠나서 우리는 앞서간 개척자들을 기억해야 한다. 라이카와 그 외 이름이 알려지지 않은 생명들까지도.

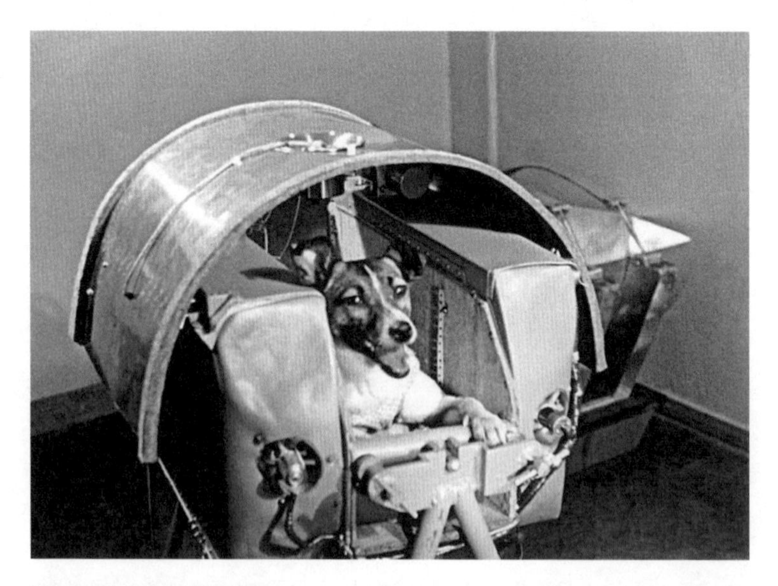

모스크바의 떠돌이 개 '라이카'.

6

잠자는 인문학은 과학의 꿈을 꾸는가

빅데이터로 바라본 사회, 빅데이터가 바꿀 사회

"차세대 킨제이는 분명 데이터과학자일 것이다.
차세대 푸코는 분명 데이터과학자일 것이다.
차세대 마르크스는 분명 데이터과학자일 것이다.
차세대 소크는 분명 데이터과학자일 것이다."

– 세스 스티븐스 다비도위츠

난이도 ★

사실상 인문학 챕터. 이제는 너무도 익숙해진 빅데이터를 다룬다. 누구나 다 아는 이야기를 하면서 혼자 호들갑 떠는 것이 포인트.

다니엘 페나크Daniel Pennac의 《몸의 일기》는 일기 형식으로 쓰인 소설이다. 그중 1938년 9월 7일 일기는 이번 챕터를 시작하기 알맞게 쓰여 있다. 일단 이 일기 이전 상황을 간단히 살펴보자. 어머니에게 버림받았다고 생각하는 주인공은 집안일을 해주는 비올레트 아주머니와 유사 모자 관계를 맺는다. 아주머니 덕분에 주인공은 어머니의 빈자리를 느끼지 않고 자랄 수 있었다. 그런데 주인공이 14세가 되던 해 비올레트 아주머니가 돌아가신다. 그날의 일기는 아래와 같다.

"비올레트 아줌마가 죽었다. 아줌마가 죽었다. 아줌마가 죽었다. 아줌마가 죽었다. 아줌마가 죽었다. 아줌마가 죽었다. 아줌마가 죽었다. 아줌마가 죽었다. 아줌마가 죽었다. 아줌마가 죽었다… (중략) … 아줌마가 죽었다. 아줌마가 죽었다. 아줌마가 죽었다. 아줌마가 죽었다. 아줌마가 죽었다. 이젠 끝났다."

독자들은 내가 페이지를 채우기 위해 굳이 불필요한 부분을 모두 옮겼다고 생각할지도 모르겠다. 하지만 이는 해당 일기의 일부에 불과하다. 작가는 책에서 '아줌마가 죽었다'라는 말을 두 페이지에 걸쳐 총 149번 썼다.

사랑하는 이의 죽음으로 받은 충격과 슬픔을 어떻게 글로 표현할 것인가? 다양한 방법을 생각할 수 있다. 절절하게 묘사할 수도 있고, 담담하게 지난 추억을 이야기할 수도 있다. 그도 아니면 오히려 건조하게 묘사함으로써 독자로 하여금 슬픔을 짐작하게 할 수도 있다. 하지만 이 책에서는 압도적인 횟수로 슬픔을 표현한다.

우리 삶은 생각보다 많은 부분을 양으로 치환할 수 있다. 우리가 무엇을 얼마나 좋아하느냐는 그 행위를 하는 데 얼마만큼의 시간과 돈을 쓰느냐로 판단할 수 있다. 물론 모든 게 양으로 결정된다고 잔인하게 말하지는 않겠지만, 대부분은 양이 전부다. 한 번의 아름다운 묘사는 가짜로 꾸며낼 수 있지만, 149번 추모하는 것은 쉬운 일이 아니다. 물론 작가가 부족한 분량을 채우려고 한 것이 아니라면 말이다(《몸의 일기》는 총 488페이지이므로 분량을 줄이면 줄였지, 늘릴 이유는 전혀 없다. 요즘 독자들은 긴 책을 좋아하지 않는다. 그럼 이 책도…).

1996년 개념 미술가 캐런 라이머Karen Reimer는 〈legendary, lexical, loquacious love〉라는 작품에서 이 방식을 조금 더 극단적으로 밀어붙인다. 이 작품은 번역되진 않았지만, 제목을 직역하면 '전설적, 어휘적, 다변적 사랑' 정도 된다. 이 작품은 책의 형태를 띠고 있는데, 직접 보면 왜 번역이 되지 않았는지 바로 이해가 갈 것이다.

1장의 제목은 'A'다. 1장은 이렇게 시작한다. a a a a a a…. 라이머는 한 로맨스 소설을 분해해 단어를 알파벳순으로 나열한다. 같은 단어가 나오면 나온 만큼 반복한다. 여기서 a는 부정관사 a다. 다음 사진을 보면 쉽게 이해될 것이다.

그는 왜 이런 작품을 만들었을까? 우리는 이 책에서 무엇을 알 수 있을까?

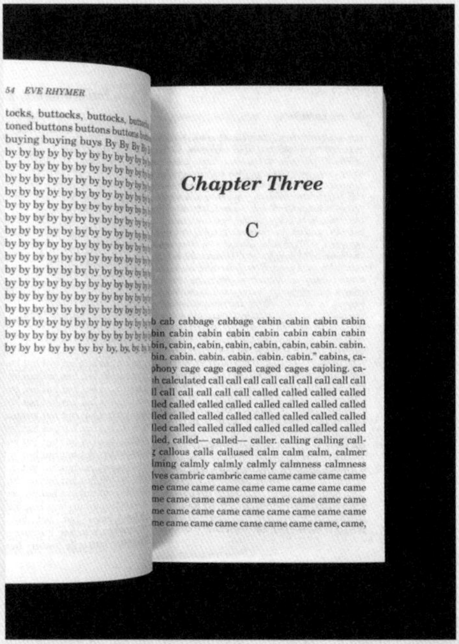

54 EVE RHYMER

tocks, buttocks, buttocks, butt[...]
toned buttons buttons buttons bu[...]
buying buying buys By By By By [...]
by by by by by by by by by by by by
by by by by by by by by by by by by
by by by by by by by by by by by by
by by by by by by by by by by by by
by by by by by by by by by by by by
by by by by by by by by by by by by
by by by by by by by by by by by by
by by by by by by by by by by by by
by by by by by by by by by by by by
by by by by by by by by by by by by
by by by by by by by by by by by by
by by by by by by by by by by by by
by by by by by by by by by by by by
by by by by by by by by by by by by
by by by by by by by by by by by by
by by by by by by by by by by by by
by by by by by by by by, by, by, by

Chapter Three

C

[...]b cab cabbage cabbage cabin cabin cabin cabin
[...]bin cabin cabin cabin cabin cabin cabin cabin
[...]bin, cabin, cabin, cabin, cabin, cabin, cabin. cabin.
[...]bin. cabin. cabin. cabin. cabin. cabin." cabins, ca-
[...]phony cage cage caged caged cages cajoling. ca-
[...]h calculated call call call call call call call call call
[...]l call call call call call called called called called
[...]lled called called called called called called called
[...]lled called called called called called called called
[...]lled called called called called called called called
[...]lled, called— called— caller. calling calling call-
[...]g callous calls callused calm calm calm, calmer
[...]lming calmly calmly calmly calmness calmness
[...]lves cambric cambric came came came came came
[...]me came came came came came came came came
[...]me came came came came came came came came
[...]me came came came came came came came came
[...]me came came came came came came came, came,

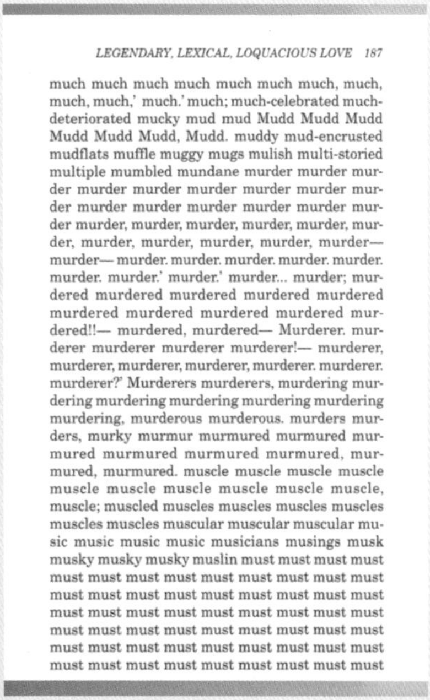

LEGENDARY, LEXICAL, LOQUACIOUS LOVE 187

much much much much much much much, much, much, much,' much.' much; much-celebrated much-deteriorated mucky mud mud Mudd Mudd Mudd Mudd Mudd Mudd, Mudd. muddy mud-encrusted mudflats muffle muggy mugs mulish multi-storied multiple mumbled mundane murder murder murder murder murder murder murder murder murder murder murder murder murder murder murder murder murder, murder, murder, murder, murder, murder, murder, murder, murder, murder, murder— murder— murder. murder. murder. murder. murder. murder. murder.' murder.' murder... murder; murdered murdered murdered murdered murdered murdered murdered murdered murdered murdered!!— murdered, murdered— Murderer. murderer murderer murderer murderer!— murderer, murderer, murderer, murderer, murderer. murderer. murderer?' Murderers murderers, murdering murdering murdering murdering murdering murdering murdering, murderous murderous. murders murders, murky murmur murmured murmured murmured murmured murmured murmured, murmured, murmured. muscle muscle muscle muscle muscle muscle muscle muscle muscle muscle, muscle; muscled muscles muscles muscles muscles muscles muscles muscular muscular muscular music music music music musicians musings musk musky musky musky muslin must must must must must must must must must must must must must must must must must must must must must must must must must must must must must must must must must must must must must must must must must must must must must must must must must must must must must must must must must must must

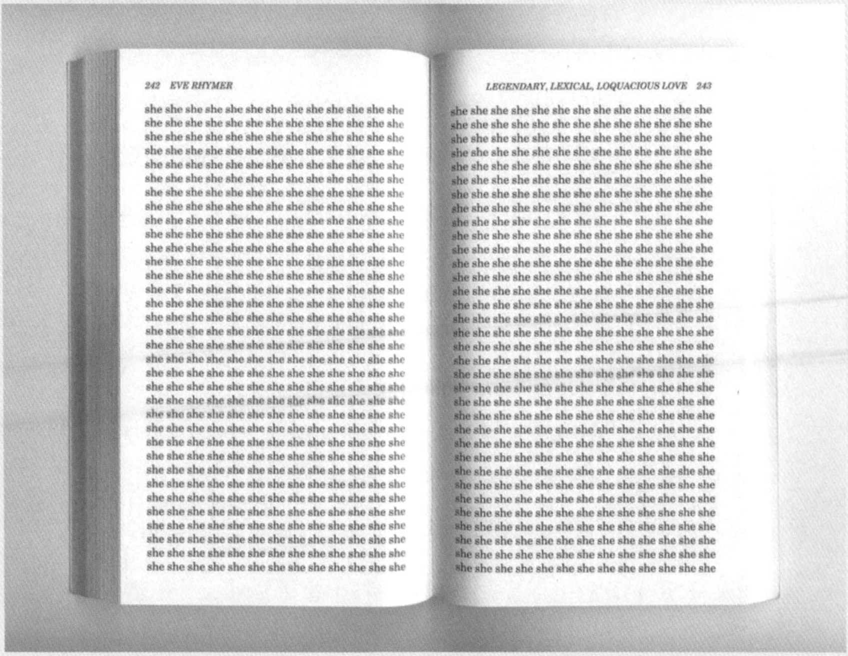

242 EVE RHYMER

she she she she she she she she she she she she she
she she she she she she she she she she she she she
she she she she she she she she she she she she she
she she she she she she she she she she she she she
she she she she she she she she she she she she she
she she she she she she she she she she she she she
she she she she she she she she she she she she she
she she she she she she she she she she she she she
she she she she she she she she she she she she she
she she she she she she she she she she she she she
she she she she she she she she she she she she she
she she she she she she she she she she she she she
she she she she she she she she she she she she she
she she she she she she she she she she she she she
she she she she she she she she she she she she she
she she she she she she she she she she she she she
she she she she she she she she she she she she she
she she she she she she she she she she she she she
she she she she she she she she she she she she she
she she she she she she she she she she she she she
she she she she she she she she she she she she she
she she she she she she she she she she she she she
she she she she she she she she she she she she she
she she she she she she she she she she she she she
she she she she she she she she she she she she she
she she she she she she she she she she she she she
she she she she she she she she she she she she she
she she she she she she she she she she she she she
she she she she she she she she she she she she she
she she she she she she she she she she she she she
she she she she she she she she she she she she she
she she she she she she she she she she she she she
she she she she she she she she she she she she she
she she she she she she she she she she she she she

LEGENDARY, LEXICAL, LOQUACIOUS LOVE 243

she she she she she she she she she she she she she
she she she she she she she she she she she she she
she she she she she she she she she she she she she
she she she she she she she she she she she she she
she she she she she she she she she she she she she
she she she she she she she she she she she she she
she she she she she she she she she she she she she
she she she she she she she she she she she she she
she she she she she she she she she she she she she
she she she she she she she she she she she she she
she she she she she she she she she she she she she
she she she she she she she she she she she she she
she she she she she she she she she she she she she
she she she she she she she she she she she she she
she she she she she she she she she she she she she
she she she she she she she she she she she she she
she she she she she she she she she she she she she
she she she she she she she she she she she she she
she she she she she she she she she she she she she
she she she she she she she she she she she she she
she she she she she she she she she she she she she
she she she she she she she she she she she she she
she she she she she she she she she she she she she
she she she she she she she she she she she she she
she she she she she she she she she she she she she
she she she she she she she she she she she she she
she she she she she she she she she she she she she
she she she she she she she she she she she she she
she she she she she she she she she she she she she
she she she she she she she she she she she she she
she she she she she she she she she she she she she
she she she she she she she she she she she she she
she she she she she she she she she she she she she
she she she she she she she she she she she she she

이 책의 8장 H에 'His(그의)'라는 단어는 2페이지 반 나오지만, 'Her(그녀의)'는 무려 8페이지나 나온다. 양으로 보면 여성이 주인공이라 생각하기 쉽다. 하지만 로맨스 소설 특성상 주인공이 자신을 지칭하는 경우보다 상대방을 지칭하는 경우가 더 많기 때문에, 이 책은 남성 주인공의 시각에서 여성과의 사랑을 그린 소설일 가능성이 높다.

분해된 단어를 보는 누구나 이런 추리를 해볼 수 있다. 책의 187페이지에는 Murder, Murdered, Murderers, Murdering, Murderous 등 살인과 관련된 단어가 이어진다. 3장에는 Crime(범죄)이라는 단어도 수차례 등장한다. 로맨스 소설에 흔히 등장하는 단어들은 아니다. 우리는 이 소설에 살인과 관련된 사건이 등장함을 유추할 수 있다.

어떤가? 그럴듯한가? 이런 추리는 재미있는 놀이지만, 원작 소설을 읽으면 알 수 있는 걸 굳이 일부러 분해해서 알 필요는 없다. 분해를 하면 소설이 어떤 이야기인지, 연인이 어떻게 만나고 어떤 갈등을 겪는지 알 수 없다. 그럼 라이머는 왜, 무엇을 위해 문장을 분해해 단어를 수집했을까? 아마도 원작을 봐서는 절대 알 수 없는 내용을 분해한 상황에서는 알 수 있다고 판단하고, 그 부분을 관객에게 보여주기 위해 이 작품을 만들었을 것이다. 과연 그것은 무엇일까?

이 책은 총 25장으로 구성되어 있다. 마지막 장 Z의 내용은 'Zealous' 하나뿐이다. 영어 알파벳은 총 26개인데 25장이 끝인 것은 'X'로 시작하는 단어가 한 번도 등장하지 않기 때문이다. 우리는 이 작품을 통해 단어의 사용 빈도를 파악할 수 있다. 물론 이 작품은 한 명의 작가가 쓴 한 편의 소설일 뿐이지만,

사회 전반적인 언어 사용과 완전히 동떨어져 있진 않을 것이다.

또 이 소설이 쓰인 시대의 사회문화적인 상황도 유추해볼 수 있다. 이 작품에는 'Intelligent(똑똑한)'라는 형용사는 딱 한 번 나오지만, 'Beautiful(아름다운)'은 29번 등장한다. 이는 작가 개인의 성향이나 스토리의 특성 때문일 수도 있지만, 사회가 강조하는 여성상을 드러내는 것일 가능성이 높다. 이 사회에서 여성은 주체가 아니라 대상화되는 존재인 것이다. 남자 주인공(혹은 작가)의 성적 취향도 알 수 있는데, 'Breasts(가슴)'는 거의 한 페이지 나오지만, 'Buttocks(엉덩이)'는 딱 한 줄 나온다. 내가 어떤 이야기를 하고 싶은지 감이 올 것이다. 이 작품은 어떤 설명도 하지 않고 단지 단어를 나열했을 뿐이지만, 원작을 읽어서는 알 수 없는 인물과 작품의 이면, 그리고 사회의 이면을 바라볼 수 있게 도와준다.

그럼 이것이 빅데이터와 무슨 상관일까? 사실 이 두 사례는 빅데이터라고 하기에는 데이터가 너무 적다. 기껏해야 책 한 권일 뿐이다. 하지만 이 두 작품의 접근 방식은 빅데이터의 핵심과 정확하게 닿아 있다.

빅데이터의 탄생

빅데이터는 이 책의 다른 챕터와는 다르게 개념적으로 설명할 건 별로 없다. 이름 그대로 데이터가 많이 쌓이면 빅데이터가 된다. 이미 빅데이터는 사회 모든 분야에서 사용되고 있다. 그중 이 책에서는 인문학과 관련된 부분을 중점적으로 살펴볼 계획이다.

인류는 역사를 기록하기 시작한 순간부터 데이터를 만들어냈다. 아니, 화석도 데이터니 생명체가 생겨난 순간, 아니 빅뱅이 일어난 순간 온 우주는 데이터를 만들기 시작했다. 컴퓨터와 인터넷의 발달 이후 데이터는 폭발적으로 늘어나, 현재 쌓인 데이터의 90%가 최근 5년 안에 만들어졌다. 오늘 하루에만 2.5엑사바이트(EB, exabyte)가 넘는 데이터가 생성된다(2017년 기준). 이를 바이트로 풀면 2,500,000,000,000,000,000이 된다. 0의 개수를 잘못 썼을지도 모르지만, 어차피 아무도 세보진 않을 테니 그냥 넘어가자. 어떻게 이런 숫자가 특정되었는지는 모르겠지만, 아무튼 그렇다고 한다. 이를 25기가바이트(GB, gigabyte)가 저장되는 블루레이 디스크에 나눠 담으면 1억 장이 된다. 블루레이 디스크 하나에 2시간짜리 영화 1편이 담겼다고 가정하면(보통 우리가 보는 영화는 2GB면 되지만, 초초초초-초고화질이라고 하자), 하루 치 데이터를 다 보는 데만 2만 2천 년의 시간이 걸린다. 이 책이 나왔을 때는 이 수치가 훨씬 늘어나 있겠지만, 어차피 정확히 아는 사람은 아무도 없겠지.

현대인 중 가장 데이터를 적게 남기는 사람조차, 너무 길어서 아무도 끝까지 읽은 적이 없는《사기》를 쓴 '사마천'보다 훨씬 많은 데이터를 남긴다. 당신이 쓴 페이스북 게시물, 인스타그램, 트위터, 카톡 메시지 1년 치만 모아도《사기》보다 분량이 많다. SNS를 하지 않는다고? 그래도 상관없다. 카드 결제, 전화 통화, 은행 거래, 세금 납부, 병원 이용, 블랙박스 영상, CCTV 등등 당신이 하는 모든 행위가 데이터로 남는다. 그런데 이런 시시콜콜한 것들이 무슨 쓸모가 있을까? 그 쓸모를 잡아내는 것이 바로 빅데이터의 핵심이다.

가령 사람들이 주고받은 카카오톡 메시지를 생각해보자. 이 안에는 그 자체로 중요한 정보가 있겠지만, 그런 것들은 빼고 일상적인 이야기, 아무것도 아닌 이야기, 해놓고도 금방 잊어버리는 이야기로만 가득 차 있다고 해보자. 그렇다 해도 이 메시지들은 정보가 될 수 있다. 앞에 나온 소설의 예처럼 채팅창에서 어떤 단어가 많이 사용되었는지를 집계해 개인, 한 집단, 한 지역, 특정 연령층, 전체 사회의 관심사를 알아볼 수 있다. 현대인의 언어 습관을 관찰할 수 있고, 국립국어원에서는 이를 이용해 표준어를 수정하거나 추가할 수 있다. 데이터가 앞으로 장기적으로 축적된다면, 언어가 어떤 식으로 변화하는지 그 과정을 살필 수도 있다. 만약 특정 시간 특정 지역에서 메시지가 폭발적으로 늘어난다면, 뉴스 속보가 뜨기 전에 그곳에 어떤 사건이 발생했는지 파악할 수도 있다. 실제로 구글은 한 지역에서 감기와 관련된 검색량이 폭증할 경우, 이를 알려주는 구글 플루 트렌드Google Flu Trend를 서비스하고 있다. 이 서비스는 미국 질병관리본부보다 평균 1주일 빠르게 독감 확산을 예측한다. 상상력이 부족해서 식상한 것밖에 떠올리지 못했지만, 포인트만 잡으면 카톡 데이터 하나만으로도 사용할 곳은 무궁무진하다.

이것이 빅데이터가 지닌 특징 중 하나다. 빅데이터 이전에는 정해진 목적을 위해 데이터를 모았다. 하지만 빅데이터는 일단 데이터를 모은다. 그 데이터가 이후 어떻게 사용될지 저장되는 당시에는 정확히 알지 못하는 경우가 많다. 그러다 어느 순간 전혀 예상하지 못한 곳에서 뽑혀 올라와 정보가 된다. 물론 끝내 사용되지 않을 수도 있다. 그래서 빅데이터는 쉽기도 하고 어렵기도 하다. 데이터가 쌓인다는 건 단순하지만, 그 데이터를 어디에 적용할 수 있을지에 대해서는 다양한 시도가 필요하다(물론 이렇게 단정적으로 말하면 데이터를 관리하는 사람들은 분노할 것이다. 빅데이터 분석의 80%는 데이터를 저장하고 정리하는 것이다. 데이터를 해석하는 것은 마지막 과정일 뿐. 하지만 기술적인 부분은 어렵고 복잡하며, 우리는 결과에만 관심이 많은 속물들이니 그냥 넘어가자. 혹시 궁금하신 분은 책 《빅데이터를 지탱하는 기술》을 읽어보시라. 그나마 쉽게 설명해준다).

빅데이터에서 데이터만큼이나 중요한 것이 빠른 인터넷 속도와 데이터를 저장할 공간이다. 인터넷 속도가 느리고 저장할 공간이 없다면 데이터는 쌓이지 않는다. 컴퓨터와 정보통신기술(ICT, Information and Communication Technology, 과거에는 그냥 IT였으나 커뮤니케이션이 추가돼 ICT가 됨)이 발전함에 따라 인터넷 속도는 산술급수적으로 빨라지고 저장 공간은 기하급수적으로 늘어났다. 기억할지 모르겠지만, 10년 전까지만 해도 100MB 이상의 용량을 인터넷에 호스팅하기 위해서 사용료를 지불해야 했다. 하지만 이제는 대부분 업체가 사용자에게 10GB(10,000MB) 정도 공간은 무료로 제공한다. 페이스북과 유튜브처럼 사실상 제약이 없는 서비스도 많다. 넘치는 데이터를 위해 대기업들은 돈을 들이부어 세계 구석구석에 데이터 센터를 짓고 있다. 심지어 마이크로소프트는 바닷속에도 데이터 센터를 짓고 있다(데이터 센터는 열을 냉각하는 게 중요한데, 바닷속에 지으면 바닷물을 통한 냉각이 가능하다).

한국은 김대중 대통령 시절 국가 정책으로 인터넷 인프라를 전국에 보급했다. 덕분에 자타가 공인하는 IT 강국인 시절도 있었다. 하지만 현재 한국의 ICT는 미국보다 2년 정도 뒤처진다는 평가를 받는다. 다른 국가가 발전하는 동안 한국이 정체된 건 그놈의 공인인증서부터 언어까지(사용량이 적은 언어는 아무래도 데이터 수집에 불리할 수밖에 없다) 다양한 이유가 있는데, 전문가들은 '데이터를 저장하지 않은 것'도 그중 하나로 꼽는다. 전국에 처음 고속 인터넷이 깔렸을 때, 기업과 공공기관은 온갖 서비스를 인터넷을 통해 시도했다. 그 과정에서 기존에 없던 데이터가 쏟아졌지만, 그중에서 당장 필요한 데이터는 얼마 되지 않았다. 기업과 공공기관의 눈에 남은 데이터는 쓸모없는 것이었다. 늘 되는대로 닥치는 대로 효율적으로(?) 일해온 한국은 당연히 남는 데이터를 저장하지 않고 날려버렸다. 보관하는 것도 다 돈이 들기 때문이다. 결국 데이터의 가능성을 알지 못한 한국은 ICT 발전이 정체되었다가 뒤늦게 다시 따라가고 있다(2019년 한국은 5G를 세계 최초로 상용화했다. 소비자에게 이 기술은 단순히 빠른 속도로 다가오겠지만, 산업적으로 보면 더 광대하고 새로운 데이터를 축적할 수 있는 기회다. 인프라와 가격이 받쳐준다면 한국이 다시 데이터 강국이 될 수도 있다).

물론 데이터를 저장한다고 바로 빅데이터가 되는 것은 아니다. 아무리 수많은 데이터가 쌓여도 원하는 방식으로 구분하고 뽑아낼 수 없다면 아무 의미가 없다. 지금보단 적지만 과거에도 나름 많은 데이터가 만들어졌다. 하지만 당시에는 이 데이터를 어떻게 활용해야 할지 알 수 없었다. 모인 데이터를 일일이 찾아봐야 한다면 데이터 속에서 허우적대다 길을 잃을 것이다. 길 잃은 빅데이터를 구원한 것 중 하나가 바로 구글의 검색창이다.

구글의 등장, 연구의 판도를 흔들다

구글 이전에 있었던 야후와 라이코스, 그 외 기억나지 않는 수많은 포털에도 검색엔진이 있었다. 하지만 구글의 검색은 달랐다. 기존의 검색엔진은 제목이나 내용에 검색어와 겹치는 부분이 많으면 상위에 노출했다. 예를 들어 '김혜수'라고 검색하면 '김혜수 김혜수 김혜수 김혜수' 이렇게 적힌 아무것도 아닌 페이지가 상위에 떴다. 하지만 구글에서 '김혜수'라고 검색하면 배우 김혜수가 직접 운영하는 블로그나 공식 팬페이지, 혹은 작품 리스트가 상단에 뜬다. 당연히 사람들은 김혜수가 주야장천 쓰여 있는 페이지가 아니라 공식 페이지나 작품 리스트를 확인하기 위해 '김혜수'를 검색했을 확률이 높다(물론 최근에는 어떤 단어를 검색해도 대부분 위키피디아나 나무위키가 최상단에 뜬다). 이런 검색 시스템은 점점 발전해 이제는 'ㄱ'만 쳐도 ㄱ으로 시작하는 가장 많이 검색하는 단어부터 밑으로 정렬된다. 글자를 하나씩 채울수록 원하는 단어가 상단에 뜰 확률도 높아진다. 당신이 이전에 검색한 적이 있는 단어는 다른 단어보다 상단에 배치된다. 구글은 우리가 타이핑하는 그 짧은 순간에도 기존 데이터와 당신의 사용 패턴을 분석해 결과를 내놓는다. 그런 의미에서 구글의 검색엔진은 검색엔진이 아니라 정렬엔진이다. 검색은 누구나 한다. 중요한 것은 어떤 순서로 정렬하느냐 하는 것이다.

사람들은 곧 구글의 편리함에 익숙해졌고, 모든 것을 구글에서 검색하기 시작했다(세계 검색엔진 시장에서 구글의 점유율은 92%가 넘는다). 구글은 사용자들의 검색을 바탕으로 구글 트렌드Google Trends라는 서비스를 내놓았다. 간단히 말하면 사람들이 특정 단어 혹은 문장을 얼마나 검색했는지를 알려주는 서비스다. 정확한 수치를 공개하지는 않고, 상대적으로 그 검색어가 얼마나 검색됐는지를 보여준다. 지역, 연령, 성별을 세분화해서 살펴볼 수도 있다.

2016년 세계를 뒤흔든 두 번의 선거가 있었다. 하나는 영국이 EU를 탈퇴할지 말지를 정하는 국민투표였고, 하나는 힐러리와 트럼프가 맞붙은 미국 대선이었다. 모두가 알다시피 영국 국민은 EU 탈퇴를 찬성했고, 미국에서는 트럼프가 대통령이 됐다. 결과 자체도 충격적이었지만, 사람들이 더 놀란 것은 결과가 사전 여론조사와 완전히 달랐기 때문이다. 대다수 언론이 영국은 EU에 남는 것으로, 미국 대통령은 힐러리가 될 것으로 예측했다. 그런데 유일하게 두 선거의 결과를 정확히 예측한 곳이 있었다. 바로 구글이다. 구글은 검색량을 기준으로 결과를 발표했고, 둘 다 맞혔다(물론 정확히 예측한 건 아닌데, 이 오류에 대해서는 뒤에서 살펴보기로 하자). 사람들은 힐러리보다 트럼프를 더 많이 검색했고, 브렉시트에 찬성하는 것을 더 많이 검색했다.

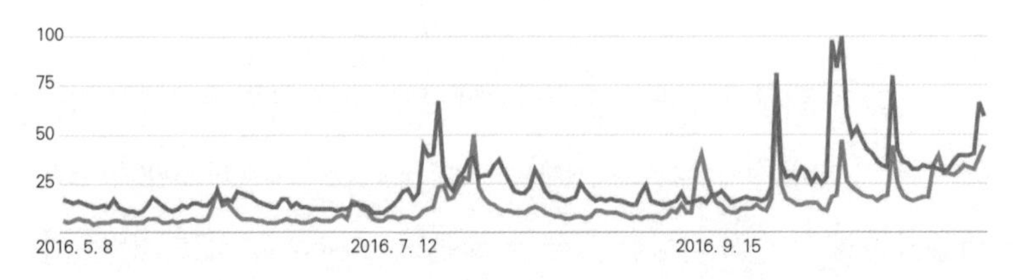

2016년 미국 대선 전 6개월간 두 후보의 구글 검색량 비교. 트럼프는 선거 내내 힐러리를 앞섰다.

왜 여론조사는 틀리고, 구글은 맞혔을까?

먼저 모집단 규모의 차이다. 여론조사는 보통 천 명 정도를 대상으로 한다. 반면 구글 사용자는 훨씬 많다. 여론조사가 표본이 적다고 해서 꼭 오차가 큰 건 아니다. 여론조사 끝에 매크로처럼 늘 붙는 말이 있다. 여론조사의 신뢰도는 ±95%다(모집단의 크기에 따라 조금씩 차이가 난다). 하지만 이 신뢰도는 사람들이 정직하게 대답한다고 가정했을 경우다. 물론 어떤 조사라도 천 명 모두가 성실히 답변하지는 않겠지만, 일정 수 이상의 사람들이 어떤 이유로 편향된 거짓말을 한다면 조사의 정확도는 떨어질 수밖에 없다.

투표 참여 여부를 묻는 조사가 대표적이다. 선거 직전 "이번 선거에 투표할 것인가?"라는 질문에 답변자의 80% 이상은 "투표할 것"이라 응답한다. 하지만 막상 선거일이 되면 60% 정도의 유권자만 투표를 한다. 적은 경우는 50%도 채 되지 않는다. 이 20%의 격차는 어디서 오는 것일까? 투표할 생각은 있었지만 선거 당일 피치 못할 사정이 생겨서 투표를 못 한 것일까? 그런 사람도 분명 있을 것이다. 하지만 그런 사람이 20%가 될 수는 없다. 대부분 사람은 투표에 참여하는 것이 '옳다'고 생각한다. 투표를 하지 않는 것도 시민의 권리지만, 어떤 사람들은 "투표를 안 한다"고 답변하면 생각 없는 사람처럼 보일 것이라 걱정한다. 그래서 실제로 투표는 안 하지만 여론조사에서는 "투표할 것"이라 응답하는 이들이 있는 것이다.

그나마 저조한 투표율은 선거마다 반복되기 때문에, 여론조사 결과에서 20% 정도를 빼고 예측을 한다. 하지만 선거마다 후보나 상황이 다르기 때문에 지지율 자체는 여론조사를 그대로 믿을 수밖에 없다. 가령 지난 미국 대선에서 트럼프의 막말은 큰 이슈였다. 정치 성향과 무관하게 트럼프가 내뱉는 말은 상식을 넘어선 경우가 많았고, 이 때문에 트럼프 지지자 중 일부는 "트럼프를 지지한다"고 선뜻 말하기 어려워했다. 그래서 여론조사에서 다른 후보를 지지한다고 하거나 지지 후보가 없다고 응답했다. 이들을 '샤이 트럼프'라고 불렀는데, 부끄러워라도 했다는 걸 좋은 현상으로 봐야 할지 나쁘게 봐야 할지 잘 모르겠다. 아무튼 결과적으로 트럼프 지지율은 여론조사와 10% 정도 차이가 났다.

한국의 19대 대선에서도 '돼지 발정제' 및 각종 막말로 사람 취급을 못 받던 자유한국당 홍준표 후보가 여론조사에서는 15% 정도의 지지를 받아 3위에 머물렀지만, 실제 선거에서는 24%의 표를 얻어 2위를 차지했다. 대다수 전문가가 '샤이 홍준표'를 예측했지만 예측치는 모두 달랐다. 숨은 지지층은 후보가 누구인지, 정치적 상황이 어떤지에 따라 달라지기 때문에, 투표율처럼 정확히 정량화해서 예측하기 어렵다.

●▶▶

여론조사에서 부끄러운 후보를 지지하는 것만큼이나 솔직해지기 힘든 부분 중 하나가 '섹스'에 관련된 질문들이다. 미국 종합사회조사General Social Survey의 성 관련 설문조사에서, 미국 이성애자 여성은 연간 평균 55회 섹스를 하고 이 중 약 16%에 콘돔을 사용한다고 답변했다. 이를 미국 전체에 대입해보면 콘돔 사용량은 약 11억 개가 된다. 반면 이성애자 남성은 연간 평균 63회 섹스를 하고 이 중 약 23%에 콘돔을 사용한다고 답변했다. 이를 전체에 대입하면 콘돔 사용량은 16억 개다. 분명 서로 섹스를 했을 텐데, 콘돔 사용 개수가 5억 개나 차이난다. 미국 남성이 외국 여성에게 특별히 인기가 많고, 반대로 미국 여성은 외국 남성에게 특별히 인기가 없어야만 가능한 숫자다. 즉, 이성애자 남성과 이성애자 여성 둘 중 하나는 거짓말을 하고 있다. 어느 집단이 거짓말을 하고 있을까?

정답: 모두 거짓말을 하고 있다.

미국에서 한 해 판매되는 콘돔은 11억 개는커녕 6억 개도 되지 않는다. 사람들이 콘돔을 자체 제작하거나 재활용한 것이 아니라면(제발 그러지는 않았길 빈다), 조사에 응답한 사람 중 일부는 실제보다 섹스 횟수를 부풀렸거나 콘돔 사용량을 부풀렸다. 아마도 응답자들은 섹스를 적게 한다고 말하면 매력 없어 보일까 봐 걱정한 것 같다(특히 남자들!). 이 얼마나 우스운 일인가! 설문조사원을 유혹하는 것도 아닌데 섹스 허풍이라니. 하지만 데이터는 그 찌질이가 우리라고 말하고 있다.

이렇듯 자신에게 예민한 질문일수록 설문조사의 신뢰성에는 한계가 있다. 여론조사는 질문을 기계음으로 하느냐 사람이 하느냐 같은 사소한 변수로도 결과가 달라진다(사람이 직접 물어볼 때, 피조사자는 본심을 더 많이 숨긴다).

그럼 인터넷 검색은 어떨까?

우리는 궁금한 것이 부도덕하고 심지어 불법이라 하더라도 검색엔진에 숨기지 않는다. 자신이 덜 매력적으로 보일까 봐 인터넷에 탈모를 검색하지 않는 사람은 없다. 이것이 여론조사와 검색이 다른 점이다. 대다수 사람은 연예인 스캔들을 신경 쓰는 이를 한심하다고 말하고, 자신은 그런 것에 별로 관심이 없다고 말한다. 그런데 어째서 검색어 1위는 늘 스캔들이 터진 연예인의 이름일까?

2008년 치러진 미국 대선에서 민주당 버락 오바마 후보는 공화당의 존 매케인 후보를 7% 차로 넉넉히 따돌리고 대통령에 당선됐다. 강력한 양당제 정치 체제를 가진 미국에서 7%면 상당히 큰 차이의 승리다. 오바마는 미국 최초의 유색인종, 최초의 흑인 대통령이 되었다. 언론은 오바마의 당선이 지긋지긋하게 이어지던 인종 차별이 사라진 증거라며 연신 팡파르를 울렸다. 여론조사에서 대다수 응답자는 대통령이 되는 것에 인종은 아무 상관이 없으며, 자신은 인종 차별을 하지 않는다고 답변했다.

하지만 인터넷의 상황은 정반대였다. 오바마가 당선된 그날, 백인 극우 사이트인 '스톰프런트Stormfront(미국 일베)의 가입자가 평소보다 10배 이상 많았다. 사람들은 구글에 'First Black President(최초의 흑인 대통령)'를 검색하는 만큼 'Nigger President(깜둥이 대통령)'를 검색했고, 4개 주에서는 후자를 더 많이 검색했다. 이런 검색 결과는 보수적인 남부 지역과 중부 지역뿐 아니라 진보적이라 여겨지는 해안가 대도시에서도 크게 차이 나지 않았다. 공화당 지지층에서 이런 현상이 조금 더 많기는 했지만, 민주당 지지자라 해서 결백하지도 않았다.

데이터과학자인 세스 다비도위츠Seth Stephens-Davidowitz는 오바마 당선 직후, 구글의 데이터를 바탕으로 오바마가 흑인이라는 단 하나의 이유만으로 선거에서 4% 정도 손해를 봤다는 논문을 발표한다. 당시에는 오바마 열풍이 엄청났기에(무엇보다 대선에 이겼기에) 이 논문은 큰 이슈가 되지는 않았다. 하지만 이 논문을 본 구글은 다비도위츠를 바로 데이터과학자로 채용한다. 그가 데이터 속에서 새로운 것을 찾아내는 재능을 발견한 것이다.

2016년 선거에서는 다비도위츠의 주장을 증명하기라도 하듯, 인종 차별 발언을 일삼는 트럼프가 당선된다. 언론은 트럼프가 당선된 이후 인종 차별이 극성이라고 떠들지만, 트럼프의 당선은 원인이 아니라 결과일 뿐이다. 일부 사람들은 겉으로는 아닌 척하면서 여전히 인종 차별을 한다(오해 금물. 트럼프를 지지한 사람이 모두 인종 차별주의자라는 뜻은 아니다).

물론 이런 결과를 단순하게 사람들이 거짓말을 하는 것이라고 단정할 순 없다.

페이스북은 2006년 '뉴스피드'라는 서비스를 추가했다. 뉴스피드에는 친구로 등록된 이들이 어떤 활동을 하고 있는지 자세히 표시된다. 어떤 게시물에 '좋아요'를 눌렀는지, 누구를 팔로우했는지 등 굳이 알 필요 없는 많은 것을 사용자에게 알려준다. 사용자들은 뉴스피드가 도입되자 페이스북에 강한 불만을 토로했다. 다른 사람이 페이스북에서 한 행동이 자신에게 일일이 보고되니, 자신이 스토커가 된 것 같아 소름 끼친다는 것이 이유였다. 우리는 그 정도로 우리의 상황을 친구에게 알리고 싶지도 않고, 친구의 활동을 그렇게까지 알고 싶지도 않다. 미국에서는 뉴스피드에 반대한 오프라인 거리 시위가 있었을 정도다.

하지만 페이스북 창립자인 마크 저커버그Mark Elliot Zuckerberg는 이런 반대 여론을 전혀 신경 쓰지 않았다. 그는 무슨 배짱으로 사용자의 의견을 무시한 것일까? 답은 간단하다. 뉴스피드가 생긴 뒤로 페이스북 사용자들의 접속 시간이 배로 늘었기 때문이다. 성과가 있으니 반대 여론을 무시하고 정책을 고수한 것이다. 사람들은 싫다고 말하면서도 뉴스피드가 띄우는 친구들의 활동에 관심을 가졌고, 페이스북을 이전보다 더 오래 사용했다. 그렇다면 사람들이 뉴스피드가 싫다고 한 말은 거짓이었을까? 그렇진 않을 것이다. 다만 거부보다 더 강한 충동을 느꼈을 뿐이다.

반대의 경우도 있다. 넷플릭스는 페이스북과 달리 사용자의 말을 신뢰했다. 초기 넷플릭스는 사용자가 로그인하면 사용자가 '보고 싶다'고 체크해놓은 영상을 추천 영상에 띄웠다. 하지만 사람들은 좀처럼 자신이 보겠다고 한 영상을 보지 않았다. 왜 그럴까? 사람들은 훌륭한 다큐멘터리나 작품성이 높은 해외 영화를 언젠가 봐야겠다고 생각하고 '보고 싶다' 버튼을 누르지만, 실제로는 늘 보던 가벼운 드라마와 비슷한 작품만을 계속 시청하는 것이다.

결국 넷플릭스는 페이스북과 같은 선택을 한다. 데이터를 기반으로 사용자가 본 드라마와 같은 드라마를 본 다른 사람이 본 작품을 추천하는 방식으로 시스템을 변경한 것이다. 시스템 변경 이후 사람들이 넷플릭스를 보는 시간이 훨씬 늘어났고, 유료 연장을 하는 비율도 크게 늘어났다. 사람의 말이 아니라 드러난 행동을 믿는 것, 그것이 빅데이터의 교훈이다.

이번에는 한국 이야기를 잠깐 해보자. 구글 트렌드는 한국어도 지원하지만 한국에서는 아직 큰 의미가 없다. 대부분 사람이 '네이버'를 사용하기 때문이다. 다행히 네이버에서도 구글 트렌드와 비슷한 '네이버 데이터랩'을 서비스한다. 이를 사용해 간단한 조사를 해보자.

우리나라 사람들은 어떤 질병에 관심이 많을까? 사망 원인 1위인 암? 발암물질, 항암 음식이 연일 방송에 나오고 암을 이기는 온갖 방법이 소개된다. 하지만 검색량으로 보면 사람들은 암보다 조루에 훨씬 더 많은 관심을 보였다.

놀랍지 않은가? 대상을 남성으로 한정하면 이 차이는 더 벌어진다. 사실 조루는 암뿐만 아니라 대다수 질병보다 검색량이 많다. 사람들은 감기만큼이나 조루를 검색한다(감기가 유행하는 시기에 감기의 검색량이 치솟긴 하지만 평소에는 조루의 검색량과 비슷하다). 조루보다 한국인이 더 관심이 많은 질병은 '탈모' 정도뿐이다. 물론 검색 결과가 이렇게 나온다고 해서 한국인이 암보다 조루 때문에 더 많은 고민을 한다고 단정할 순 없다. 암에 관한 정보는 굳이 인터넷에서 찾지 않아도 쉽게 접할 수 있지만, 조루는 터놓고 이야기하기도 어렵고 정보를 구할 길도 없어 인터넷 검색이 많은 측면도 있을 것이다. 하지만 우리가 생각하는 것보다 훨씬 많은 남자와 그들의 파트너가 조루로 고민하고 있다고 추정할 수

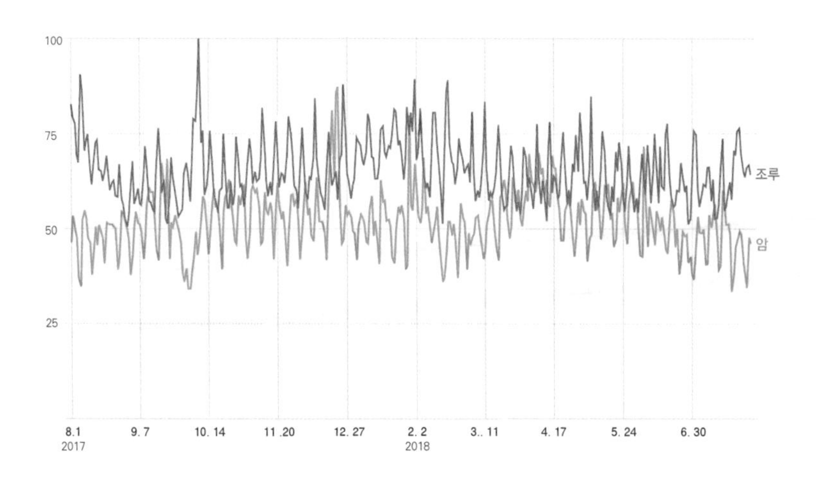

2017년 8월부터 2018년 7월까지 1년간, 암과 조루의 네이버 검색량 비교.

있다.

그럼 여론조사에서 "당신이 가장 걱정하는 질병은 무엇입니까?"라는 질문을 받았다고 해보자. 인터넷에서 조루를 검색해본 사람 중에 과연 몇이나 이 질문에 '조루'라고 답변할까? 부끄러워서 솔직하게 답변하지 못하는 사람도 있겠지만, 그런 답변을 할 생각조차 못하는 사람도 많을 것이다. 인터넷은 우리가 생각지도 못한 우리를 알게 해준다. 사실 인터넷에서 당신이 무엇을 검색하는지를 알면, 나는 당신보다 당신을 더 잘 알게 될 수도 있다(혹시나 오해할 이를 위해 덧붙이자면, 이를 찾아봤다고 해서 내가 조루란 것은 아니다. 물론 이렇게 공식적인 책에 조루라고 말하는 사람은 별로 없을 테니, 여러분은 이 말이 진실인지 아닌지 확인할 수 없다).

이 정도면 인터넷 검색이 빅데이터로 갖는 장점에 대해서는 충분히 파악했을 것이다. 하지만 문제가 있다. 인터넷이 대중화된 지는 30년이 채 되지 않았고, 데이터가 본격적으로 축적된 것은 21세기가 되어서다.

역사 속 구글 찾기

1996년 미국 스탠퍼드 대학원생 래리 페이지Larry Page와 세르게이 브린Sergey Brin은 '스탠퍼드 디지털 도서관 테크놀로지 프로젝트'를 추진한다. 인터넷에서 책의 내용을 찾아볼 수 있도록 인터넷 도서관을 만드는 프로젝트다. 하지만 당시만 해도 디지털화된 책이 거의 없어 이 프로젝트는 현실적으로 불가능했다. 결국 두 사람은 책 대신 인터넷에 존재하는 디지털 페이지들을 검색할 수 있는 검색엔진을 만든다. 그들은 이를 '구글'이라 불렀다.

10년이 흐른 후, 구글의 창업자 래리 페이지는 도서관 프로젝트를 다시 시작한다. 여전히 디지털화된 책은 별로 없었다. 하지만 달라진 게 있었다. 바로 구글이 세계 최고의 기업이 되었고, 페이지는 억만장자라는 것이다. 돈을 아무리 써도 그 이상이 통장에 쌓이기 시작했다. 페이지는 책이 디지털화되는 것을 기다리지 않았다. 구글은 직접 책을 스캔하고 디지털화하는 작업에 뛰어든다.

구글은 전 세계 유수의 도서관들과 제휴를 맺고, 그들이 가지고 있는 고서를 디지털화하는 구글 북스Google books 프로젝트를 시작한다. 저작권이 만료된 책은 전체를 공개했고, 저작권이 남아 있는 책은 협의를 거쳐 일부를 공개했다. 도서관도 디지털화 작업을 무료로 할 수 있으므로 구글의 제안을 거절할 이유는 없었다. 구글은 현재 약 3,500만 권의 책을 디지털화해서 보유하고 있다. 이는 하버드(1,700만 권), 옥스퍼드(1,100만 권) 등 어떤 대학 도서관이 보유한 것보다 많은 것은 물론이고, 러시아 국립도서관(1,500만 권), 독일 국립도서관(2,500만 권), 미국 의회도서관(3,300만 권)보다도 많다. 구글 북스는 전 세계에서 가장 거대한 도서관이다.

2006년, 대학원생이던 장바티스트 미셸Jean-Baptiste Michel과 에레즈 에이든Erez Aiden은 영문법의 역사와 관련된 논문을 쓰고 있었다. 이들은 옛날 자료를 구하고 그 자료에서 필요한 부분을 찾아내는 데 인생을 허비하고 있었다. 운이 나쁜 날은 종일 책을 뒤져도 쓸 만한 데이터를 구할 수 없었고, 그들은 반쯤 미쳐갔다. 그때 눈에 띈 게 구글 북스였다. 그들은 구글을 찾아가 한 가지 프로젝트를 제안한다.

제안은 간단했다. 구글 트렌드처럼 특정 단어를 검색하면 구글 북스가 보유한 책에서 그 단어가 얼마나 등장하는지 그 수치를 그래프로 보여주는 것이다. 엔그램 뷰어Ngram Viewer의 탄생이다. 모든 시기를 할 수 있는 것은 아니고, 본격적으로 책이 만들어진 16세기부터 검색할 수 있다. 그래도 500년이 넘는 시간이다.

구글 트렌드와는 살짝 차이가 있다. 아무리 과거 서적부터 검색된다 해도 시대별로 발간된 책의 양이 차이 날 수밖에 없다. 현대로 올수록 책의 양은 절대적으로 늘어난다. 모든 책에 같은 가치를 부여하면 최근의 트렌드가 전체 추세로 오해될 수 있다. 그래서 사용된 단어량을 절대적으로 수치화하는 것이 아니라, 발간된 연도로 책을 구분해 천 단어당 각 단어가 사용된 빈도를 표시하게 바꿨다. 예시를 보면 쉽게 이해된다.

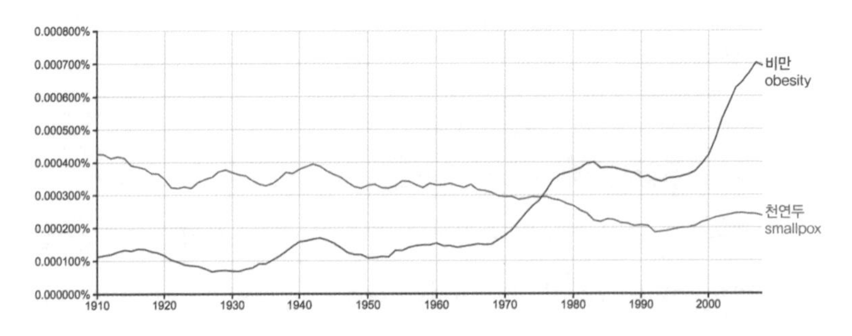

구글 엔그램 뷰어를 통해 천연두와 비만을 검색한 결과다. 20세기 초만 해도 천연두는 비만보다 훨씬 더 큰 인류의 관심사였다. 하지만 백신이 대중화되면서, WHO는 1979년 인류가 천연두를 완전히 극복했다고 선언했다. 책에서는 과거도 다루기 때문에 천연두라는 표현이 이후에 완전히 사라지지 않았지만 빈도는 조금씩 줄어들었다. 반면 비만은 1970년대부터 언급이 급격히 증가한다. 몇 가지 더 살펴보자.

가난 vs 부

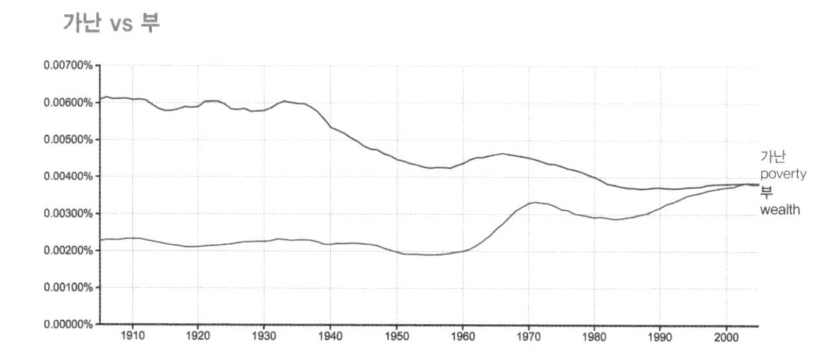

사회는 부유해지는데 왜 가난에 대한 언급은 증가하는가?

과학 vs 종교

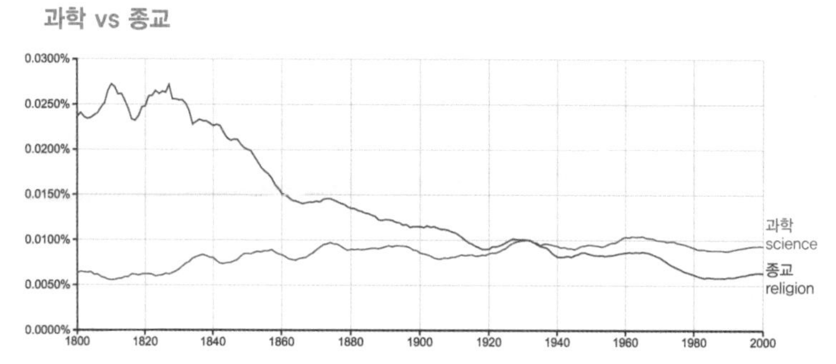

과학이 종교를 역전한다는 건 누구나 예상 가능하다. 우리가 가져야 할 의문은 '왜 종교의 빈자리를 과학이 차지하지 못한 것일까?' 하는 것이다. 과연 종교의 빈자리는 무엇이 채우고 있을까?

지옥 vs 천국

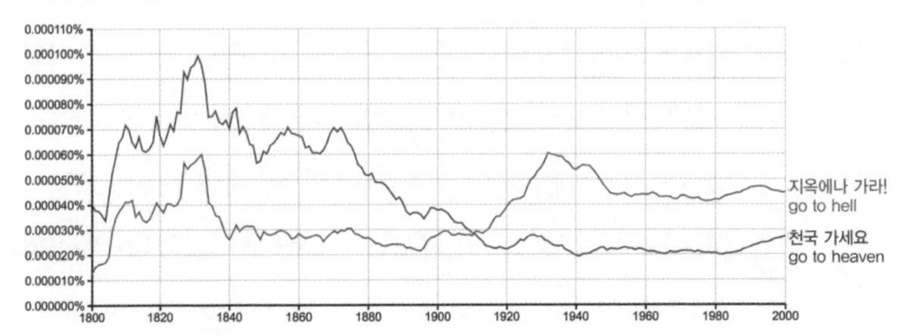

대체 사람들 사이에 무슨 일이 벌어진 거야.

컴퓨터 vs 인터넷 vs TV vs 라디오

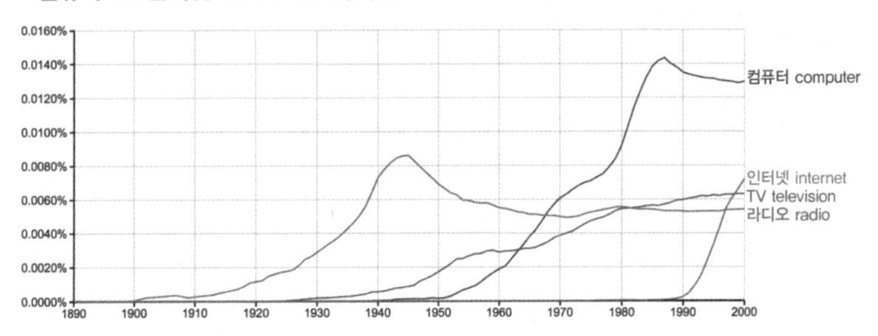

특정 물건이나 개념이 언제 생겨나서 언제 확산되는지 정확히 파악할 수 있다.

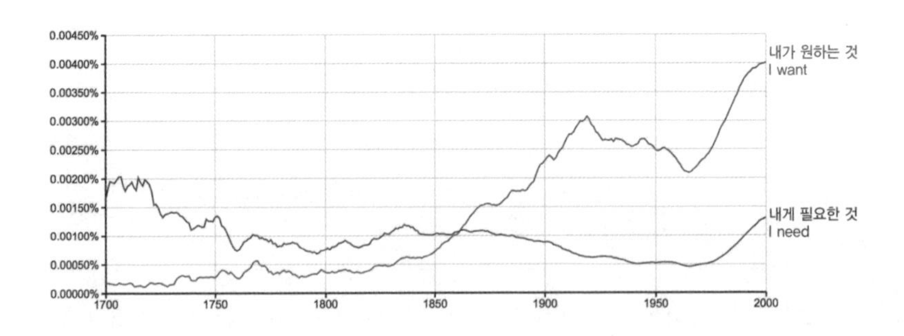

필요의 시대를 넘어 욕망의 시대로.

기존에 나와 있는 책에 언급된 단어의 수를 합산한 것에 불과하지만, 엔그램 뷰어는 시대를 꿰뚫는 정보를 제공한다. 사회의 변화를 매우 쉽고 정확하게 드러내며, 가끔은 우리에게 생각지도 못한 질문을 던지고, 새로운 방향을 제시하기도 한다.

하지만 안타깝게도 아직 한국어 자료는 사용할 수 없다. 꼭 구글이 아니더라도 어느 곳에서든 한국어 자료를 정리해주길 바란다. 격변을 겪으며 다양한 문화가 시시각각 충돌했던 한국의 근현대사를 돌이켜보면 이런 시도는 역사, 언어, 철학 등 광범위한 범위에서 흥미로운 결과를 도출할 것이다.

어떤 데이터를 어떻게 적용할 것인가?

빅데이터는 과거에는 추상적으로 보이던 개념까지도 우회적으로 수치화해 정리한다. 결국 빅데이터의 핵심은 '어떤 데이터를 어디에 어떻게 적용할 것인가?' 하는 점이다. 사례를 통해 살펴보자.

각 국가는 매년 자국 내에서 일어난 생산 활동의 총합인 GDP를 발표한다. 우리는 GDP와 기타 경제지표를 바탕으로 세계 경제의 흐름을 파악한다. 그런데 국가가 발표하는 경제지표를 그대로 믿어도 될까? 한국같이 인프라를 충분히 갖춘 국가의 발표는 어느 정도 신뢰할 수 있다. 하지만 일부 개발도상국은 행정 시스템이 정확히 갖춰지지 않아 경제활동이 제대로 기록되지 않는다. 또 정치가 불안정하거나 독재하는 국가는 치적을 부풀리기 위해 지표를 조작하는 경우도 많다. 이 때문에 세계 경제를 연구하는 학자들은 개발도상국의 정확한 경제 상황을 알기 위해 오랫동안 노력해왔다.

2009년 나온 〈우주 공간에서의 경제 성장 측정〉이라는 논문은 빅데이터를 활용한 대안 중 하나다. 논문의 저자들은 경제가 좋아지면 야간 조명을 더 많이 사용하고, 경기가 나빠지면 야간 조명 사용량이 줄어들 것으로 가정했다. 전기 시설 설치비와 사용료는 개발도상국에서는 큰 금액이므로 어느 정도 가능성 있는 가설이다. 연구진은 우주에서 촬영한 위성 사진을 바탕으로 국가별로 조명 사용량이 어떻게 바뀌는지 비교했다.

1번 그림은 1992년과 2008년 한반도의 야간 조명 비교 데이터다. 한국의 GDP는 1992년 3,500억 달러에서 2008년 1조 달러로 3배 가까이 증가했다. 야간 조명 역시 확연하게 증가한 걸 확인할 수 있다. 반면 같은 시기 외교 단절과 자연재해로 극심한 경제 악화를 겪은 북한은 안 그래도 적은 조명이 더 줄어들었다.

2번 그림은 마다가스카르 남쪽 지역의 야간 조명 데이터다. 왼쪽 아랫부분에 위치한 일라카카Ilakaka 마을은 1998년까지만 해도 야간 조명이 없었다. 1999년부터 조명이 조금씩 생기더니 2003년에는 조명이 크게 늘어났다. 왜 갑자기 조명이 늘었는지 알아보니 1998년 일라카카 근처에서 루비와 사파이어가 대량으로 발견되었기 때문이라고 한다. 현재 이 지역의 루비와 사파이어는 전 세계 공급량의 50%를 차

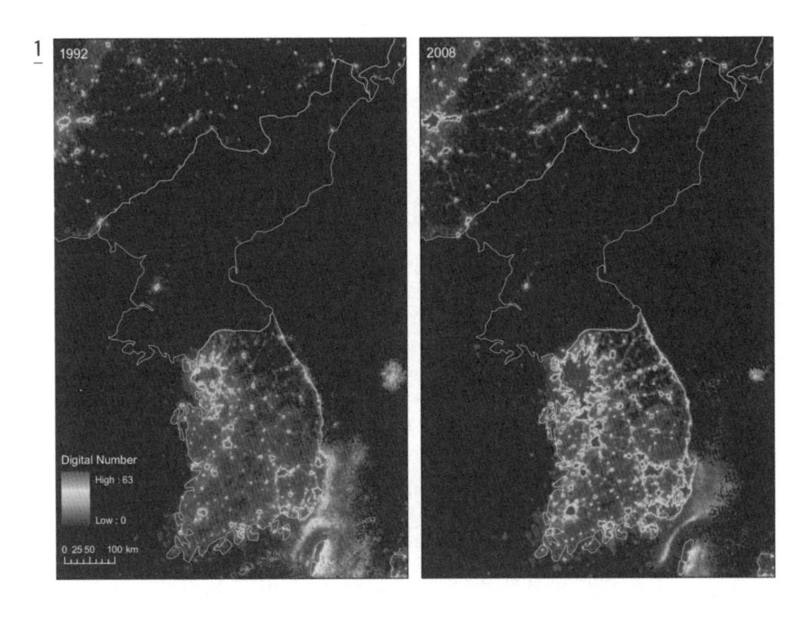
1
1992
2008
Digital Number
High : 63
Low : 0
0 25 50 100 km

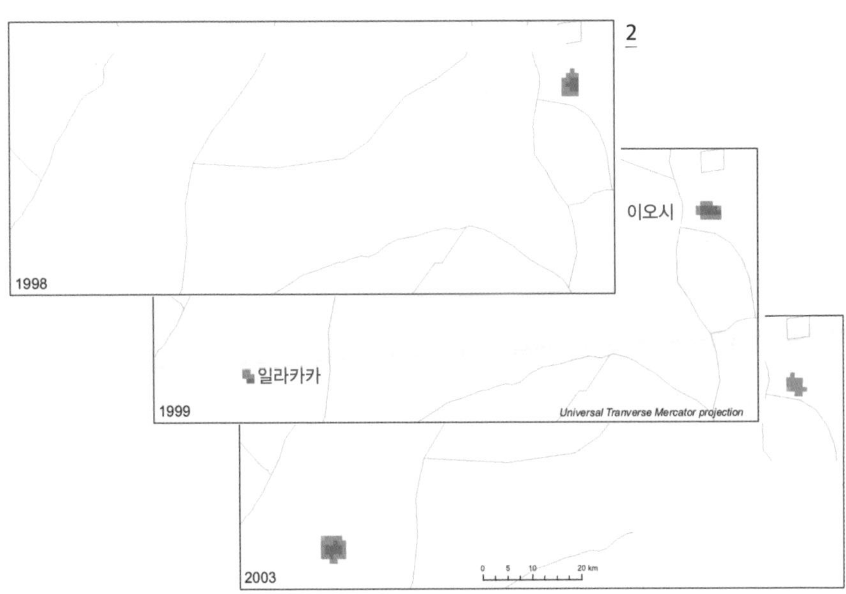
2
1998
이오시
일라카카
1999
Universal Tranverse Mercator projection
2003
0 5 10 20 km

지하고 있다. 당연히 전기를 포함한 인프라가 급격히 늘었고 경제도 성장했다. 반면 기존에 번성했던 이오시Ihosy 마을은 주민들이 일자리를 찾아 일라카카로 떠나면서 야간 조명이 줄어들었다.

물론 야간 조명만으로 경제 상황을 완벽히 파악할 순 없다(논문 저자들도 인정한다). 하지만 경제 관련 데이터가 정확하지 않은 지역에서는 기존 국가가 발표한 경제 수치와 야간 조명 데이터를 비교해 어느 정도 정확한 정보를 파악할 수 있다. 이런 방식이 모든 국가에 통용되는 것은 아니다. 선진국은 이미 전기 인프라가 충분하고 전기 사용료가 경제의 영향을 바로 받을 정도로 큰 금액은 아니기 때문에 경기가 전기 사용량의 절대적 변수는 아니다. 즉, 같은 데이터라도 언제 어디에 적용하느냐에 따라 적절할 수도 있고 아닐 수도 있는 것이다.

이 사례에서 눈여겨볼 점은 위성 사진은 경제 성장을 확인하기 위해 촬영한 자료가 아니었다는 것이다. 위성 사진은 다른 용도로 이미 촬영되어 데이터로 남아 있었고, 연구자들이 숨겨진 경제 성장을 알아내기 위해 이 자료를 찾아내 활용한 것이다.

다른 사례를 보자.

나는 앞에서 라이머의 작품을 언급하면서, 로맨스 소설에서 여성을 묘사할 때 '똑똑하다'라는 표현보다 '아름답다'라는 표현이 훨씬 많이 사용된 점을 들어, 이것이 여성을 대상화하는 성차별의 한 단면일 수 있다는 지적을 했다. 하지만 지금은 시대가 변했다. 여성은 남성과 동등한 교육을 받고 동등한 기회를 제공받는다(고 믿어진다). 그럼 우리 사회의 편견은 모두 사라진 것일까? 이를 유추해볼 수 있는 빅데이터 연구가 2014년《뉴욕타임스》에 실렸다.

부모들은 자기 아이의 행동을 과대 해석하는 경향이 있다. 어떤 행동을 조금만 잘해도 부모는 자신의 아이가 재능이 있다고 생각한다(별로 대단하지 않은 경우가 많다). 아이의 재능을 발견한 부모들은 어떤 행동을 할까?

뭘 어떻게 해. 세상 모든 일이 그렇듯 인터넷에 검색하겠지. 그들은 자신의 아이에 대해 구글 신에게 질문을 던졌다. 그런데 아들딸을 구분하지 않고 이런 생각을 할까? 구글에 "우리 아들이 재능 있나요?(Is My Son Gifted?)"란 검색은 "우리 딸이 재능 있나요?(Is My Daughter Gifted?)"란 검색보다 2.5배 많다. 이와 비슷한 질문들, 예를 들어 "우리 아들이 천재인가요?(Is my son a genius?)"같이 재능과 관련된 질문은 딸보다 아들에 관련된 경우가 많다. 이로써 우리가 알 수 있는 건 무엇일까? 혹시 남아가 여아보다 태생적으로 더 뛰어난 건 아닐까? 남아가 여아보다 천재가 많아서 그런 것은 아닐까?

데이터는 그렇지 않다고 대답한다. 사실 그런 차이가 있다면 반대가 돼야 한다. 어릴 때는 여아의 지능 발달이 빨라 평균적으로 더 많은 단어를 사용하고 더 복잡한 문장을 구사한다. 실제로 미국 영재 프로그램에는 여아가 남아보다 11% 더 많다. 그런데도 부모들은 영재 딸보다 영재 아들을 더 많이 '발견'한다.

더 흥미로운 건 반대의 질문도 마찬가지 결과를 나타낸다는 것이다.

"내 아들이 뒤처져요(혹은 멍청해요)"란 검색이 "내 딸이 뒤처져요(혹은 멍청해요)"란 검색보다 훨씬 많다. 좋은 쪽이든 나쁜 쪽이든, 재능에 관련된 질문은 대부분 아들에 편향되어 있다. 우리는 두 가지 추측을 해볼 수 있다. 첫째, 세계에는 남아가 여아보다 많다. 둘째, 아들이 딸보다 유독 뛰어나거나 멍청하다. 하지만 그럴 리가 없다.

물론 우리의 부모들이 딸을 싫어할 리 없다. 부모가 딸에 관해 질문이 더 많은 분야도 있다. 바로 외모에 관한 부분이다. "내 딸이 과체중인가요?(Is My Daughter Overweight?)"란 질문은 "내 아들이 과체중인가요?(Is My Son Overweight?)"란 질문보다 2배 더 많았다. 우리는 논리적으로 딸들이 집 안의 간식을 모조리 먹고 살이 찐 것은 아닌지 의심해볼 수 있다. 하지만 조사에 따르면, 남아의 과체중 비율은 33%, 여아의 과체중 비율은 30%로 별 차이가 나지 않았다. 엄밀히 따지면 아들의 과체중 비율이 조금 더 높다. 그런데 부모들은 살찐 아들은 방치한 채 살찐 딸을 더 많이 걱정했다. 이외에도 외모에 관련된 검색은 딸이 아들을 압도한다. "딸이 예쁘다(Daughter Is Beautiful)"는 아들의 1.5배, "내 딸이 못생겼나요?(Is My Daughter Ugly?)"는 아들보다 3배나 더 많았다. 물론 가장 미스터리한 부분은 대체 왜 이런 것까지 구글에 물어보느냐 하는 것이지만, 현대인이 인터넷 아니면 또 어디에 물어본단 말인가.

우리의 부모는 아들에게는 탁월한 재능을, 딸에게는 아름다운 외모를 원한다고 추론할 수 있다. 물론 이 결과만을 놓고 부모가 '우리 사회의 차별을 조장한다'고 말할 순 없다. 단지 부모는 자녀가 잘되기를 원해서 그런 질문을 하는 것뿐이다. 사회가 남자와 여자에게 요구하는 것이 다르니, 부모도 자식을 그렇게 바라볼 수밖에 없다. 하지만 언젠가 사회적 차별이 모두 사라진다고 하더라도 부모의 이런 무의식적인 차별이 지속된다면, 남녀는 성장 환경에서부터 차별이 발생할 수밖에 없다. 이런 연구는 우리가 은연중에 저지르는 실수를 알려주고 반성할 기회를 제공해준다는 점에서 의미가 있다.

이 연구도 앞의 위성 사진과 비슷한 측면이 있는데, 연구자가 자녀 차별을 연구하기 위해 설문조사나 실험을 한 것이 아니라는 점이다. 그들은 이미 인터넷에 남아 있는 검색 결과를 분석해 의미를 찾아냈다.

●▶▶

가끔 빅데이터는 종교처럼 다뤄진다.

미국의 월마트는 매출 데이터를 기반으로 어떤 제품을 잘 보이는 선반에 올릴지를 결정한다. 꼭 이런 방식 때문은 아니겠지만, 현재 월마트는 전 세계 매출 1위 기업이다(비록 한국에선 망했지만). 2004년 허리케인 프랜시스가 예보됐을 때, 월마트는 이전 데이터를 뒤져 허리케인이 올 때 사람들이 어떤 물건을 많이 구입했는지를 분석했다. 생수, 빵, 즉석식품, 배터리, 손전등같이 빅데이터가 없이도 누구나 생각할 법한 생존 물품이 많이 팔렸다. 맥주도 많이 팔렸는데, 조금 한심하다는 느낌도 들지만 납득은 된다. 비바람이 몰아치는데 할 게 뭐 있겠나? 집에서 술이나 마셔야지.

하지만 데이터는 누구도 예측 못한 놀라운 결과 하나를 내놓았다.

사람들은 허리케인이 올 때 '딸기맛 팝타르트'를 평소보다 7배 더 많이 산다는 것이다. 왜 하필 딸기맛 팝타르트인가? 모른다. 그걸 어찌 알겠는가. 하지만 데이터는 딸기맛 팝타르트라고 답했고, 월마트의 배송 트럭은 허리케인이 지나갈 것이라 예측되는 지점에 딸기맛 팝타르트를 배송했다. 각 지점은 재빨리 선반 위에 딸기맛 팝타르트를 깔았고, 딸기맛 팝타르트는 불티나게 팔렸다.

언젠가 딸기맛 팝타르트와 허리케인의 연관성이 밝혀질지도 모른다. 거기에는 분명 설명 가능한 이유가 있을 것이다. 하지만 월마트 경영진이 인과 관계를 밝히는 과정을 거쳐서 합리적으로 정책을 세웠다면, 이미 허리케인이 지나간 다음이었을 것이다. 그들은 데이터가 제시한 해답을 묻지도 따지지도 않고 받아들였다. 빅데이터가 종교로 탄생한 순간이다.

우리는 이 현상을 어떻게 받아들여야 할까? 월마트는 기껏해야 간식을 판 것이니 인과 관계를 따질 필요가 없다. 물건이 많이 팔리면 좋고, 안 팔려도 그뿐이다. 하지만 훨씬 더 중요한 일에 데이터가 우리가 예상하지 못한 답을 내놓는다면 우리는 어떻게 받아들여야 할까? 시간이 충분하다면 당연히 인과 관계를 밝히려고 노력해야겠지만, 허리케인처럼 당장에 닥칠 재난의 상황이라면 데이터가 내놓는 엉뚱한(엉뚱해 보이는) 답을 순순히 받아들여야 할까?

잠자는 인문학은 과학의 꿈을 꾸는가?
데이터 위의 더 큰 데이터

앞에 나열된 사례를 보며 이상한 느낌을 받은 독자가 있을 것이다. 이 책에서 지금까지 다룬 빅데이터는 생활에 직접 적용되는 것이 아니라 사회를 이해하는 도구 정도로밖에 보이지 않는다. 다룬 주제도 사회, 경제, 심리, 철학 등 굳이 구분하자면 이과보다 문과에 가까운 것이 많다. 당연히 빅데이터는 문과 이과 구분하지 않고 광범위하게 사용되며, 기술적으로도 삶에 깊숙이 들어와 있다. 하지만 문과적 빅데이터에는 흥미로운 점이 있다.

과학이 이성의 절대적 존재가 된 뒤, 인문학은 늘 과학이 되기를 꿈꿨다. 사회과학이라는 그럴듯한 이름도 지었지만, 여전히 과학 같은 대접을 받지는 못한다. 사람들은 과학자가 말하는 전문 분야에 대해서는 전혀 이해하지 못하더라도 객관적인 사실로 받아들이지만, 철학자, 인문학자, 사회학자, 경제학자의 말은 주관적인 해석으로 받아들인다. 그럴 수밖에 없는 것이 실제로 그렇기 때문이다. 인문학자도 나름의 경험과 연구를 통해 자신의 주장을 뒷받침하려 노력하지만, 어디까지나 직관에 의존해 가설을 만들고, 그 가설에 기존 사례를 끼워 맞춘다. 그래서 자신이 아무리 객관적인 태도를 취하더라도, 반대 주장을 하는 사람 눈에는 의도적으로 체리피킹(자신에게 유리한 증거만을 채택하는 것) 하는 것으로 보일 수밖에 없다. 어찌 보면 과학이 아닌 것을 과학이라 주장하는 유사 과학자와 유사한 측면이 있는데, 이 때문에 인문학 담론은 주관적 영역에 머물고, 증명될 수 없는 것으로 치부된다. 하지만 빅데이터의 등장으로 인문학에도 방대하고 객관적인 자료가 생긴 것이다. 그럼 이제 인문학도 과학이 될 수 있을까?

2014년, 프랑스 경제학자 토마 피케티Thomas Piketty는 《21세기 자본》을 발표한다. 이 책은 전문 경제 서적으로는 드물게 출간 즉시 베스트셀러가 됐다. 아마 이 책을 끝까지 읽은 사람은 별로 없겠지만(읽기 시작한 사람 중에서 끝까지 읽은 사람은 2.5% 정도라고 한다), 제목은 모두 들어봤을 것이다. 그런데 이 책의 주장은 그리 특별하지 않다. 간추리면 자본주의에서는 자본 수익이 노동 수익보다 크기 때문에, 부자는 세대가 지날수록 더 부유해지고 가난한 사람은 계속 가난해져 빈부 격차가 점점 커진다는 것이다. 일종의 '금수저-흙수저론'이다. 이런 걸 뭐 연구까지 해서 알아낸단 말인가? 대한민국 국민은 누구나 알고 있던 사실인데. 대체 이런 뻔한 주장에 왜 전 세계가 들썩였을까?

핵심은 그의 주장이 아니라 그가 증거로 제시한 데이터다. 그는 20여 개국의 400여 년의 세금 내역을 가지고 숫자로 자신의 주장을 입증했다. 압도적인 증거를 바탕으로 자신의 주장이 단순한 이론이 아닌 과학 현상임을 입증한 것이다. 《하버드 비즈니스 리뷰》의 편집장이자 경제 전문 기자인 저스틴 폭스Justin Fox는 《21세기 자본》을 다룬 기사에서 "이제 더는 누구도 불평등의 증가가 경제 성장의 부산물이라거나, 자본이 성장을 촉진하기 때문에 안정적인 지위를 보장받아야 한다는 식의 주장을 전개할 수 없을 것이다. 이제부터는 그런 말을 하려면 증거를 가지고 증명해야만 할 테니까"라며 피케티의 주장이 과학이 되었음을 선언했다. 그런데 정말 그럴까?

《21세기 자본》 이전 우파 주류 경제학자들은 자본주의가 도입되는 초기에는 빈부 격차가 커지지만, 자본주의가 안정적으로 자리 잡고 경제가 발전하면 빈부 격차가 오히려 줄어든다고 주장했다. 이 주장은 20세기 초 경제학자였던 사이먼 쿠즈네츠Simon Smith Kuznets가 주장한 쿠즈네츠 곡선에 따른다.

그런데 쿠즈네츠 역시 나름의 데이터를 기반으로 자신의 가설을 만들었다. 그는 19세기 후반부터 20세기 중반까지 유럽과 미국의 데이터를 토대로 자본주의가 결국은 빈부 격차를 줄일 것이라고 주장했다. 쿠즈네츠가 증거로 제시한 자료도 충분히 빅데이터라 할 만하다. 실제로 그가 살던 시기에는 빈부 격차가 줄어들기도 했다.

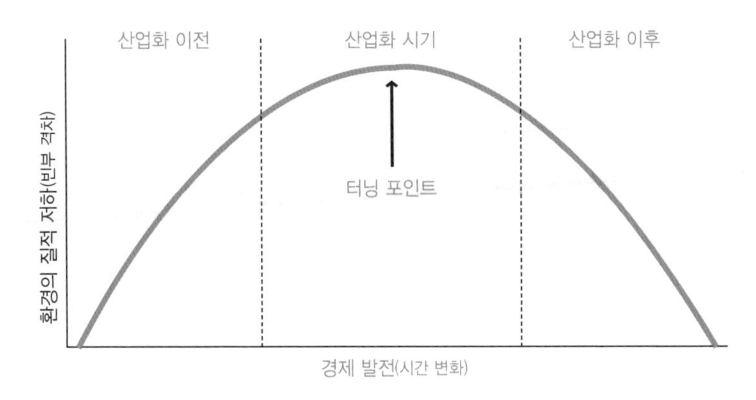

쿠즈네츠 곡선 The Environmental Kuznets Curve.

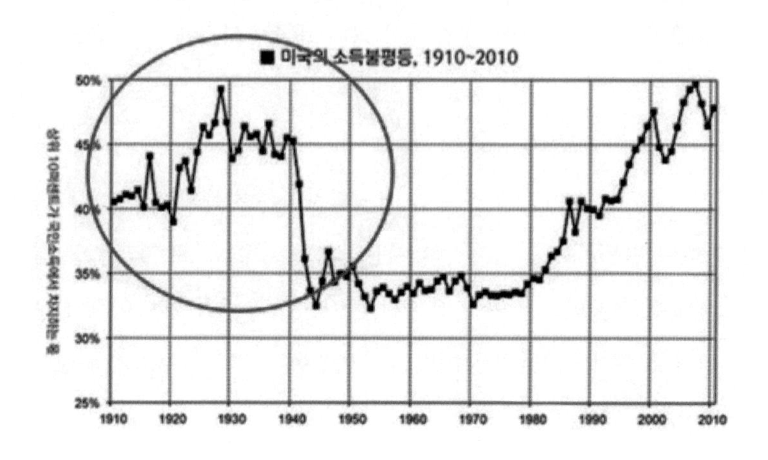

20세기 중반까지는(표시 부분) **쿠즈네츠의 주장과 비슷해 보인다.**

하지만 피케티는 쿠즈네츠보다 더 넓은 범위의 빅-빅데이터를 바탕으로 이를 반박했다. 400년이라는 기간 속에서 빈부 격차는 점점 커졌다. 다만 쿠즈네츠가 관찰한 시기는 세계대전이라는 특별한 사건이 포함되어 있었다. 미국은 전쟁과 전쟁 후 복구 과정에서 부자들에게 80% 이상 되는 무지막지한 세금을 매겼다. 그리고 그 세금으로 최저임금 보장, 전역 군인 지원, 노조 장려 등 복지 정책을 늘렸고, 그 결과 일시적으로 부의 격차가 줄어들었던 것이다. 그렇기에 피케티의 대안 역시 간단하다. 전후 때처럼 돈이 많은 사람에게(세계 상위 1%) 세금을 엄청나게 때려야 빈부 격차를 해소할 수 있다는 것이다. 이 주장은 쿠즈네츠를 반박한 것이라고 볼 수도 있지만, 보완한 것이라고 볼 수도 있다. 그는 부유세를 걷으면, 쿠즈네츠의 주장처럼 빈부 격차를 줄일 수 있다고 생각한다.

이 일련의 과정은 아인슈타인의 상대성 이론이 뉴턴 역학을 끌어안은 과정과 비슷하게 보인다. 그럼 데이터를 통해 자신의 주장을 입증했으니, 피케티의 이론은 상대성 이론처럼 과학으로 받아들여지고 있을까?

《21세기 자본》이 나온 지 벌써 4년이 지났지만, 그럴 기미는 전혀 보이지 않는다. 현재 그의 주장은 또 다른 데이터에 의해 공격받고 있다. 여기에는 피케티의 데이터가 애초에 정확하지 않았던 측면도 있다. 그는 일부 데이터를 잘못 기입했고, 시대별, 국가별로 차이 나는 데이터를 자신의 주장에 맞춰 해석했다. 조세 체계가 다른 긴 시대의 데이터를 다루기 때문에 절대적으로 객관적인 데이터란 있을 수 없고, 학자의 해석이 포함될 수밖에 없으므로 이런 논쟁은 피할 수 없다. 현대 국가가 시행하는 광범위한 복지 제도와 늘어난 수명 등 또 다른 데이터로 그를 반박하는 경제학자들도 있다.

물론 이런 반박이 사소한 트집 잡기인 경우도 많다. 나는 피케티의 주장이 여전히 큰 방향에서 옳다고 생각하지만, 내 생각과 같다고 경제학이 과학이 되는 것은 아니다. 그의 데이터가 옳았다 한들 그의 주장이 과학적 사실로 받아들여질 일은 없을 것이다. 그는 현재 자신의 무기였던 데이터로 공격받고 있다. 이는 과학적이면서 동시에 과학적이지 않다. 과학은 반박을 통해 발전하는 것이지만, 《21세기 자본》 논쟁은 이전 경제학 담론과 별로 다르지 않다. 그냥 그럴듯한 데이터가 조금 더 추가됐을 뿐이다.

사실 우리는 아주 오래 전부터 빅데이터와 비슷한 방식으로 문제를 인식하고 해결해왔다. 모든 사람이 자신이 살아온 환경 속에서 얻은 데이터를 바탕으로 결정을 내린다. 단지 최근 들어 다룰 수 있는 데이터가 급격히 늘었을 뿐이다. 문제는 빅데이터를 통한 주장을 사람들이 과학적인 것처럼 받아들여 그대로 믿어버린다는 것이다. 하지만 빅데이터는 어디까지나 해석의 문제다. 또 다른 데이터가 제시되면 결론은 언제든지 바뀔 수 있다. 데이터는 반대되는 주장을 하는 양측 모두에게 근거를 제공한다. 경제학자 로널드 코스Ronald Harry Coase는 이런 풍조를 단 한 마디로 정리했다.

"데이터를 아주 오래 고문하면 녀석은 아무 말이든 자백할 것이다."

빅데이터의 함정 1.
데이터가 옳으면 결론도 옳다?

빅데이터는 옳다. 심지어 그 이유를 알 수 없는 순간조차 옳다(딸기맛 팝타르트처럼). 그러면 데이터는 신이 되고 우리는 데이터과학자라 불리는 제사장이 내리는 결론을 무작정 신뢰하면 될까?

다시 미국 대선으로 돌아가 보자. 구글 검색량을 토대로 데이터과학자들은 여론조사와 언론의 예측과는 반대로 트럼프의 승리를 예측했다. 결과는 트럼프의 승리. 사람들은 '구글 신은 모든 것을 알고 있다'며 빅데이터를 찬양했다.

하지만 사실은 전혀 다르다. 미국 대선에서 전체 득표율은 힐러리가 더 많았다. 단지 선거법상 전체 득표가 아니라 주별 대의원 수에 따라 대통령이 결정되기에 트럼프가 대통령이 된 것뿐이다. 구글의 예측대로라면 검색량이 많은 트럼프가 더 많은 표를 얻었어야 한다.

주별로 검색량을 나눠 보면 구글이 틀렸다는 게 더 극명하게 드러난다. 선거 결과 힐러리는 대도시 지역에서 대부분 트럼프를 앞섰다. 반면 트럼프는 시골 지역을 중심으로 전국적인 지지를 얻었다. 하지만 트럼프의 구글 검색 비율은 시골보다 대도시 지역에서 더 높았다. 트럼프를 지지하지 않는 사람도 그의 기행 때문에 그를 더 많이 검색했다. 특히 대도시 지역의 젊은 인구는 지지 여부와 무관하게 트럼프에게 관심이 많았다.

이를 더 정확히 예측하기 위해 데이터를 더 정교하게 분석할 수 있다. 가령 '트럼프 힐러리'라고 검색한 사람은 '힐러리 트럼프'라고 검색한 사람보다 트럼프를 지지할 확률이 높다. 사람들은 무의식적으로 자신이 지지하는 후보를 먼저 언급할 확률이 높기 때문이다. 하지만 이 방법 역시 지지 여부와 무관하게 이슈 메이커인 인물을 먼저 검색할 수 있어 선거 결과와 정확히 일치하지는 않는다.

그렇다면 빅데이터가 틀린 것일까? 그런 식으로 받아들이는 것도 위험하다. 이 경우는 단지 데이터과학자들이 잘못된 질문을 던지고 데이터를 잘못 해석한 것뿐이다. 이 방식은 오바마의 선거 때는 정확히 맞아 들었다. 이번 선거에서는 단순 검색량 비교만으로는 정확한 결과를 도출하기 어려운 변수(트럼프의 기행)가 있었다. 그렇지만 이번 선거가 특별히 예외적인 경우라고 말할 수는 없다. 예측하기 어려운 변수가 언제나 존재하는 것이 현실이기 때문이다. 아마 다음 선거에서 데이터과학자들은 훨씬 더 정교한 질문을 고안하고 다양한 데이터를 활용하겠지만, 또 어떤 변수가 생길지 확신할 수 없다. 결국 데이터가 정확해도 그 데이터를 받아들이는 우리의 방식은 정확하지 않다. 빅데이터에서 중요한 건 질문의 방향과 데이터의 해석인데, 현실의 모든 변수를 포함하는 완벽한 질문과 해석은 존재할 수 없다.

그렇다면 질문과 무관하게 데이터 자체는 언제나 신뢰해도 될까?

빅데이터의 함정 2.
데이터는 약자에게 가혹하다

알파고가 이세돌 9단을 이겼을 때, 사람들은 인공지능의 발전 속도에 깜짝 놀라 공포에 떨거나, 발달한 인공지능이 새 세상을 가져올 것이라며 희망을 이야기했다. 하지만 당시 내가 받은 가장 큰 느낌은 '실망감'이었다. 물론 나도 대다수 사람처럼 이세돌 9단이 이길 것이라 생각하고 있었기 때문에 게임 결과에 놀랐다. 하지만 알파고의 개발 방식을 알고 나서는 인공지능 자체가 시시하게 느껴졌다.

내가 어린 시절 생각한 인공지능이란 사람과 전혀 다른 체계로 더 뛰어난 판단을 내리는 존재였다. 인간의 방식과는 전혀 다른 방식으로 사건을 해결하는 기계. 그런데 현재 개발되는 인공지능은 대부분 빅데이터를 기반으로 하는 인공신경망을 채택하고 있다. 기존에 사람이 가지고 있는 데이터를 익히고 그 데이터에 기반해 판단을 내리는 것이다. 알파고도 인간이 둔 수많은 기보를 통해 바둑을 익혔다. 인간이라면 천 년 이상 수련해야 할 내용을 단기간에 처리했을 뿐, 인간과 다른 방식을 사용했다고 보긴 어렵다. 알파고 다음 버전인 알파고 제로는 인간 기보 없이 바둑의 규칙만을 알려준 채 자신들끼리 대련시켜 결과를 얻었지만, 어쨌건 인간이 수련한 방식으로 수련했다는 점에는 변함이 없다. 천 년을 수련했으면 이세돌이 아무리 천재라도 알파고가 이기는 것은 당연하고, 심지어 정의로운 일이기도 하다. 사실 일반 사람들은 평범함의 입장에서 알파고를 응원했어야 한다. 물론 알파고는 평범하진 않지만, 아무튼 천 년을 고생했으면 몇십 년 고생한 걸 이기는 것이 정당하지 않은가.

이런 방식의 인공지능은 기껏해야 아주아주 현명하고 똑똑한 '사람' 정도밖에 될 수 없다(물론 우리는 그 정도도 못 되지만). 인간이 쌓은 데이터로 만들어지고 그 한계를 넘지 못한다. 물론 사람과 같은 판단을 하는 것만 해도 놀라운 성과다. 하지만 '인간이 공포 또는 경이를 느끼려면 전혀 다른 방식이어야 하지 않을까?' 하는 것이 어릴 때부터 SF 영화를 좋아한 나의 생각이었다. 그런데 현실에서 빅데이터가 적용되는 것을 보고 있으면 내가 실망한 바로 그 부분 때문에 인공지능은 정말 무서운 것이 되고 있다.

〈레딩시의 경우〉

미국 펜실베이니아에 위치한 레딩Reading시는 철강과 석탄을 기반으로 20세기 크게 발전한 도시다. 하지만 21세기 들어 기반 산업이 급격히 쇠퇴하면서 도시도 덩달아 쇠퇴했다. 재정이 악화되자 시 당국은 경찰 인력을 크게 줄였다. 경찰들에게는 어려운 시기다. 시가 가난해진다고 경찰이 할 일이 줄지는 않는다. 그들은 더 적은 인원으로 이전과 같은 역할을 해야 한다. 2013년 경찰은 순찰 업무 시간을 줄이기 위해, 이전까지 무작위로 이루어지던 순찰을 효과적으로 할 수 있는 프레드폴PredPol 시스템을 도입했다.

프레드폴은 그동안 범죄가 일어난 시간과 장소, 범죄 유형 데이터를 토대로 앞으로 범죄가 일어날 가능성이 높은 장소와 시간을 추측한다. 그러면 경찰은 그 지역을 중심으로 순찰을 도는 것이다. 이런 방식을 사용하면 적은 인력으로도 효과적인 순찰이 가능하다. 시스템 도입 1년 후, 레딩시는 순찰 방식 변화로 범죄를 예방해 치안이 좋아졌다고 발표했다. 프레드폴 시스템을 도입한 다른 도시들도 비슷한 효과를 본다. 이런 사례가 알려지자, 행정 비용을 줄이려는 세계의 수많은 지자체가 비슷한 방식을 채택했거나 채택할 계획이다.

얼핏 보면 빅데이터를 제대로 활용한 모범 사례로 보인다. 하지만 자세히 살펴보면 문제는 복잡해진다. 레딩시가 빅데이터를 활용해 순찰을 많이 하게 된 지역은 '공교롭게도' 유색인종, 이민자, 가난한 사람이 많이 사는 지역과 겹쳤다(왜 그런지는 충분히 예측할 수 있을 것이다). 당연히 경찰은 인종이나 민족과 무관하게 오직 범죄 데이터에 기반해 순찰이 이루어진다고 답변했다. 해당 지역 주민들에게도 나쁘지 않은 것이, 우범 지역에 순찰이 강화돼 강도와 살인 같은 강력 범죄가 줄어들면 그만큼 안전해지고 생활이 안정된다. 그런데 문제는 순찰하는 경찰에게 걸리는 범죄자가 살인, 강간, 강도 같은 강력 범죄가 아니라 대부분 마약 사용, 주차 위반, 불법 가판대 설치, 노상방뇨, 구걸 등 경범죄를 저질렀다는 점이다. 생각해보라. 노점상은 늘 같은 곳에서 장사를 하고, 이상하게 취객은 늘 비슷한 곳에서 노상방뇨를 한다. 반면 강력 범죄를 연속적으로 일으키는 사람은 경찰의 눈을 피하기 위해 불특정 장소를 찾는다. 범죄자들은 바보가 아니다. 프레드폴 시스템이 완전히 정착된다면 이런 현상은 더욱 두드러질 것이다.

사실 경범죄는 순찰 중이 아니라면 잘 잡히지 않는다. 가난한 지역에서 경범죄는 흔히 일어나고 어느 정도 용인되는 경향도 있다. 하지만 아무리 가벼운 범죄라도 경찰 눈앞에서 벌어진다면 경찰은 잡아야 한다. 그것이 그들의 임무다. 결국 순찰이 강화된 지역에서 체포되는 사람이 이전보다 더 늘어났다. 가난한 사람들이 더 많이 잡히는 것이다. 알다시피 한번 범죄자가 되면 낙인 효과 때문에 일자리 등 여러 분야에서 불이익을 받게 된다. 프레드폴 시스템으로 순찰 방식을 바꾼 이후, 우범 지역에서 체포되는 범죄자는 더 늘어나고, 다른 지역은 상대적으로 줄어들면서, 프레드폴 시스템은 갈수록 강화된다. 결국 기존 데이터가 미래의 데이터도 결정하는 셈이다.

〈서울시의 경우〉

한국에서도 비슷한 사례가 있다.

2015년 서울시는 버스와 지하철이 운행하지 않는 심야 시간에 시민들의 교통 불편을 해소하기 위해 '올빼미 버스'를 운영하기로 결정한다. 문제는 노선을 어떻게 만드느냐 하는 것이다. 일반적인 버스처럼 촘촘하게 노선을 만들면 좋겠지만, 현실적으로 심야에 그 정도로 많은 버스를 운행할 수는 없는 노릇이다. 그래서 서울시는 빅데이터를 활용해 버스 노선과 배차를 정하기로 결정했다. 그런데 어떤 데이터를 어떻게 활용할 것인가? 단순히 기존 버스 사용량을 토대로 노선을 짤 수도 있지만, 사람들이 낮 시간에 움직이는 구간과 심야에 움직이는 구간은 다를 수도 있다. 심야에는 술집이 많은 번화가에서 집으로 가는 경우가 가장 많다는 것은 경험적으로 누구나 추측할 수 있다. 하지만 대체 번화가는 어떤 기준으로 선정하고, 그들이 향하는 목적지는 어떻게 알 수 있단 말인가.

서울시는 휴대폰 통신사 KT의 데이터를 활용해 이를 해결한다. 먼저 서울시를 1,600여 개의 구역으로 나눈다. 그리고 야간에 어느 구역에서 전화와 문자 사용이 많은지 파악한다. 휴대폰을 많이 사용하는 곳이 번화가일 확률이 높고 여기에 잠재 승객이 많다는 것을 예측할 수 있다. 더 어려운 문제는 목적지를 찾는 것이다. 그들의 출발지인 번화가는 몇 군데에 모여 있지만, 목적지는 서울 외곽에 분산되어 있다. 서울시는 야간에 번화가에서 출발한 사람이 각자 자신의 집으로 간다고 가정하고, 휴대폰 통신사에 등록되어 있는 고객의 주소지 데이터를 분석했다. 주소지가 많은 지역으로 이동하는 사람이 많으리라 추측한 것이다. 이를 바탕으로 서울시는 현재 8개의 올빼미 버스 노선을 운영 중이며, 이용량에 따라 배차 간격을 조정하고 있다.

올빼미 버스가 정식으로 시행된 이후, 나는 심야에 택시를 탄 적이 한 번도 없다. 운 좋게도 내가 있던 지역에서 조금만 걸어가면 집 근처로 가는 버스가 늘 있었기 때문이다. 그런데 이게 단순히 내 운빨은 아니었다. 올빼미 버스 정류장 500m 내에 서울 시민 50%가량이 거주하고 있다. 서울 시민 2명 중에 한 명은 올빼미 버스로 집으로 돌아갈 수 있는 셈이다. 8개의 노선으로 이 정도의 효율을 뽑은 건 대단히 훌륭한 일이다. 공무원을 비하하는 건 아니지만 정말 공무원이 한 것 같지 않게 효율적이고 섬세한 일 처리다(일반적으로 우리가 생각하는 공공 정책이란 기존 버스 노선을 토대로 대충 노선이 만들어지고 이해관계자들의 입김이 작용해 여기저기 정차하면서 엉망진창이 되는 것이다).

하지만 이 훌륭한 시스템도 순찰 모형과 비슷한 문제가 있다. 가난한 사람일수록 도시 외곽이나, 교통 환경이 좋지 않아 사람이 많이 살지 않는 지역에 거주할 확률이 높다. 그런데 데이터 사용량을 우선으로 노선도를 만들면 이런 지역은 또다시 소외될 가능성이 높다. 서민을 위한 서비스에서조차 최하층이 밀려나는 셈이다. 사람마다 편차는 있겠지만, 나는 올빼미 버스 도입 이후 1년에 10만 원 정도의 비용을 절감했다. 하지만 올빼미 버스가 지나가지 않는 지역 주민은 10만 원을 그대로 사용하고 있을 것이다. 정작 가난한 사람일수록 일상생활에 더 많은 비용을 지불한다.

서울시의 올빼미 버스는 제한된 자원을 효과적으로 활용한 매우 훌륭한 정책이지만, 상대적으로 교통 소외 지역 주민을 더 가난하게 만든다. 도시 정책을 수립할 때 효율성 못지않게 중요한 것이 약자를 고려하는 것인데, 이 점에 대해서 보완책이 필요하다.

그런데 우리 한번 솔직하게 이야기해보자. 과연 약자를 보완하는 서비스가 도입될까? "소외 계층을 위한 대책을 내놓아라!" 말은 쉽다. 하지만 지속적인 불황에서 사회 정책은 점점 효율성을 중시하는 방향으로 바뀌고 있다. 빅데이터가 도입된 이후 이런 경향은 점점 더 강화되는 추세다. 당연히 이 과정에서 약자는 배제된다. 효율적인 빅데이터는 소수자를 배제하고 다수의 이익에 부합한다. 문제는 이 사실을 안다고 해서 '우리 사회가 과연 효율을 무시한 채 약자를 위한 정책을 펼 수 있는가?' 하는 점이다.

인간의 방식을 습득한 기계는 인간의 편견까지 그대로 물려받는다. 이전에 존재하던 소수자 배척은 빅데이터 시대에도 여전히 존재한다. 문제는 그런 배척이 과학이란 이름으로 공정함으로 둔갑한다는 것이다. 물론 소수자가 얼마나 피해를 받는지도 빅데이터로 수치화할 수 있다. 하지만 우리 사회가 과연 그런 연구를 할 수 있을까. 빅데이터가 과정이 아니라 효율성만을 찾아간다면 그 길은 필연적으로 차별로 흐르게 된다.

●▶▶

우리는 이미 빅데이터의 편견 속에서 살고 있다. 이제 우리는 구글

이 제일 앞쪽에 배치한 몇몇 페이지만을 읽는다. 물론 이는 기존 사용자의 데이터를 분석해 내놓는 결괏값으로, 구글이 특별한 의도를 가진 것은 아니다. 그렇기에 사람들은 이 결괏값을 더 신뢰한다. 초기 데이터가 이후 데이터를 지배할 뿐 아니라 점점 더 강화한다. 사람들은 더 이상 뒤 페이지의 게시물을 보지 않는다.

우리는 이제 길을 갈 때 더 이상 길을 보지 않는다. 내비게이션을 본다. 내비게이션만 보고 절벽으로 차를 몰아 사고가 난 운전자도 있다. 사고가 난 절벽은 누가 봐도 절벽이었지만, 구조된 운전자는 "내비게이션이 안내하길래 당연히 길인 줄 알았다"라고 진술했다. 도로 시스템과 교통량을 실시간으로 내려받는 내비게이션은 어떤 운전자보다 길을 잘 안다. 내비게이션을 따르는 건 당연하다. 한 명쯤은 절벽에서 떨어질 수도 있지만, 전체 사고량은 줄어든다. 하지만 과거처럼 운전하다 새로운 곳을 발견하거나, 기분에 따라 다른 행동을 하는 소소한 삶의 이벤트는 사라졌다. 변화는 일어나지 않는다.

어느 순간 우리는 결정을 할 필요가 없어지고 있다. 차라리 광고가 섞여 있어 어떤 것이 진짜인지 가려야 했던 구글 이전의 검색 사이트가 우리에게는 더 좋았을지도 모른다. 차라리 업데이트가 되지 않아 실수를 종종 하는 내비게이션이 우리를 계속 생각하게 만들어줄지도 모른다. 세상 모든 일은 할수록 는다. 운동을 해야 근육이 늘어난다. 결정을 내리는 것 역시 마찬가지다. 세세한 부분에서 결정을 내려봤던 경험이 결정적 순간에도 결정을 내릴 수 있게 도와준다. 그런데 인간은 이제 그 기회를 완전히 빼앗겼다. 평균적으로 우리는 더 안전하고 더 효율적인 사회로 가고 있고, 그것은 옳다. 하지만 일말의 불안감은 사라지지 않는다.

빅데이터의 함정 3.
예외는 언제나 존재한다

미국 아마존의 빠른 배송은 명성이 높다. 프라임 배송은 주문한 다음 날 도착한다. 한국에서 택배가 다음 날 도착하는 건 특별한 일이 아니지만, 땅이 넓은 미국에서 배송이 하루 만에 된다는 것은 상당히 특별한 일이다. 주문 즉시 배달에 들어가도 물리적으로 하루 이상 시간이 걸리기 때문이다. 아마존은 어떻게 불가능을 가능하게 만들었을까?

간단하다. 아마존은 고객이 주문하기 전에 배송을 시작한다. 어떻게 주문하기도 전에 배송을 할 수 있을까? 아마존은 자사가 가지고 있는 고객 정보와 취향, 판매 실적 등을 반영해 각 제품의 지역별 판매량을 산출한 다음, 제품이 출시되자마자 전 지역으로 배송을 시작한다. 이동하는 중에 주문이 들어오고 주문에 따라 상세한 배송지가 추가된다. 이미 출시된 제품일 경우에는 구매자가 그 제품을 몇 번이나 보는지, 몇 분 동안 보는지, 얼마나 쇼핑 바구니에 담아두는지를 토대로 구매 여부를 판단해 해당 지역의 물류 창고로 사전 배송을 시작한다. 물건을 구매하는 경우와 구매하지 않는 경우의 습관을 파악한 것이다.

이런 아마존의 예측이 늘 맞을 수는 없다. 하지만 데이터가 쌓이면 쌓일수록 오차율이 줄어들고, 꼭 예측한 주문자가 아니어도 근처 지역에서 다른 주문이 들어오기 때문에 피해를 보는 경우는 거의 없다. 사전 배송으로 아마존은 경쟁자들보다 빠른 배송을 하고, 그 덕에 점유율이 더 올라가고, 그럴수록 사전 배송은 정확해지고 피해도 적어진다. 1인자는 더 많은 데이터를 쌓아 더 정확하게 예측하고 더 빠른 서비스를 제공할 수 있다(미국 가구의 52%는 아마존의 프라임 회원이다. 프라임 회원은 유료다). 당연히 다른 업체와의 격차는 점점 더 벌어진다. 이제 아마존은 일부 제품에 한해서 2시간 이내 배송을 해주는 '프라임 나우' 서비스를 제공한다(물론 이는 빅데이터뿐 아니라 압도적 물량으로 오프라인 시장을 접수했기 때문에 가능한 것이다).

아마존은 미래를 예측하는 것처럼 보인다. 아니, 실제로 미래를 예측한다. 하지만 잊지 말아야 할 건, 이 예측은 어디까지나 확률이라는 점이다. 이런 데이터 예측이 판매의 영역일 때는 문제 될 것이 없다. 예측이 틀린다 한들 아마존이 약간의 피해를 보는 것뿐이다. 하지만 데이터를 통한 예측이 심각한 문제로 작동하는 경우도 있다.

2012년 미국에서 휴가를 보내려던 영국인 관광객 2명이 LA 공항에서 긴급 체포됐다. 그들은 영문도 모른 채 12시간 동안 조사를 받았다. 그들이 체포된 건 트위터에 쓴 문구 때문이었다. 9·11 테러 이후 미국은 전 세계를 별다른 조건 없이 감시할 수 있는 애국법을 통과시켰다. 정보기관은 시민의 통화 감청은 물론 신용카드 사용, 인터넷과 SNS 활동 등 모든 데이터를 수집한다. 정보기관은 누군가 테러리스트로 의

심될 경우 영장 없이 수색이 가능할 정도로 막강한 권력을 얻었다. 그런데 영국인 관광객 중 한 명이 "I Go And Destroy America!"라고 트윗을 날린 것이다. 관광객은 'Destroy'라는 말을 '끝장나게 논다'는 뜻으로 사용했지만, 미국 정보기관은 이를 문자 그대로 받아들여 그들이 미국을 '파괴하러 왔다'고 판단하고 체포한 것이다.

애국법 통과 이후 이런 사건은 빈번히 일어났다. 카드 결제 내용을 바탕으로 사제 폭탄을 만든다고 추정해 평범한 가정을 습격하기도 했다. 조사 결과 그들은 당연히 테러범이 아니었고, 폭탄을 만들지도 않았다. 폭발물의 재료라고 추정했던 물건들은 각자 다른 이유로 생활에 필요한 것이었다.

이런 사건이 지속해서 발생하자 사람들은 영화 〈마이너리티 리포트〉를 떠올렸고, 비난 여론이 거세졌다. 물론 그 영화처럼 일으키지 않은 범죄로 처벌을 받은 경우는 없다. 하지만 정보기관은 시민을 허가 없이 조사하고 체포했다. 이런 헛발질과 에드워드 스노든Edward Snowden의 폭로로 애국법은 2015년 폐지되지만, 이 법은 빅데이터가 미래에 어떤 식으로 사용될 수 있는지를 살짝 보여줬다.

그럼 미래 예측은 하지 않고 결과를 평가만 하는 데이터는 아무 문제가 없을까?

2007년 미국 워싱턴 D. C. 시장은 강력한 교육 개혁을 선언한다. 당시 워싱턴 내 공립 고등학교에서 정규 과정을 제때 졸업하는 학생은 전체 학생의 절반 정도밖에 되지 않았다(미국 교육 수준이 얼마나 형편없는지는 오바마 대통령이 한국 교육 시스템을 칭찬한 것에서 알 수 있다). 시장은 교육개혁팀을 신설하고 그들에게 강력한 권한을 부여했다. 교육개혁팀은 먼저 전수조사를 통해 문제점을 분석한다. 다양한 이유가 나왔는데, 그 중 하나가 '무능한 교사가 많다'는 것이었다. 교육개혁팀은 무능한 교사들을 가려내기 위해, 빅데이터에 기반한 임팩트Impact라는 평가 시스템을 도입한다. 임팩트에는 다양한 요소가 반영되는데 그중 가장 중요한 것이 학생들의 학업 성취도다. 이전 학년에서의 성적과 이번 학년이 끝날 때의 성적을 비교해 학생들의 성적이 올랐는지 떨어졌는지에 따라 교사를 평가하는 것이다. 워싱턴 교육청은 2009년 임팩트 평가에서 하위 2%에 해당한 교사를, 다음 해에는 하위 5%에 해당한 교사를 해고했다.

노동권을 존중하는 입장에서 이런 방식의 해고 자체가 문제가 있다. 하지만 교사를 평가하고 해고를 굳이 해야 하는 상황이라고 가정한다면, 빅데이터를 활용하는 것은 나름 공정한 방법이다. 기존 교사 평가는 대부분 교장이나 교감, 혹은 그 외 교육청 소속 평가원의 주관적 평가로 이루어졌다. 이런 평가는 개인적 친분이나 뇌물에 취약할 수밖에 없다. 데이터 줄 세우기는 적어도 그런 문제에서는 자유롭다.

하지만 학생의 학업 성취도가 좋은 교사의 자격일 수는 없다. 학생이 하필 해당 학년에 가정사나 특정 이유로 학업 성취도가 낮을 수도 있다. 그나마 교사의 도움으로 학생이 탈선하지 않고 학교생활을 해나간 것일 수도 있지 않은가. 하지만 시스템은 이런 상황을 평가할 수 없다. 물론 평균적으로 높은 점수를 받은 교사가 좋은 교사일 확률이 높다. 반대로 낮은 점수를 받은 교사가 평균적으로 무능력한 교사일 확률도 높다. 하지만 그건 어디까지나 '평균적으로' 그렇다는 것뿐이다. 임팩트가 도입된 후, 일부 교사는 학생들의 부정행위(커닝)를 묵인하는 태도를 보였다. 학생이 시험에서 좋은 점수를 받아야 자신 역시 높은 점수를 받을 수 있기 때문이다.

워싱턴의 한 중학교에서 근무하던 세라 와이사키Sarah Wysocki는 학부모와 주변 교사들에게 좋은 평가를 받던 교사였다. 그런데 2010년 임팩트 평가에서 하위 5%에 포함돼 해직된다. 그녀는 학기가 시작하기 전에 자신이 가르칠 아이들의 이전 학년 성적을 보고 큰 기대를 했다고 한다. 점수가 높았기 때문이다. 하지만 막상 받아보니 학생들은 점수만큼의 실력을 갖추고 있지 않았다. 부정행위가 의심되는 상황이다. 만약 이전 학년에서 부정행위가 있었다면, 그녀가 열심히 가르치고 학생들의 실력이 향상되더라도 수치로 드러난 학업 성취도는 떨어질 수밖에 없다. 정직하게 가르친 교사는 점수가 낮고, 부정행위를 방치한 교사는 점수가 높은 역설적인 상황이 발생하는 것이다. 교장과 학부모들은 와이사키가 교사로 남을 수 있게 해달라며 교육청에 청원했지만, 교육청은 형평성을 이유로 그녀의 해직을 번복하지 않았다.

물론 학생들의 부정행위를 방치하는 부도덕한 교사는 그리 많지 않았을 것이고, 와이사키 같은 피해자도 많지 않았을 것이다. 평균적으로 임팩트는 합리적이다. 하지만 이런 제도가 이어진다면 그 사회가 과연 평균적으로 더 나은 사회가 될지 의문스럽다. 99%의 확률이라고 말한다면 이는 매우 정확하다고 할 수 있다. 하지만 이 확률이 사람에게 적용되면 100명 중 1명은 예외의 상황을 맞닥뜨리게 된다. 그 1명에게 1%는 100%와 다름없다.

문제는 사람들이 빅데이터를 통해 내려진 결정을 너무 쉽게 받아들인다는 것이다. 교사 평가는 어찌 보면 테러리스트로 의심되는 사람을 사전 검열하는 것보다 더 나쁘다. 적어도 그 경우에는 조사를 거쳐 누명을 벗을 기회가 제공되기 때문이다. 결국 무고한 체포자가 많아지자 애국법은 폐지됐다. 하지만 임팩트에서 낮은 점수를 받고 해고가 되어 버리면, 그는 그냥 무능력한 교사가 된다. 시스템이 제대로 작동한 것인지 아닌지 판단할 수 없는 상황임에도, 사람들은 빅데이터가 내놓은 결과를 비판 없이 수용할 가능성이 높다. 와이사키는 다행히 그녀를 좋게 봤던 교장의 추천으로 근처 사립학교에 취직할 수 있었다. 하지만 함께 해고된 교사 204명은 그녀처럼 운이 좋진 않았다. 그들이 어떤 말을 하든, 사람들은 실력 없는 교사의 변명으로 치부할 것이다.

미국 일부 기업에서는 입사 지원자의 신용등급을 점수에 반영해서 신입사원을 뽑는다. 기존 직원의 데이터를 분석해본 결과, 신용등급이 높은 직원이 낮은 직원에 비해 평균적으로 업무 성과가 좋았기 때문이다. 그 분석은 아마 맞을 것이다. 신용등급이 낮은 사람은 개인 사정이든 집안 사정이든 빚이 있을 확률이 높다. 빚이 있는 사람은 빚을 갚기 위해 회사 일 외에 다른 업무를 추가로 해서 회사 일에 지장이 있을 수도 있고, 스트레스 때문에 불성실할 수도 있다. 가정 내에 불화가 있는 경우도 있을 것이다. 평균적으로 그들이 일을 못할 수 있다. 하지만 그렇다고 신용등급이 점수에 포함되는 것이 정당한가? 그것은 차별이 아닌가?

합리성을 무기로 이런 심각한 빅데이터 차별이 확산되고 있다. 최근에는 신입사원을 뽑을 때, 인공지능이 이력서를 검토하는 회사들이 늘어나고 있다. 그들은 기존에 입사한 직원들의 이력서를 바탕으로 지원자 중 기존 합격자와 유사한 이를 추려낸다. 기존에 합격한 사람들에게는 아마 합당한 이유가 있었을 것이다. 그들을 토대로 신입사원을 뽑는 것은 평균적으로 정확하다. 하지만 결과는 참혹했다. 비슷한 스펙을 가진 경우 인공지능은 여성보다 남성을 선호했다. 입사한 직원들의 승진 속도까지 대입하면 인공지능의 남성 선호도는 더 올라갔다. 승진한 사람들은 평균적으로 그 기업에서 일을 잘한 사람들일 것이다. 인공지능이 승진이 빠른 사람의 데이터를 참고하는 것은 충분히 타당하다(물론 승진 여부와 능력을 묶는 것도 문제가 있지만 일단 넘어가자). 그런데 왜 그중에는 여성보다 남성이 많을까? 다양한 이유가 있을 것이다. 사회적 편견으로 여성이 진급에 불이익을 당했을 수도 있고, 결혼과 출산으로 경력 단절을 겪은 것일 수도 있다. 어쩌면 내가 '정치적 올바름' 때문에 과대 해석하는 것일 수도 있다. 실제로 남성이 여성보다 평균적으로 일을 잘했을 수도 있다. 빅데이터가 그렇다니 그렇다고 치자. 그렇다고 해서 입사부터 성별을 차별하는 것은 정당한가?

데이터가 추가되고 시스템이 복잡해질수록, 우리는 인공지능이 내린 결과를 이해할 수 없게 된다. 그나마 앞의 사례에서는 정해진 몇 개의 수치로만 작동했기 때문에, 우리가 문제를 발견하고 지적할 수 있는 것이다. 앞서 소개한 사례들은 모두 기초적인 빅데이터 사용이다. 그럴 수밖에 없는 것이, 복잡한 빅데이터는 풀어서 설명할 수도 없고 우리가 이해할 수도 없다. 머신러닝을 통해 스스로 발전한 인공지능은 그 인공지능을 만든 사람조차 메커니즘을 이해하지 못한다. 이제 인공지능은 막대한 데이터 중에서 알아서 답을 찾는 방식으로 발전하고 있다. 그나마 인종, 성별처럼 눈에 보이는 집단적 차별은 수정할 수 있지만, 예상하지 못한 곳에서 개인적 차별이 발생한다면 우리는 차별이 있었는지조차 모른 채 데이터가 내린 결론을 그대로 받아들일 것이다.

빅데이터의 피해를 보는 사람은 대부분 사회적 약자다. 강자가 피해자가 되는 경우도 있겠지만, 이럴 경우에는 곧 데이터가 수정되거나 폐기될 것이다. 하지만 약자에게는 그럴 기회가 제공되지 않는다. 그들이 받은 피해는 드러나지도 않는다. 데이터과학자 출신 사회 운동가 캐시 오닐Cathy O'Neil은 빅데이터를 "대량살상 수학무기Weapons of Math Destruction"라 부른다. 데이터의 탁월한 효과에도 불구하고, 무조건적인 신뢰가 가져오는 폭력성은 사회의 불평등을 고착하고 변화를 가로막을 명분이 된다.

빅데이터의 함정 4.
누가 빅데이터를 가졌는가

이제까지 언급한 빅데이터의 문제점은 빅데이터의 진짜 문제라고까진 하기 어렵다. 문제의식을 가지고 기술을 개발하면 극복 가능한 부분도 많다. 하지만 빅데이터가 가진 태생적인 문제, 적어도 현재 상태에서는 수정 불가능한 문제도 있다.

빅데이터의 주체는 누구일까?

바로 수많은 데이터를 만들어내는 우리 모두다. 하지만 우리가 빅데이터를 소유하고 있지는 않다.

그럼 빅데이터의 소유자는 누구인가?

이 책에서 사례로 든 경우만 봐도 구글, 아마존, 페이스북, 통신사 같은 대기업과 국가뿐이다.

2000년 구글의 엔지니어 몇 명은 구글 사이트를 통해 간단한 실험을 진행했다. 그들은 구글 사용자를 무작위로 두 집단으로 나눈 후, 한 집단에는 검색을 했을 때 한 페이지에 검색 결과로 10개 링크를 보여주고, 다른 집단에는 20개 링크를 보여준다(당연히 피실험자들은 자신이 실험을 당하는지도 몰랐다). 그리고 이후 두 집단이 구글에 얼마나 자주 접속하는지를 비교해 만족도를 평가하려고 했다. 이 실험은 20개 링크 페이지가 로딩하는 데 오래 걸리는 바람에 성공하지 못했다. 하지만 이 단순한 실험은 이후 인터넷 환경에 엄청난 변화를 가져온다. 이를 'A/

B 테스트'라 한다. 이름 그대로 다수의 사람에게 A와 B 중 어떤 걸 더 선호하는지 시험하는 것이다. 이렇게만 들으면 전혀 혁명적으로 보이지 않는다. 이 실험은 어떤 점에서 그렇게 중요할까?

신제품이 나와 광고를 하려고 하는데, 배경을 파란색으로 하는 경우와 노란색으로 하는 경우(옵션은 더 늘어날 수 있다) 중 어느 것이 더 판매에 효과적일까 고민이 된다고 해보자. 과거라면 당신은 이를 알기 위해 오프라인 설문조사나 실험을 해야 한다. 연구진이 모집단을 모으고 실험을 진행하고, 그걸 또 분석해 결과를 발표한다. 간단한 것 하나를 알기 위해 많은 비용을 들여야 한다. 이 힘든 과정을 거쳐 파란색으로 결론이 났는데, 누군가 다가와서 "그럼 빨간색은?" 하고 묻는다면? 다시 처음부터 해야 할 것이다.

하지만 이제는 대형 사이트를 통해 간단하게 실험을 할 수 있다. 자발적으로 접속한 사람들을 나눠서, 어떤 사용자에게는 파란색 광고를, 어떤 사용자에게는 노란색 광고를 보여주기만 하면 된다. 그리고 그들이 클릭하는 비율을 비교하면 바로 결과가 나온다. 일천 명 정도만 실험하면 충분히 유의미한 결과를 낼 수 있다. 차이가 미묘하다면 모집단을 늘리기만 하면 된다. 다른 옵션(빨간색)이 궁금하다면 추가해서 다시 실험하면 된다. 어차피 접속자가 많기 때문에 오래 걸리지도 않는다. 오프라인에서는 결코 도달할 수 없는 규모와 속도다. 비용과 속도만이 문제가 아니다. 오프라인 실험인 경우, 참여자들이 실험임을 이미 알기 때문에 조사 결과가 달라질 수 있다. 하지만 인터넷 참여자들은 자신이 실험을 당하고 있는지조차 모르기 때문에 훨씬 더 정확한 결과가 나온다. 구글에서만 한 해에 일만 건 이상의 A/B 테스트가 진행되지만, 우리는 이를 알지 못한다(이 중에는 자신들을 위해 하는 것도 있고, 돈을 받고 다른 기업이나 단체의 실험을 대신 해주는 경우도 있다).

색깔을 예로 들었지만, 이렇게 시험해볼 수 있는 가짓수는 끝이 없다. 예전 같으면 실험할 생각도 하지 못한 사소한 것까지 실험할 수 있다. 왜 그런 결과가 나오게 되는지 이해할 필요도 없다. 태풍이 올 때 딸기맛 팝타르트처럼 수익만 올려주면 그만이다. 기업은 테스트를 통해 자신들이 가장 많은 수익을 올릴 수 있는(소비자에게서 가장 많은 수익을 갈취하는) 방법을 확인한다. 사용자의 개인 정보를 결합해 연령, 성별, 지역, 학력, 직업에 따라 분류하고 가장 많은 수익을 올릴 수 있는 형태를 찾아낸다. 이를 '마이크로 타기팅'이라 한다. 이미 광고는 물론 선거에도 사용된다.

2008년, 다음 해 있을 미국 대선에 출마할 예정이던 오바마 상원의원은 구글 제품 관리자인 댄 시로커Dan Siroker를 뉴미디어 분석팀장으로 영입했다. 시로커는 오바마 선거 운동 웹페이지에 사용할 버튼과 사진 몇 가지를 놓고 A/B 테스트를 진행한다. 아주 간단한 실험이었지만, 이 실험 덕분에 오바마 캠프의 후원금은 5,700만 달러 증가했다. 오바마가 당선된 이후, 댄 시로커는 A/B 테스트를 사용해 웹사이트를 최적화해주는 회사인 '옵티마이즐리'를 설립한다. 4년 뒤 다음 대선이 되자, 오바마는 물론 그의 경쟁자였던 공화당의 롬니 후보도 옵티마이즐리의 고객이 된다.

A/B 테스트는 하나의 예시일 뿐이다. 대기업은 사용자가 많아 데이터가 많고, 그 데이터 덕분에 유리한 고지를 점령할 수 있다. 공공 연구를 위해 구글 트렌드처럼 데이터를 일부 공개하는 경우도 있지만, 이는 매우 제한적이다. 그리고 제한이 있는 것은 당연하다. 괜히 데이터를 제공했다 고객의 개인 정보가 유출되기라도 하면 누가 책임진단 말인가. 데이터가 아무렇게나 돌아다닌다면 그것 또한 심각한 문제일 것이다. 하지만 기업들은 자신의 수익을 위해서는 얼마든지 자신이 확보한 데이터를 사용한다. A/B 테스트도 다양한 목적으로 사용할 수 있지만, 대부분 더 많은 수익을 올리기 위해 사용된다(데이터 기업들은 학자들이 빅데이터를 분석해 발표하는 논문이나 트렌드 분석을 가소롭게 여길 것이다. 그들은 학자와 일반인이 알기 몇 년 전에 이미 이런 내용을 알고 있었을 것이고, 지금은 우리가 몇 년 뒤에 알게 될 정보를 가지고 있을 것이다).

일상의 모든 사물이 스마트화되고 있다. 스마트 기기는 이미 신체까지 파고든다. 우리의 건강, 인터넷 생활, 일상생활, 소비 내역 등 모든 정보가 하나로 통합된다. 이는 분명 장점이 많다. 데이터는 우리의 모든 상황을 고려해 해답을 제시할 것이다. 하지만 동시에 사용자의 정보는 모두 해당 기업에 제공된다. 우리 삶은 점점 더 편해지겠지만, 정보의 비대칭은 점점 더 심해진다.

데이터 기업들은 과연 데이터에서 소외되는 약자를 보호할까? 우리가 아무 소비 능력이 없다는 것이 밝혀진다면 그들은 과연 어떻게 행동할까? 기업은 자선단체가 아니다. 그들은 고객에게서 뜯어갈 수 있는 최대치를 찾아낼 뿐이다. 자본주의 사회는 이를 크게 잘못됐다고 여기지도 않는다. 빅데이터 시대 이전부터 기업은 늘 그런 태도를 취해왔다. 다만 이번에는 그 무기가 너무도 강력하다.

국가는 기업과 소비자 사이의 불균형을 해소하고 약자를 보호할 의무가 있다. 그들은 기업 못지않은 데이터를 가지고 있고 기업의 무분별한 데이터 사용을 막을 힘도 있다. 시민들은 당연히 국가가 기업보다 윤리적일 것이라 기대한다. 데이터를 독점한 국가는 기업의 폭주를 견제하고 빅데이터를 공공의 이익을 위해 사용할 수 있다. 하지만 그들이 힘을 얻는 만큼 빅브라더의 유혹에 빠지기도 쉽다.

국가 권력이 시민의 삶을 비밀리에 통제한다는 음모론은 대부분 허구다. 개인 정보 보호를 주장하며 국가가 주도하는 빅데이터 기반 서비스 전반에 시비를 거는 시민단체들의 주장은 다소 과한 경우도 많다. 하지만 우리는 미국의 애국법을 통해 미래를 경험했다. 에드워드 스노든은 미국 국가안보국(NSA)이 전 세계 모든 국가와 시민의 개인 정보를 수집한다는 사실을 폭로했다(NSA가 수집한 자료에는 독일 메르켈 총리가 개인적으로 주고받은 전화와 이메일 내용까지 포함되어 있었다). 사람들은 분노했고, 국제 사회는 일제히 미국을 비난했다. 다른 국가들이 분노한 건 미국이 자국을 염탐했기 때문이 아니다. 모든 국가는 다른 나라의 정보를 수집한다. 이를 모르는 나라는 없다. 미국이 염탐을 했기 때문이 아니라, 염탐을 자신들보다 훨씬 '잘'했기 때문이다. 모든 국가가 개인 정보 보호를 떠들지만, 그 말을 곧이듣는 사람은 없다. 정보기관이 ICT 기업을 통해 시민들의 사생활을 침해하는 일은 이제 너무 흔해져, 사람들은 뉴스가 터져도 놀라지 않는다. 산업 발전을 명목으로 정부가 국민의 개인 정보를 기업에 제대로 된 보호 장치 없이 제공하는 경우도 많다.

영화 〈인사이드 아웃〉은 한 소녀의 뇌 속에서 일어나는 일을 보여주는 애니메이션이다. 꿈과 희망만 이야기하던 애니메이션 세계에 뇌과학이 적극 도입된 첫 작품이기도 하다. 우리는 기쁨, 슬픔, 버럭, 까칠, 소심, 5개의 캐릭터를 몇 개의 신경 전달 물질과 호르몬으로 바꿔서 생각할 수 있다. 이 애니메이션은 여전히 따뜻하고 감동적인 이야기를 우리에게 전해주지만, 우리의 생각과 느낌이 사실은 뇌 속에서 일어나는 화학 과정의 결과일 뿐이라는 사실 또한 알려준다.

자유는 20세기 중요한 가치였고, 그 가치를 좇은 이들의 노력으로 세상은 이전보다 좋은 곳이 될 수 있었다. 하지만 21세기 뇌과학은 자유라는 것도 우리가 받은 자극의 결과일 뿐이라고 폭로한다. 데이터가 모이면 모일수록 데이터는 우리가 어떻게 느끼고 어떤 판단을 내릴지 알게 된다. 우리는 자유롭게 무언가를 선택한다고 생각하겠지만, 그 선택은 의도적이든 의도적이지 않든 조작된 것이다. 우리가 우리의 정보와 자유를 소중하게 여겨야 하는 것은 역설적으로 우리에게 자유가 없기 때문이다. 인간에게 진정한 자유가 있다면 모든 것이 다 밝혀지고 데이터화되어도 상관없다. 데이터를 초월해 우리는 자유롭게 결정을 내릴 수 있을 테니까. 하지만 우리는 그런 존재가 아니다. 우리는 자유롭지 않기에 자유를 보호해야 한다. 선거를 포함한 우리의 모든 선택은 조작될 것이다. 자유롭게 선택했다고 느끼기에 문제 제기도 하지 않을 것이다. 자유가 조작되는 상황에서 우리는 어떤 가치를 내세울 수 있을까.

당신의 생각과 행동은 뇌 속 버튼을 조작해 만들어진 것이라는 사실을 잘 보여주는 영화 <인사이드 아웃>. 그나저나 이 작품은 사람들의 감정을 빅데이터 분석해서 만든 것이 분명하다. 빙봉이 퇴장하는 장면에서는 도저히 울지 않을 수가 없다.

●▶▶

인간 노동의 중요성은 갈수록 떨어지고 있다. 지금 이 책을 읽고 있는 당신이 어떤 직업을 가졌는지 모르겠지만, 당신의 생애 안에 당신 직업은 인공지능이 수행 가능해질 것이다. 전문직이든 예술가든 다 마찬가지다. 물론 기술적으로 가능해진다고 해서 꼭 모든 직업이 기계로 대체된다는 뜻은 아니다. 정치가 이를 막을 수도 있고 자본이 이를 막을 수도 있다. 어쨌든 점점 많은 사람이 사회에서 필요 없는 존재가 될 것만은 확실하다. 과거 사회는 노동자를 착취했지만, 앞으로의 사회는 노동자를 필요로 하지 않는다. 우리는 언젠가 꼬리칸의 잉여가 될 것이다(그러니 이미 잉여라고 해서 크게 좌절할 필요는 없다).

꼬리칸 잉여의 유일한 자산이 어쩌면 데이터일지도 모른다. 빅데이터의 주인은 그 데이터를 쌓는 모든 사람들이다. 그런데 우리는 이런 데이터를 공짜 게임과 쿠폰, 이벤트를 위해 아낌없이 준다. 나는 사생활 보호라는 명목으로 기술 발전을 가로막을 생각은 없다. 데이터를 제공함으로써 기술이 발전하고 더 나은 서비스가 제공된다면 나는 얼마든지 내 정보를 공개할 수 있고 그게 옳다고 생각한다. 문제는 데이터를 사용할 힘을 가진 이들이 대기업과 국가뿐이라는 것이다. 빅데이터의 가장 큰 딜레마는 결국 데이터를 제공하는 이와 데이터를 사용하는 이의 격차인데, 이를 해소할 방법이 현재로선 보이지 않는다.

빅데이터 민주주의와 빅브라더 사이에서

세상의 모든 것이 데이터로 변하고 있다. 그 전에는 아무렇지 않게 지나쳤던 일상 하나하나가 데이터로 변해 기록되고 이용된다. 심지어 개의 심정 변화도 데이터화되는 세상이다. 더 이상 짖지 마No More Woof라는 제품은 반려견의 뇌를 스캔해 개가 배가 고픈지, 우울한지, 심심한지 등을 주인에게 알려준다. 이 기술이 카메라, 인터넷과 연결되면 진정한 의미의 동물 SNS 계정이 생길지도 모른다(그리고 그 계정은 당신의 계정보다 더 많은 '좋아요'와 팔로워를 가질 것이다. 내 목표는 짱절미보다 많은 책을 파는 것이지만 가능할 것 같지 않다).

2018년 5월 19일, 한국 아이돌 그룹 '방탄소년단(이하 BTS)'이 미국 캐머런 공항에 내렸다. 그들을 기다리던 미국 팬들은 공항을 둘러싸고 BTS를 연호했다. 이 모습을 본 언론은 1960년 비틀스의 미국 방문을 떠올렸다. 비틀스의 방문 이후 브리티시 인베이전British Invasion이 일어났듯, BTS의 방문이 '코리안 인베이전'의 시작이라고 말하는 이들도 있다.

그런데 어떻게 BTS는 먼 미국 땅에서 스타가 될 수 있었을까? 한류는 어떻게 세계 전역에서 인기를 얻을 수 있었을까? 당연히 한류 콘텐츠 자체가 가진 장점 때문일 것이다. BTS의 역량이 좋은 건 당연하고, '아미(BTS 팬클럽)'의 헌신적인 노력도 무시할 수 없다. 당연히 운도 좋았다. 하지만 빅데이터도 그들의 성공에 한몫했다.

과거 미국 산업은 주류 백인들이 독점했다(물론 지금도 그렇다). 문화계도 마찬가지였다. 그들은 그들의 입장에서 일을 진행했다. 스타는 늘 그들의 '직감'에서 탄생했다. 스타는 그들과 비슷한 주류 백인이거나, 그들의 레이더에 들어온 몇몇 소수자였다. 그들이 꼭 편파적이었기 때문은 아니다. 사람은 누구나 자신이 처한 환경에 영향을 받을 수밖에 없다. 그들은 자신의 주변 사람들, 자신의 자녀들이 좋아하는 취향을 반영해 새로운 스타를 발굴했다.

그런데 21세기 들어오면서 유튜브같이 전 세계인들이 함께 사용하는 사이트들이 생겨났다. 유튜브에서 중요한 것은 조회 수다. 제1세계 백인 남성이든, 동쪽 구석의 10대 아시안이든 조회 수는 동등하다. 힘을 가진 백인 남성이 본다고 10번 조회한 것으로 쳐주진 않는다. 전 세계인이 동시에 사용하는 채널이 생김으로써 모두가 1표라는 생각지도 않은 민주주의가 생겨난 것이다.

비틀스는 백인이고 영어로 노래를 불렀다. BTS는 한국어로 노래를 부르는 동양인이다. 기존의 방식대로라면 BTS는 결코 미국에 진출하지 못했을 것이다. 실력이 부족해서가 아니라, 존재 자체를 미국 주류 사회가 알지 못했을 테니까. 하지만 유튜브의 높은 조회 수는 그곳이 미국이든 필리핀이든 같은 효과를 발휘한다. 물론 조회 수라는 것도 인프라가 잘 갖춰진 주류 세계에 유리한 측면이 있다. 하지만 이 범위는 점점 확대되고 있고, 기존에는 무시당했던 이들에게도 기회가 제공된다. BTS는 미국에서 주류 백인이 아닌 십대 아시안과 히스패닉,

LGBT를 중심으로 인기를 얻기 시작했다. 이들 역시 미국의 구성원이지만 과거에는 사회에 큰 영향력을 발휘하지 못한 집단이었다. 하지만 이제 동일한(완전히 같지는 않지만 어쨌든 기록되는) 데이터로 존재한다. 시장은 그들의 소비력을 알게 됐고, 이제는 그들의 요구도 만족시키기 위해 노력한다.

빅데이터라는 쓰나미가 우리 앞에 와 있다. 이 쓰나미는 우리에게 진정한 민주주의를 선사할 수도 있고, 반대로 빅브라더가 될 수도 있다. 물론 두 가지 모두 될 수도 있다.

데이터과학자 다비도위츠는 자신의 책 《모두 거짓말을 한다》에서 이렇게 예언한다.

"차세대 킨제이는 분명 데이터과학자일 것이다.
차세대 푸코는 분명 데이터과학자일 것이다.
차세대 마르크스는 분명 데이터과학자일 것이다.
차세대 소크는 분명 데이터과학자일 것이다."

그의 말은 옳다. 앞으로는 어떤 분야든 새로운 주장을 하기 위해서는 데이터를 제시해야 할 것이다. 차세대 예수와 무함마드, 괴벨스까지도 데이터과학자일 것이다. 심지어 무분별한 빅데이터 사용을 반대하는 시민운동가 캐시 오닐조차 데이터과학자다. 우리의 사고는 이미 데이터를 중시하는 방향으로 완전히 바뀌었다. 모든 주장에는 데이터가 필요하다. 그것은 옳고 그름, 좋고 나쁨과는 무관하다. 나쁘다 해도 피할 수 없다. 우리에게 남은 선택은 '어떤' 데이터과학자가 되느냐 하는 것뿐이다. 그 선택까지 데이터가 대체하지 않는다면 말이다.

〈Bonus. 빅데이터가 알려주는 인생의 난제〉

1) 엄마 vs 아빠

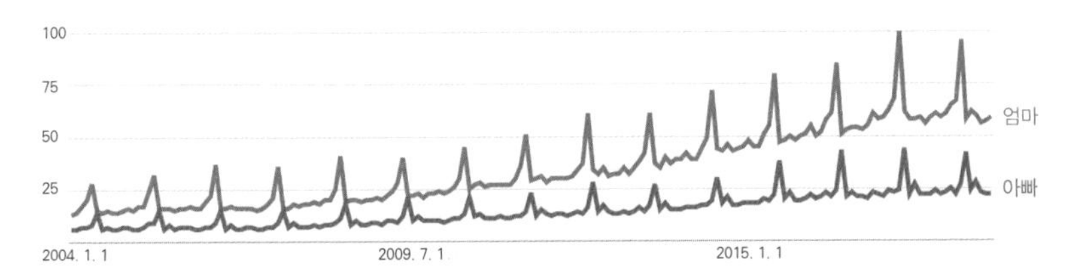

어릴 때부터 우리를 괴롭히는 그 질문. 전 세계 대부분 나라에서 어머니의 검색량이 아버지보다 높았다. 그런데 어머니든 아버지든 일 년에 딱 하루 검색량이 폭증했다. 바로 아버지의 날, 어머니의 날이다. 그럼 역사적으로 언제나 어머니가 아버지보다 관심을 많이 받았을까?

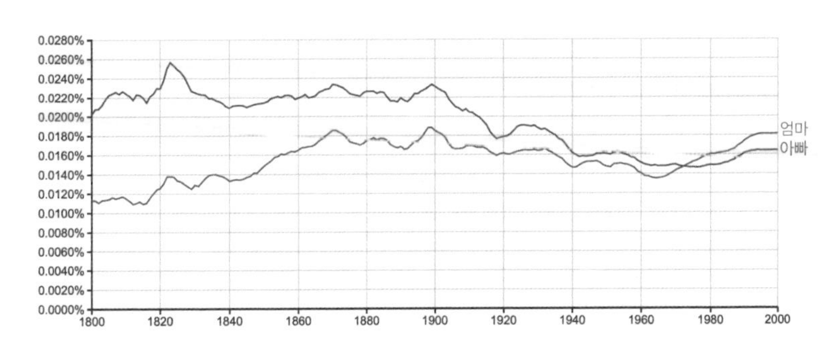

엔그램 뷰어에 따르면, 1970년대 이전에는 아버지에 대한 언급이 더 많았다. 이는 종교(하느님 아버지!)와 가부장제 때문이 아닐까 싶다.

2) 찍먹 vs 부먹

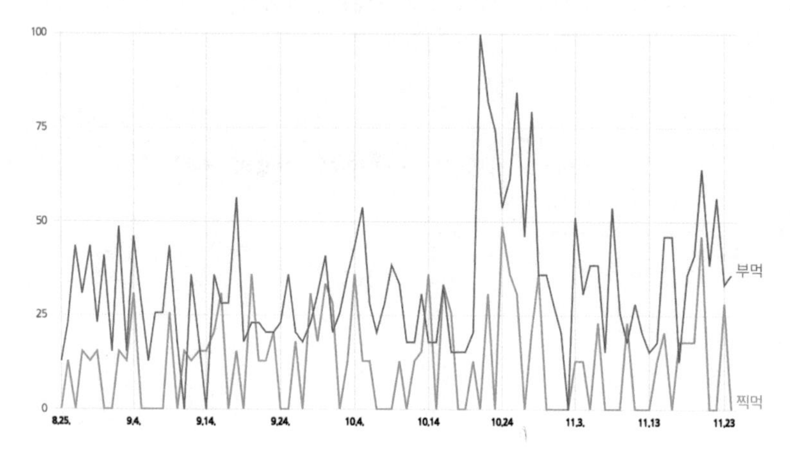

피를 봐야 끝난다는 그 게임, 결과에 승복할 수 없다.

3) 개 vs 고양이

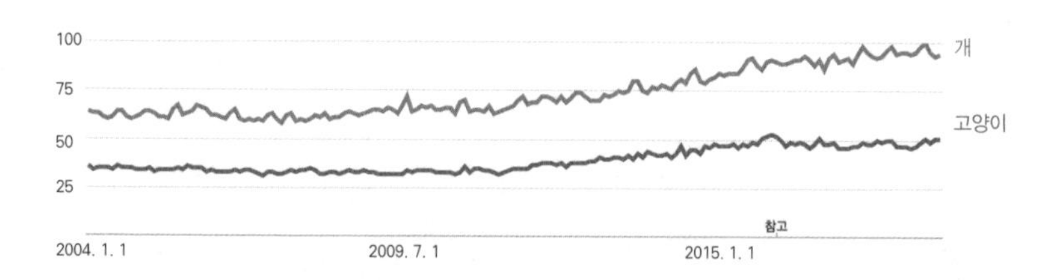

인간은 두 종류로 구분할 수 있다. 개파와 고양이파. 승부는 싱겁게 끝났다. 하지만 고양이파 여러분 좌절하지 마시라. 지역별 통계를 보면 한국에서는 59:41로 고양이가 우세하다. 이 외에도 일본, 러시아, 벨라루스, 프랑스, 모로코, 알제리, 사우디아라비아, 말레이시아, 인도네시아가 개보다 고양이에게 더 많은 관심을 보였다.

개
고양이

7

기상무한 육면각체의 비밀

날씨는 우리를 어떻게 바꾸고,
우리는 날씨를 어떻게 바꾸나

"인간의 모든 지식은 불확실하고 부정확하고 불완전하다."

– 버트런드 러셀

"내일 날씨? 그걸 어떻게 아냐?
기상청 체육대회 날도 비가 오는데."

– 인터넷 속담

난이도 ★★★★★

사실 별 세 개짜린데, 마지막이라 다섯 개 채워봄. 용어와 이름이 많이 등장한다. 여기까지 읽었으면 이미 다 알겠지만, 맥락만 이해하면서 넘어가도 충분하다.

공공기관 중 시민들에게 가장 욕을 많이 먹는 곳은 어디일까? 정확한 통계는 없지만, 아마 기상청이 아닐까 싶다. 어제의 업무가 오늘 바로 평가되니 욕먹기 이보다 더 좋을 수가 없다. 오늘의 운세처럼 애매한 표현을 하는 것도 아니고, 비가 온다 안 온다처럼 명확하게 발표하니 피해 갈 길이 없다. 물론 기상청은 확률로 여지를 남기지만, 사람들은 숫자 대신 그림만 본다. 특히 예보에 없던 비가 쏟아지는 날에는 아무리 고상한 사람 입에서도 기상청 욕이 나온다. 오보청, 구라청, 중계청(내일 날씨를 예보하는 게 아니라 현재 날씨를 중계하는 수준이라는 뜻) 등등, 기상청의 별명만 봐도 시민들이 기상청에 갖는 불신의 정도를 알 수 있다.

하지만 기상청이 욕을 먹을 때마다 나는 변호해주고 싶은 욕구를 느낀다. 그래도 공공기관 중 정치적 사안이나 권력에 굴하지 않고 일하는 유일한 곳이 있다면 바로 기상청 아닐까? 물론 기상청 안에도 조직의 병폐가 있다(어디나 그렇듯 장비 도입 관련 리베이트, 조직원 왕따, 성추행 등의 사건이 있었다). 그러나 적어도 특정 정치 세력이나 기득권을 위해 일부러 예보를 틀리지는 않는다. 그들은 최선을 다한다. 하지만 그럼에도…

… 그들은 틀린다. 아무리 비싼 슈퍼컴퓨터를 사줘도

… 그들은 틀린다.

2018년 환경노동위원회 국정감사에서는 연례행사처럼 기상청에 대한 성토가 쏟아졌다. 질타가 이어지자 기상청은 지난해 '단기예보 강수 유무 정확도 ACC(다음 날 비가 온다 안 온다를 맞히는 확률)'가 91.8%라며 자신들을 변호했다. 놀랍게도 이 수치는 사실이다. 우리가 체감하는 것과 달리 기상청은 내일 비가 올지 안 올지 열 번 중에서 아홉 번을 맞힌다. 하지만 이 말에는 함정이 있다. 바른미래당 김동철 의원은 "기상청이 1년 내내 비가 안 온다고 예보해도 정확도가 85.4%는 나온다"며 기상청을 디스했다. 이 말 역시 사실이다. 한국에서 1년 중 비나 눈이 오는 날은 15% 정도다. 즉, 기상청이 아무 일도 하지 않고 "내일은 비가 오지 않는다"라고만 예보해도 열 번 중에 여덟 번은 맞는 셈이다.

85%와 91%. 기상청이 하는 일이 단순하게 비가 오나 안 오나를 맞히는 것은 아니지만, 그 부분에 한정해서 본다면 최고의 전문가와 슈퍼컴퓨터의 효과는 고작 6% 포인트다. 한국만의 이야기가 아니다. 전 세계 모든 기상청은 종종 틀리고, 그럴 때마다 욕을 먹는다. 더 안타까운 점은 앞으로 기술이 아무리 발전한다 해도 기상청이 날씨를 100% 맞힐 수는 없다는 것이다. 그들은 계속 틀릴 것이고 계속 욕을 먹을 것이다. 왜 그럴까? 왜 기상청은 틀릴 수밖에 없을까?

이 챕터는 욕먹는 전 세계 기상청 공무원들을 위한 나의 헌사다.

비는 반혁명적이다

1794년, 프랑스 혁명은 절정을 향해 달리고 있었다. 루이 16세, 마리 앙투아네트, 그 외 왕족, 귀족, 온갖 기득권층이 단두대에서 인도적인 죽음을 맞았다(놀랍게도 단두대는 사형수의 인권 증진을 위해 도입된 기구다). 수만 명이 죽어나갔지만, 자코뱅파의 리더가 된 로베스피에르Maximilien François Marie Isidore de Robespierre는 절대 멈출 생각이 없었다. 반혁명적인 사람을 모두 찾아내 제거하기 전까지 멈출 것 같지 않았다. 후대 사람들은 이 시기를 '공포 정치'라 부르며 로베스피에르를 이름을 불러서는 안 될 사람 취급을 하지만, 당시에는 그를 혁명의 마지막 보루로 여긴 이도 많았다. 그는 흠잡을 데 없이 완벽한 생활을 했고, 뇌물도 통하지 않았다. 혁명 정신으로 무장한 그는 절대 타협하지 않았다. 여기서 타협하지 않는다는 건 모두에게 '인도적인 죽음'을 내린다는 뜻이다. 그는 혁명 세력 내에도 적폐가 있다고 외치며 공안위원회를 만들어 내부 숙청을 감행한다. 한때 혁명을 이끌었던 당통과 그의 추종자들까지 단두대에 올라 인도적인 죽음을 맞았다. 당통의 죽음은 국민공회(혁명 의회) 의원들까지 공포에 떨게 했다. '민중의 적'이 되면 누구도 살아남을 수 없었다.

테르미도르 8일(2장에서 나온 프랑스 혁명력 참고)은 여름이지만 찬 바람이 불었다. 국민공회 연단에 오른 로베스피에르는 장장 2시간 동안 연설을 했다. 그는 의원 중에도 배신자가 있다는 첩보를 받았다며, 곧 대대적 숙청이 있을 것이라 선언했다. 공회는 그대로 얼어붙었다. 진짜 배신자여서 그랬는지, 분위기 때문인지, 의원들은 공포에 얼굴이 하얗게 질렸다. 그들은 당하기 전에 로베스피에르를 제거하기로 결심한다.

테르미도르 9일은 전날과 다르게 덥고 습했다. 회의가 시작되자 의원 하나가 일어나 로베스피에르의 체포를 건의했고, 의원 다수가 동의했다. 로베스피에르는 그 자리에서 곧장 체포된다. 반대파가 선수를 날린 것이다. 하지만 여전히 실권은 로베스피에르가 쥐고 있었고, 그는 곧 풀려난다. 노동자와 시민이 주축이 된 자치 기구 '파리코뮌'은'여전히 로베스피에르를 지지하고 있었다. 이들은 가장 열정적인 혁명 세력이었고, 이들이 지지하는 한 로베스피에르는 여전히 최고 권력자였다. 반란 소식을 전해 들은 노동자들과 시민들은 저녁이 되자 로베스피에르가 머물고 있던 파리 시청사로 몰려들었다. 민중의 영웅인 그가 발코니로 나와 성난 민중에게 반역자를 처단하라고 말했다면, 민중은 그대로 국민공회로 쳐들어가 반란을 일으킨 의원들을 체포했을 것이다. 하지만 로베스피에르는 모습을 드러내지 않았다. 갈 곳을 잃은 시위대는 조금씩 어수선해지기 시작했다.

몇 시간이 지나고 자정이 됐을 무렵, 갑자기 하늘에서 엄청난 폭우가 쏟아졌다. 천둥번개를 동반한 장대비가 쏟아지자 시위대는 자신의 집을 돌보기 위해 뿔뿔이 흩어졌다. 시위대의 불꽃을 단번에 꺼뜨리는 비였다. 비가 그치고 새벽이 되어서야 로베스피에르가 모습을 드러냈다. 하지만 시청 밖에는 아무도 남아 있지 않았다. 그날 저녁 왜 그가 일찍 모습을 드러내지 않았는지 아무도 알 수 없다. 습하고 더웠던 날씨가 평소 좋지 않았던 그의 건강 상태를 악화시켰을 것이라는 추정만 있을 뿐이다. 아무튼 그는 제때 나타나지 않았고, 비는 그의 마지막 기회를 앗아갔다.

혼자가 된 로베스피에르는 파리코뮌에 보내는 호소문을 쓰기 시작했다. 하지만 반대파는 틈을 놓치지 않았다. 그의 체포 과정에 대해서는 정확한 기록이 남아 있지 않다. 호소문의 서명란에는 'Ro'라는, 끝까지 쓰이지 않은 그의 이름과 핏자국이 남아 있다.

테르미도르 10일, 로베스피에르와 그의 측근 20명은 단두대에 올랐다. 죽음은 인도적이었다. 이 혼란의 소용돌이에서 살아남아 후에 프랑스 1대 총리가 되는 탈레랑Charles-Maurice de Talleyrand-Périgord은 그날 밤의 사건에 대해 이렇게 평했다.

"비는 반혁명적이다."

역사의 배후에는 날씨가 있다

우리 삶은 날씨에 큰 영향을 받는다. 비든 눈이든 날씨가 혁명적이거나 반혁명적일 리는 없지만, 역사의 물결을 보다 보면 결정적 순간에 날씨가 방향을 틀어버리는 경우가 종종 일어난다.

1281년 중국을 통일한 몽골은 일본 정복에 나섰다. 당시 일본은 몽골의 상대가 되지 않았다(당시 세계 어느 나라도 몽골의 상대가 되지 않았다). 하지만 몽골군이 일본에 상륙하기 직전 불어닥친 태풍은 몽골군을 그대로 수장시켜버렸다. 일본 사람들은 아직까지도 이 태풍을 '신풍(가미카제)'이라 부르며 찬양한다. 적벽대전 당시 연합군의 책사 제갈량은 동남풍이 불어올 때를 기다려 조조의 백만 대군을 패퇴시켰고, 러시아 지역의 혹독한 겨울 날씨는 나폴레옹과 히틀러를 무너뜨렸다.

노르망디 상륙 작전은 제2차 세계대전에서 가장 결정적인 장면(서부전선 한정)으로 꼽힌다. 당시 이 작전을 성공하기 위해서는 날씨를 포함해 여러 까다로운 조건이 충족되어야 했다.

(1) 해안가의 수심이 너무 낮아서는 안 된다. 물이 얕아 병사들이 해안가 멀리서 상륙하면 이동 거리가 늘어나 적에게 일찍 발각되어 피해가 커지기 때문이다. 그러니 상륙 시간은 물이 차는 밤에서 새벽으로 넘어가는 때여야 했다.

(2) 하지만 밤이어도 시야는 확보되어야 한다. 그래야 낙하산 부대원을 원하는 장소에 보낼 수 있고, 독일군이 설치해놓은 무기를 확인할 수 있기 때문이다. 전투기와 수송기의 원활한 비행을 위해서도 적당한 조명은 필수다. 그렇다고 인공 조명을 쓸 수는 없다. 적군에게 발각될 가능성이 높아지기 때문이다. 그러니 작전은 보름달에 가까운 맑은 날에 수행해야 한다.

(3) 풍속이 시속 20km를 넘어서도 안 된다. 바람이 강하면 낙하나 상륙이 어렵고 정확한 작전이 불가능하기 때문이다.

(4) 땅이 너무 젖어도 안 된다. 해안가 지역 바닥이 너무 무르면 탱

크와 지프 등 장비를 이용하기 어렵기 때문이다.

1944년 5월, 연합군 수뇌부는 상륙 작전을 계획했다. 5월 내내 날씨가 좋지 않을 것으로 예보되자, 사령관이었던 아이젠하워Dwight David Eisenhower(미국 대통령이 되는 그 사람)는 한 달이 지난 6월 5일을 D-Day로 잡았다. 하지만 6월이 되어서도 악천후가 이어졌다. 날씨가 좋아지지 않으면 작전 자체를 취소해야 할 판이었다. 6월 4일, 선발대는 이미 준비를 마치고 대기 중이었다. 하지만 날씨가 여전히 좋아지지 않았다. 연합군의 기상관들은 분주히 움직였다. 제임스 스태그James Martin Stagg 기상 담당 총서기는 아이젠하워에게 "악천후가 이어지지만, 6월 5일 저녁부터 6일 아침까지 일시적으로 날이 갤 것"이라 보고한다. 물론 지금 일기예보가 그렇듯이 확실한 건 아무것도 없었다. 아이젠하워는 결단을 내린다. 작전을 취소하지 않고 D-Day를 24시간 늦춘다.

당시 독일군도 연합군의 상륙 작전을 예측하고 있었다. 하지만 두 가지를 오판했다. 첫째, 연합군이 영국에서 가깝고 바닷길이 짧은 도버 해협을 건널 것이라 생각했다. 하지만 연합군은 영국 해협을 건너 노르망디로 상륙했다. 둘째, 6월 초까지 악천후가 계속되자, 독일군 수뇌부는 연합군이 한동안 상륙 작전을 시도하지 못할 것이라 판단했다. 독일의 기상관들은 날씨가 잠깐 갠다는 것까지는 예측하지 못한 것이다.

연합군의 예측은 정확했고, 노르망디 상륙 작전은 성공한다. 이미 동부 전선에서 밀리고 있던 독일은 이 전투로 서부 전선마저 내주며 다시는 전쟁의 승기를 잡지 못했다. 일기 예보가 전투의 승패를 가른 셈이다. 연합군 기상관 제임스 스태그는 날씨를 제대로 예측한 공로로 미국과 영국 두 나라에서 훈장을 받았다. 하지만 결과만 보고 독일군 기상관이 연합군 기상관보다 무능했다고는 판단할 순 없다. 당시 독일군에게는 관측 자료 자체가 부족했다. 물론 가장 부족한건 운이었겠지만.

●▶▶

이런 드라마틱한 이야기를 들으면 날씨란 것이 특정한 날에 갑자기 나타나 역사에 가끔 영향을 끼친 것 정도로 생각할지도 모르겠다. 하지만 날씨는 특정한 날뿐 아니라 인류 역사 전체에 지속적인 영향을 끼쳤다.

인류는 농경을 약 1만 년 전에 시작했다. 참고로 현생 인류가 출현한 지는 30만 년이 넘었다. 숫자만 들으면 이런 의문이 생긴다. "대체 우리 조상들은 29만 년간 어디서 무얼 하다가 겨우 1만 년 전에야 농사를 짓기 시작한 걸까?" 물론 농경 시대로 진입하기 위해서는 거쳐야 할 단계들이 있다. 하지만 그런 점을 다 고려하더라도 29만 년은 너무나 긴 시간이다. 왜 그들은 29만 년간 그냥 살다가 하필 1만 년 전에 농사를 짓기 시작했을까? 명확한 답이 없는 질문 같지만, 지구의 기온 변화를 보면 단박에 이해된다. 1만 년 전까지 지구는 빙하기였다. 기온도 일정하지 않았다. 그러니 당시 사람들은 농사를 지을 수가 없었다.

만약 춥고 기온이 일정하지 않은 시기에 농사를 시도한 부족이 있었다면, 그들은 굶어 죽었을 것이다. 인류는 빙하기 끝에야 겨우 농사를 시작할 수 있었고, 농경 문화는 기온이 안정된 이후에야 자리 잡을 수 있었다.

그럼 1만 년 전부터는 기온이 늘 안정적이었을까? 다음 장의 그래프를 보면 그렇지 않다는 사실을 알 수 있다. 이전처럼 극단적이진 않지만 미묘한 굴곡이 있다. 이 미묘한 변화가 인류에게는 운명을 가른 큰 변화였다.

로마가 넓은 세력을 자랑하며 번성한 시기는 기후 최적기와 겹친다. 기원전 2세기부터 기원후 3세기까지 로마와 유럽 일대는 기온이 따뜻했고 강우량도 적당했다. 로마의 정치 시스템과 인프라는 풍족한 식량이 있었기에 가능한 것이었다. 비슷한 시기 중국의 한나라도 기후 효과를 톡톡히 봤다. 국가가 안정되고 농산물 생산이 늘어나자, 초기 2천만 명 정도였던 한나라 인구는 6천만 명으로 늘어난다.

물론 기후 최적기라고 해서 세계 전역의 기후가 좋았던 것은 아니다. 북반구 중위도 지역의 날씨가 부분적으로 좋았던 것이기에, 기후 최적기라는 표현은 강대국 중심의 표현이다. 특히 에게해 주변과 중동 지역은 유럽과 여러 차례 기후가 엇갈렸다. 유럽의 기후가 좋은 때에 중동은 강수량이 적어 황폐화되는 경우가 많았다. 아무튼 모든 것이 날씨 때문이라고는 할 수는 없지만, 중국과 유럽 모두에서 기후 최적기에 번성한 왕국이 나온 것은 단순한 우연은 아닐 것이다.

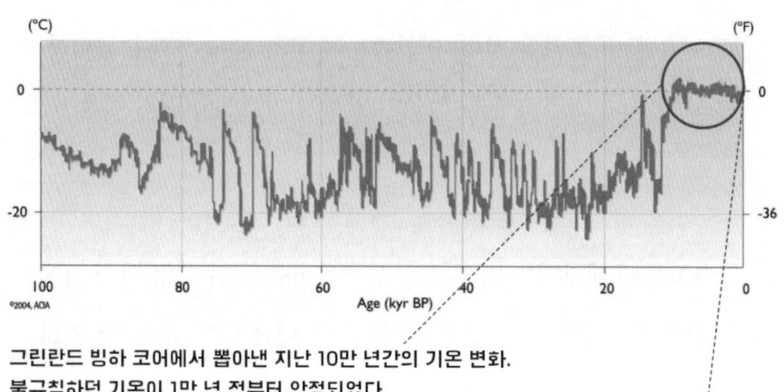

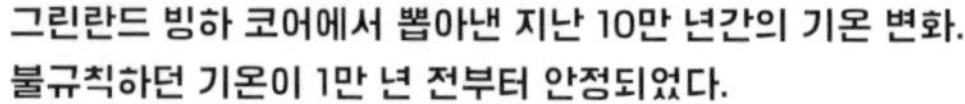

그린란드 빙하 코어에서 뽑아낸 지난 10만 년간의 기온 변화.
불규칙하던 기온이 1만 년 전부터 안정되었다.

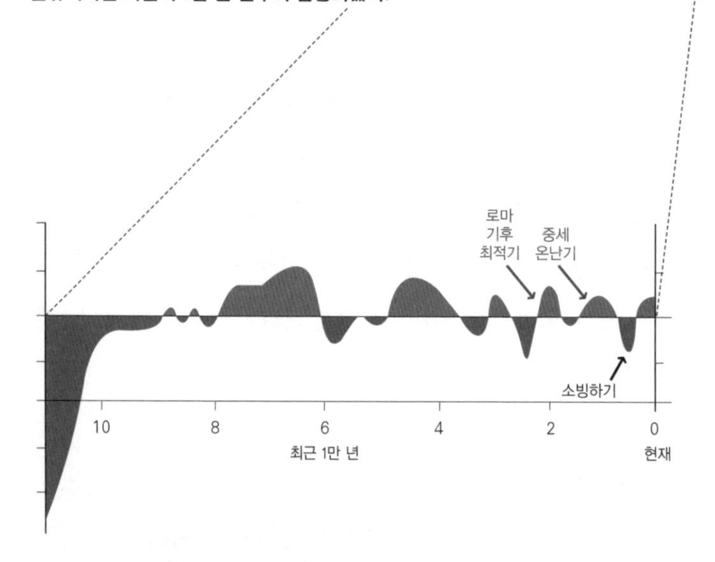

떼어서 본 기온 변화(매우 단순화해서 나타낸 수치).

하지만 기후가 좋은 것이 장기적으로 꼭 좋은 것은 아니다. 기후가 좋아 농업 생산량이 증가하면 인구도 자연스럽게 증가한다. 그러면 늘어난 인구만큼 산림을 없애고 농경지를 늘린다. 그런데 기후는 변하기 마련이다. 인구가 늘어난 상태에서 기후가 악화되면, 사회는 좋아진 것보다 훨씬 빨리 나빠진다. 한나라와 서로마가 망하던 시기의 기록을 보면 자연재해에 대한 언급이 많다. 농지를 늘리려고 산림을 훼손한 것도 재해를 크게 만드는 데 일조했을 것이다. 추워진 날씨와 기상 이변으로 농작물 수확량이 줄어들자 제국은 근본부터 흔들린다. 각 지역에서 반란이 속출하고 이민족의 침입까지 겹치자 한나라와 서로마는 결국 버티지 못하고 무너졌다(동로마가 있던 에게해와 중동 지역은 서로마가 무너질 때 오히려 기후가 좋아져 오랜 기간 이어졌다).

이후 이런 상황은 수차례 반복된다. 중세 역시 마찬가지다. 우리는 중세를 어둠의 시대라 부르며 딱히 좋게 평가하진 않지만, 중세는 후대의 평가가 무색하게 오랫동안 유지됐다. 어떻게 그럴 수 있었을까? 로마가 무너지고 중세가 성립되던 초기에는 유럽 기후가 좋지 않았지만, 대략 1000년경부터 유럽은 다시 온난기를 맞는다. 이후 300년간 유럽은 따뜻했고 기상 이변도 적었다. 지금은 한대 기후에 해당하는 아이슬란드와 그린란드 지역에서도 농사가 가능해 도시가 생길 정도였다. 북유럽 지역에서도 포도 수확이 가능해 와인을 만들었고, 지중해 지역에서만 자라는 올리브가 유럽 대륙 한가운데서 자랄 만큼 기후가 좋았다. 농장의 수확량이 늘어나고 효율성이 올라가자 농사를 짓지 않아도 되는 사람이 늘어났고, 이들은 도시로 몰려들어 전문직이 된다. 대부분의 유럽 대도시가 이 시기에 만들어져 성장했다. 한곳에 인구가 몰리면 필연적으로 전염병이 발생할 수밖에 없지만, 그럼에도 이 시기 유럽 인구는 2배 이상 늘어났다.

하지만 풍요로웠던 날씨는 14세기 들어 급변했다. 기후가 변했고 기상 이변이 속출했다. 시작은 긴 장마였다. 10년 동안 강수량은 3배 이상 폭증했고, 기록에 따르면 155일 동안 하루도 빠짐없이 비가 내린 시기도 있었다. 당연히 식량 생산량이 떨어졌고, 척박한 환경에 살던 북쪽 변방 지역 주민들이 가장 먼저 타격을 받았다. 그들은 지금의 난민처럼 남부로 몰려들었다. 하지만 남부 역시 생산량이 줄어 근근이 버티는 상황이었다. 온난기를 기준으로 만들어진 도시와 국가들은 식량 생산량이 인구를 감당하지 못해 큰 위기에 빠졌고, 분리, 독립, 반란, 내전이 끊임없이 벌어졌다. 영양이 부족한 상황에서 우기까지 겹치자 흑사병을 비롯한 온갖 전염병이 창궐했다. 흑사병으로 피렌체 인구 십만 명 중 오만 명이 죽었고, 유럽 인구 3분의 1이 죽었다. 전쟁과 기아, 전염병은 인구가 반 토막이 난 후에야 진정됐다. 19세기 중반까지 소빙하기가 이어졌고 르네상스, 종교개혁, 마녀사냥, 신대륙(유럽 사람 기준) 침입, 산업혁명, 프랑스 대혁명, 과학혁명 모두 이때 일어났다.

이 굵직한 사건들이 오직 바뀐 기후 때문에 일어났다고 할 수는 없지만, 다른 요인들과 상호 작용해 영향을 준 것은 분명해 보인다. 소빙하기는 유럽뿐 아니라 세계 전역에서 맹위를 떨쳤고 정치 격변을 불러왔다. 유럽의 침입에 다른 대륙이 쉽게 무너진 것에는 전염병 등 여러 이유가 있지만, 기후 때문에 내부 사정이 좋지 않았던 것도 큰 이유 중 하나다.

소빙하기가 시작될 무렵, 한반도에서는 고려가 무너지고 조선이 건국됐다. 중세 온난기에 상업으로 번성했던 고려는 기온이 떨어지고 기상 이변이 속출하면서 급속도로 쇠퇴한다. 당시 백성들은 가뭄과 태풍 같은 자연재해가 왕이 부덕해서 생긴 것으로 여겼다. 특히 흉년이 계속되면 나라가 뒤집힐수 있기에, 새로 세워진 조선은 이런 문제를 시급히 해결해야 했다. 세종이 도량형(단위)을 정비하고, 중국의 역법을 한반도 상황에 맞게 고치고, 세계 최초로 측우기를 만드는 등 농사와 관련된 기술에 목을 맨 것 역시 이런 배경 때문이다. 환경이 좋을 때야 대충 해도 성과가 나지만, 환경이 받쳐주지 않으면 효율적으로 해야 버틸 수 있다. 이후 조선은 500년이라는 꽤 긴 시간을 이어가지만 유럽이 그랬듯 한반도 역시 여건이 좋지 않았다. 《조선왕조실록》에는 유독 천재지변에 관한 언급이 많다. 조선 시대를 다룬 사극을 보면 늘 왕이 독살을 당하거나 후계자 문제로 계파 싸움이 벌어지는 등 편할 날이 없는데, 이 역시 불안정한 날씨가 일정 부분 영향을 끼쳤을 것이다.

날씨는 인류의 흥망성쇠에 지속해서 영향력을 발휘해왔다. 기후의 급격한 변화는 시대의 발목을 잡기도 하고, 진화의 도화선이 되기도 했지만, 어느 방향이든 당대를 살아가는 사람들에게는 삶을 파탄 내는 두려운 존재였다. 당연히 인류는 날씨를 사전에 알고 대처하기 위해 노력했다. 스승과는 달리 이데아보다는 현실의 문제를 중요하게 여긴 아리스토텔레스가《기상학》을 쓴 것 역시 같은 맥락에서 이해할 수 있다. 그리스에서는 기원전 6세기부터 풍향 관측이 이뤄졌고, 아리스토텔레스 외에도 많은 철학자와 과학자가(당시에는 이들을 구분하지 않았다) 날씨에 관한 글을 남겼다.

날씨 정보 획득하기

앞에서는 날씨와 기후를 구분하지 않고 사용했지만, 상황에 맞게 정확히 사용하는 것이 좋다. 날씨는 특정한 때의 기상 상태를 뜻하고, 기후는 장기적인 기상 상황, 즉 추세를 뜻한다. 테르미도르 9일 밤 비가 온 것이나 몽골이 일본을 침략했을 때 태풍이 분 것은 날씨에 해당한다. 반면 중세 온난기, 빙하기는 기후에 해당한다. 오해하지 말아야 할 건 온난기라고 해서 그 기간 내내 날씨가 좋다는 뜻은 아니라는 점이다. 어느 날은 비바람이 치기도 하고, 어느 해는 추울 수도 있지만, 그 시기 전체를 놓고 보면 평균적으로 기후가 좋다는 뜻이다.

근대 이전의 기상 관측은 대부분 날씨에 집중됐다. 그럴 수밖에 없는 것이 큰 틀에서 기후를 이해하기에는 정보가 부족했기 때문이다. 그들은 경험과 관측을 통해 가까운 미래 날씨를 예측했다. 그래서 우리가 많이 들어온 날씨와 관련된 속담들, 예를 들어 "제비가 낮게 날면 비가 온다(비가 오기 전에 상층 대기가 불안정해 제비가 낮게 날 가능성이 있기에 어느 정도 사실, 하지만 최근에는 제비 자체를 보기 힘들다)", "아침에 안개가 끼면 날이 맑다(도시에서는 안개인지 미세먼지인지 구분되지 않는다)", "무릎이 쑤시면 비가 온다(경험적 진실)" 모두 기후가 아니라 날씨의 영역이다. "여름이 더우면 겨울이 춥다(기상청의 데이터에 따르면 사실이 아니다. 여름이 더우면 겨울도 따뜻하다는 것이 아니라 상관관계 자체가 없다)"처럼 기후와 관련된 속담도 있지만, 이런 경우에도 한 해 정도의 가까운 시기를 뜻하는 경우가 많다.

그렇다고 과거 사람들이 기후를 전혀 모르진 않았을 것이다. 몰랐다면 농사를 어떻게 짓겠나. 언제 씨를 뿌리고, 언제 장마와 태풍을 대비하고, 언제 수확을 하는 것이 좋은지, 기후를 이해하지 않으면 농사를 지을 수 없다. 이들에게는 조상 대대로 쌓아온 빅데이터가 있었다. 하지만 날씨든 기후든 조상들에게는 늘 반복에 불과했고, 새로운 변수가 나타나면 늘 어려움을 겪었다.

●▶▶

근대적 일기예보의 시작은 갈릴레오 갈릴레이Galileo Galilei로 거슬러 올라간다. 갈릴레이가 일기예보까지 한 것은 아니지만, 1593년 일기예보에서 가장 중요하다고 할 수 있는 온도계를 최초로 개발했다. 주관적으로 느끼던 온도를 객관적 지표로 바꾼 것이다. 갈릴레이의 조수 출신인 토리첼리Evangelista Torricelli는 1642년 공기에도 압력이 있음을 발견하고 기압에 관한 개념을 정리했다. 온도와 온도에 따른 공기의 흐름을 밝혀냈으니 날씨를 예측할 준비가 된 셈이다. 하지만 이것이 일기예보까지 이어지는 데는 또 한참의 시간이 걸린다.

19세기, 전신이 보급되어 각지의 정보를 빠르게 주고받을 수 있게 되면서 날씨 정보가 주목받기 시작한다. 1848년 영국 신문《데일리 메일》이 세계 최초로 각 지역의 날씨를 보도했다. 예보가 아니라 보도다. 당시에는 다른 지역의 날씨를 당일 혹은 다음 날 아는 것만 해도 엄청난 정보였다. 그로부터 10년 뒤, 미국의 스미스소니언 연구소는 관측소 150곳에서 전보로 정보를 받아 세계 최초로 일기예보를 발표한다.

1853년, 얼지 않는 항구의 꿈을 꾸던 러시아는 혼란을 틈타 크림반도를 점거한다(2014년에도 러시아는 똑같은 짓을 저질렀다). 이를 위험 신호로 간주한 영국은 사르데냐 왕국(현재 이탈리아에 있던 나라), 오스만 제국, 그리고 프랑스와 힘을 합쳐 러시아와 전쟁을 일으킨다. 전쟁은 졸전의 연속이었다. 연합군이 겨우 승리하긴 했지만 러시아 못지않은 큰 피해를 입었다. 연합군 함대는 폭풍을 만나는 바람에 싸워보지도 못하고 수장됐다. 프랑스는 이 사건을 계기로 폭풍의 진로를 예측하는 것이 중요하다는 사실을 깨닫고, 체계적인 시스템을 구축하기로 결심한다.

프랑스 국방성은 당시 파리 천문대 소장이었던 르베리에Urbain Jean Joseph Leverrier에게 이 일을 일임한다. 르베리에는 연합군을 강타한 태풍이 지중해에서 발생해 올라왔다고 보고, 해당 지역에 전신을 이용한 기상 관측 시스템을 구축했다. 내일 날씨를 알기 위해서 현재 날씨를 파악한 것이다. 1857년, 그는 주요 거점 19곳에 기상 관측소를 설립해 일정 시간마다 기온, 풍향, 풍속, 습도, 강수 유무, 강수량 등을 측정했다. 이 자료를 토대로 프랑스는 1863년부터 세계 최초로 일일 기상도를 작성했다.

이후 기상 관측소 시스템은 전 세계로 퍼져나간다. 한국 최초의 기상 관측소는 1898년 인천 월미도에 세워져, 항해하는 선박에 일기예보를 제공했다. 현재 한국에는 590개(유인 96, 무인 494) 관측소가 있다.

하지만 기상을 제대로 이해하기 위해서는 땅에서의 관측 자료만으로는 부족하다. 구름은 우리 머리 위에 있고, 바람은 고도에 따라 세기와 방향이 다르다. 지상 정보가 아무리 풍부해도 머리 위의 정보가 없다면 제대로 된 예측을 할 수 없을 것이다. 이런 필요에 의해 만들어진 기구가 라디오존데Radiosonde다. 독특한 이름으로 들리지만, 뜻 자체는 단순하다. 라디오(Radio)는 우리가 아는 그 라디오(전파를 보낸다는 의미), 존데(Sonde)는 프랑스어로 '탐지기'다.

이름만큼 사용법도 간단하다. 가벼운 기체(보통 헬륨)를 넣은 네오프렌(고무의 일종) 풍선에 라디오존데를 달아 하늘로 띄우면 된다. 라디오존데는 1초에 한 번씩 전파를 지상으로 쏘는데, 전파는 기온, 기압, 습도 등에 따라 파장이 변한다. 지상에서는 전파의 파장을 통해 하늘 위의 상황을 파악할 수 있다. 현재 사용하는 라디오존데에는 GPS가 달린 경우가 많아서, 데이터가 측정된 위도와 경도, 고도를 정확히 알 수 있고, 그만큼 더 정확하게 관측할 수 있다. 그 외 풍향·풍속 등 바람과 관련된 정보를 추가로 측정하는 레윈(RAWIN, Radio Wind Direction Finding) 존데, 오존·자외선·대기복사 등을 관측하는 오존존데(Ozonesonde), 낙하산만 달고 비행기에서 떨어뜨리는 낙하존데(Dropsonde) 등이 있는데, 일반적으로 라디오존데라 통쳐서 부른다.

라디오존데는 전파로 정보를 전달하기 때문에 다른 국가 혹은 기업이 얼마든지 가로챌 수 있지만 굳이 그럴 필요는 없다. 세계 고층 기상 관측망을 구성하는 모든 관측소에서는 비가 오나 눈이 오나 협정 세계시 기준으로 0시와 12시(한국 시간 오전 오후 9시, 태풍 등 긴급한 현안이 있는 경우 지역별로 추가할 수 있음) 라디오존데를 쏘아 올려 측정한 데이터를 공유한다.

라디오존데의 1회 비행 시간은 60분에서 90분 사이이다. 정보를 제공하며 하늘로 올라가다 보면 대기가 점점 줄어들어 기압이 낮아지고, 그러면 풍선 속 공기가 팽창해 풍선이 터져버린다. 이 높이가 지상에서 37km쯤 된다. 풍선이 터지면 라디오존데는 달려 있는 낙하산을 타고 어디론가 떨어지는데, 대부분 그냥 버려진다. 즉, 일회용이다(낙하산을 씌우는 것은 혹시 모를 인명 피해나 재산 피해를 막기 위해서다). 풍선을 포함한 1회 발사 비용은 40만 원 정도로 그렇게 큰 금액은 아니지만, 가랑비에 옷 젖는다고 기간이 누적되면 무시 못할 액수가 된다. 우리나라는 여덟 곳에서 하루 두 번 발사하니 하루에 총 16대가 필요하다. 전 세계적으로는 매년 87만 대의 라디오존데가 사용되고 버려진다. 비용이 얼마나 드는지는 알아서들 계산해보시라.

사용된 제품은 바다나 야산에 그대로 버려진다. 그 때문에 환경 오염 문제가 꾸준히 지적되어, 여러 국가에서 친환경 라디오존데를 개발

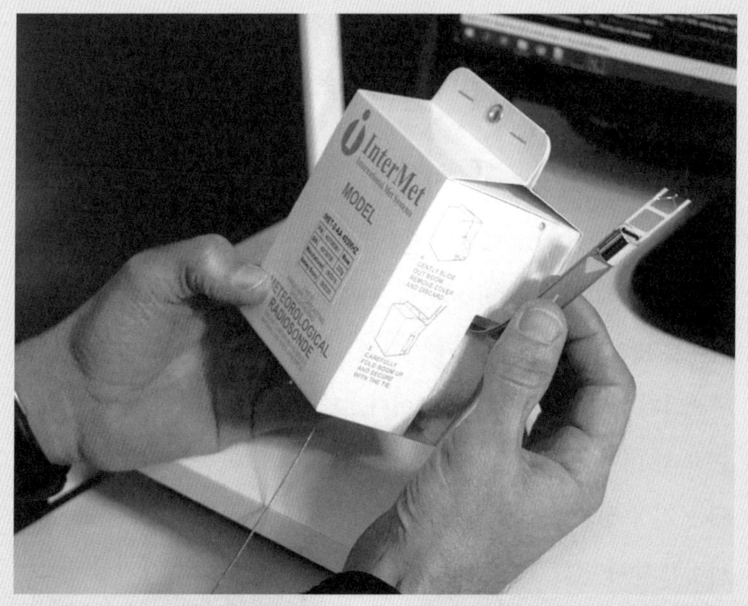

라디오존데 자체는 우유팩 정도의 아담한 사이즈, 배보다 배꼽이 더 크다. 상당히 원시적인 방법으로 보이지만(실제로 원시적이지만), 여전히 기상 관측에서 중요한 역할을 담당하고 있다.

하고 있다. 한국 기상청에서도 친환경 제품을 개발하려 한 적이 있지만, 성능과 비용 문제로 여전히 기존 제품을 사용 중이다.

이제 하늘까지 정보를 얻었으니 모든 정보를 획득한 것일까? 아직 갈 길이 멀다. 전 세계 대부분 관측소는 지상에 있다. 라디오존데 역시 지상에서 띄운다. 하지만 지구의 70%는 바다다. 또한 관측소는 선진국에는 많지만, 발전이 덜 된 지역에는 적다. 여전히 관측되는 곳보다 관측되지 않는 곳이 더 많은 셈이다. 그래서 사람들은 전 세계에 떠 있는 배와 비행기에 관측 기기를 실어 기상 정보를 수집했다. 중요한 곳에는 기상 정보 수집만을 위해 일부러 배나 비행기를 보내기도 했다. 하지만 배나 비행기도 전 세계 모든 곳을 가지는 않았고, 기상 정보는 여전히 구멍이 뻥뻥 뚫려 있었다.

그때 기상 관측에 획기적인 도구가 등장한다. 바로 인공위성이다.

We Are The World

일기예보의 정확도는 기상 위성이 등장하기 전과 후가 확연히 나뉜다. 그 이전의 기상 관측은 부분적인 정보를 모아 전체의 그림을 만드는 방식이었다. 하지만 위성 덕분에 최초로 하늘에서 구름이 어디서 만들어지고 어떻게 움직이는지 전체 그림을 보게 된 것이다.

기상 위성은 보통 정지 궤도에 위치해 있다. 정지 궤도란 적도 상공 약 36,000km(정확히는 35,786km)의 원 궤도를 뜻한다. 지구에서 봤을 때 하늘에 가만히 멈춰 있는 것 같아서 정지 궤도라 부른다. 하지만 '정지' 궤도라고 해서 정말 위성이 정지해 있다는 뜻은 아니다. 하늘에 가만히 떠 있으려면, 지구의 자전 방향으로 시속 11,000km 속도로 돌아야 한다. 정지 궤도의 고도가 36,000km로 정해져 있는 것은 지구의 중력 때문이다. 위성이 중력을 이기고 일정 거리를 유지하며 떠 있기 위해서는 높이마다 필요한 속력이 있다. 정지 궤도보다 안쪽(저궤도)에서 위성이 되기 위해서는 지구의 자전보다 빠른 속도로 돌아야 한다. 저궤도 위성은 하루에 지구를 1바퀴 넘게 돈다. 예를 들어 330km 상공에 있는 국제우주정거장은 하루에 지구를 16바퀴 돈다. 90분에 한 바퀴씩 도니까 45분마다 낮밤이 바뀌는 셈이다. 이런 저궤도 위성은 한 지점에 머물지 못하기 때문에, 지속적인 기상 데이터를 수집하는 데 한계가 있다.

정지 궤도에 있는 기상 위성은 미국이 2대, 유럽 우주국이 2대, 중국, 인도, 일본이 각각 1대, 그리고 한국의 '천리안'까지 총 8대다(2018년 12월, 한국의 천리안2A호가 추가로 발사됐다. 이 위성은 정지 궤도에 안착하고 테스트를 거친 다음 2019년 7월부터 기상 위성 임무를 수행할 예정이다). 〈허세가 쏘아 올린 작은 별〉 챕터를 읽었다면 이 목록에 러시아가 포함되지 않는다는 것이 의아할지도 모르겠다. 이는 정지 궤도 위성의 특성 때문이다. 정지 궤도 위성은 적도 위를 돈다. 위성의 위치가 높아 적도 이외 지역도 대부분 관찰할 수 있지만, 각도상 지구의 극지방과 그 주변은 제대로 관찰하기 어렵다. 북극에 가까운 영토만 가진 러시아 입장에서는 굳이 정지 궤도에 기상 위성을 띄울 필요가 없는 것이다. 그렇다고 정지 궤도에 러시아 위성이 없는 것은 아니다. 정지 궤도 위성은 통신에도 중요하다. 위성이 지구 반대편으로 돌아가면 전파가 막히기 때문에, 원활한 통신을 위해서는 늘 같은 자리에 위성이 있어야 한다. 그 때문에 현재 정지 궤도에는 기상 위성을 제외하고도 550여 개의 위성이 줄지어 돌고 있다. 토성의 고리처럼 지구 위로 인공위성의 고리가 있는 셈이다.

이런 이유로 정지 궤도는 각 국가 간 자리 잡기가 치열하다. 가끔 폐기 직전의 위성을 국가나 기업이 비싼 돈 들여 사는 경우가 있는데, 이는 그 위성을 사는 것이 아니라 그 위성의 자리를 사는 것인 경우가 많다. 이 정도로 치열하니 종종 분쟁이 발생하기도 한다. 2010년 한국이 천리안을 발사할 때, 러시아는 천리안의 위치 동경 128.2도가 자국의 소유라고 주장했다. 하지만 정지 궤도는 특정 국가가 소유할 수 없고 당시 러시아 위성이 그 자리에 있지도 않아서, 한국은 러시아의 반대를 무시하고 천리안을 발사했다. 하지만 러시아가 어디 무시당하고 가만있을 나라인가. 다음 해인 2011년, 러시아의 군용 통신 위성이 궤도를 변경해 천리안을 위협하는 사건이 벌어졌다. 천리안과 주변에 있던 일본 위성 2대가 급히 궤도를 틀어 충돌 사고는 피했지만, 추가 연료를 사용하는 바람에 수명이 조금 줄었을 것으로 예측된다.

정지 궤도 기상 위성에도 단점이 있다. 하나는 앞에서 이야기한 극지방의 정보가 정확하지 않다는 점이다. 이 때문에 러시아와 미국은 극지방을 도는 기상 위성을 따로 가지고 있다. 또 다른 단점은 지구에서 너무 멀어 자세한 날씨 변화를 포착하지 못한다는 것이다. 이를 보완하기 위해 미국은 저궤도 기상 위성 2대를 추가로 사용하고 있다. 이 위성은 산불을 조기에 발견할 정도로 자세한 정보를 제공한다. 하늘에서 본 도시의 조명 사진 대부분이 이 위성이 포착한 것이다.

그런데 기상 위성을 보유한 곳은 유럽과 여섯 나라뿐이다. 그럼 나머지 국가들은 위성이 제공하는 날씨 정보를 알 수 없을까? 여전히 지구에서 관측한 자료만으로 일기예보를 하고 있을까? 그렇지 않다. 라

천리안 위성의 모습(상상도). **원래 2018년까지 운용할 예정이었으나 2020년까지 임무가 연장됐다. 그렇다. 우리는 위성마저 야근하는 야근의 민족…이 아니라 대부분 우주 임무는 목표를 짧게 잡고 이후 기간을 늘리는 경우가 많다**(가령 2019년 1월 퇴역한 화성 탐사 로봇 오퍼튜니티는 처음에 90일 임무를 받았으나 15년간 활동했다). **새 기상 위성인 천리안2A호가 임무를 시작하면, 천리안1호는 해양 관측과 통신 임무에 중점을 둘 것으로 보인다.**

디오존데와 마찬가지로 기상 위성 정보 역시 전 세계가 공유하고 있다. 당연히 기상 위성들은 자국을 중심으로 관측하지만, 주변 지역 정보도 모두 수집한다. 12대의 기상 위성은 지구의 하늘을 24시간 빈틈없이 감시하고 있고, 그 자료는 전 세계가 함께 사용한다.

수치 예보 모델, 경험에서 수학으로

19세기 기상 관측이 시작됐지만, 20세기 초반까지 일기예보는 기상관의 경험에 좌우되는 경우가 많았다. 기상관은 관측소에서 보내준 자료를 토대로 일기도를 작성하고, 과거의 기록에서 유사한 기후 패턴을 찾은 다음, 경험에 비추어 '이럴 때는 이렇게 되겠지' 하는 식으로 어림짐작으로 예보를 했다. 물론 본인은 머리 빠지게 고민했을 것이고 경험적 데이터를 활용했으니 꼭 비과학적인 것은 아니지만, 지금 관점에서 보면 직관 그 이상도 이하도 아니다.

일기예보에 처음 수학 모델을 적용한 사람은 영국의 기상학자 루이스 리처드슨Lewis Fry Richardson이다. 1922년, 그는 기상관의 임의성을 줄이고 시스템으로 정확하게 날씨를 예측하기 위해, 수학을 이용한 최초의 수치 예보 모델Numerical Weather Prediction Model을 만든다. 특별한 아이디어라고 할 수는 없다. 대기는 유체다. 이미 18세기에 유체역학의 기본 법칙과 온도와 관련된 물리 법칙이 밝혀졌다. 그러니 이런 법칙을 응용하면 날씨에 관한 방정식을 만들 수 있다. 과거 데이터와 현재 데이터를 비교해 변화의 정도만큼 방정식을 대입하면 미랫값이 나오는 것이다. 물론 말처럼 간단하진 않다. 당시에는 컴퓨터가 없었으므로 인간 컴퓨터가 직접 계산했는데(컴퓨터는 원래 계산을 전문으로 하는 사람들의 명칭이었다), 리처드슨이 방정식을 최대한 간단하게 만들었음에도 불구하고, 6시간 뒤 날씨를 예측하는 데 6주의 시간이 걸렸다. 예측 결과 역시 크게 빗나갔다. 관측 자료의 오류, 단순화의 오류, 계산상의 오류가 합쳐지자 지구에서 결코 나올 수 없는 날씨가 결괏값으로 도출된 것이다.

1950년, 최초의 컴퓨터 에니악ENIAC이 만들어지자, 연구자들은 에니악으로 리처드슨이 만든 수치 예보 모델을 돌렸다. 24시간 뒤 날씨를 알아내는 데 딱 24시간이 걸렸다. 인간 컴퓨터보다 빨랐지만, 하루 뒤의 날씨를 하루 뒤에 알게 되는 것이 무슨 의미가 있겠는가. 이때의

현대 일기예보의 선구자 루이스 리처드슨(정작 본인은 예보를 못한 것이 함정).

모델은 지금 입장에서는 터무니없이 간단한 것이었는데도 말이다. 하지만 이후 컴퓨터의 성능이 향상되면서, 수치 '예보' 모델은 드디어 '예보'를 하기 시작한다. 이후 컴퓨터가 발달하는 만큼 수치 예보 모델 역시 점점 더 정교해졌다.

일기예보는 왜 틀릴 수밖에 없을까?

관측소도 만들고, 라디오존데도 날리고, 위성도 띄우고, 수치 예보 모델도 만들고, 백만 명의 계산원 대신 슈퍼컴퓨터도 돌린다. 그런데 대체 왜, 무엇 때문에 아직도 기상청은 날씨를 정확히 예측하지 못할까? 이것들이 일은 안 하고 어디서 체육대회나 하고 있는 것은 아닐까?

이를 알기 위해 먼저 수치 예보 모델이 어떻게 구성되는지 살펴보자. 관측한 정보를 컴퓨터가 처리할 수 있게 하려면 우선 수치화해야 한다. 우리가 살아가는 시간과 공간은 연속적으로 이어져 있다. 하지만 컴퓨터가 이를 받아들이게 하기 위해서는 시간과 공간을 가로세로로 잘라 격자 모양으로 만든 다음, 격자마다 기온, 풍향, 풍속, 압력, 습도 등을 숫자로 입력해줘야 한다. 지표면과 맞대고 있는 격자는 지형의 높이, 토양의 온도, 수분 함량 등의 정보도 입력해야 한다. 바다와 맞대고 있다면 수온, 물의 흐름, 물과 얼음 비율 등을 추가로 입력한다. 모든 데이터가 입력되면 컴퓨터는 격자 간의 상호작용을 온갖 법칙과 방정식을 적용해 푼다. 그리고 각 격자가 10분 후에(시스템에 따라 더 짧을 수도 있고 길 수도 있다) 어떻게 변할지 예측값을 내놓는다. 이 과정을 끊임없이 되풀이하면 하루 뒤, 이틀 뒤, 일주일 뒤의 날씨를 예측할 수 있다.

이렇게만 들어도 문제가 눈에 훤히 보인다. 일단 관측소가 지구 전역에 존재하지 않기 때문에, 어떤 격자에는 관측 자료가 아니라 추측치를 입력할 수밖에 없다. 추측치는 당연히 오차가 있고 오차 있는 자료로 예측을 하면 당연히 오차가 생긴다. 위성은 전체 조감도를 제공하지만 각 지역의 자세한 정보를 파악할 수는 없다. 관측소에서 관측한 자료 역시 완벽할 수는 없다.

또한 연속된 공간을 격자로 만들었기 때문에 빈틈이 발생한다. 현재 전 지구 모델의 수평 격자는 10km다. 한반도만 떼서 보는 모델에서는 1.5km까지 나뉜다. 높이마다 날씨가 달라지므로 수직으로도 나눈다. 고도 80km까지 70층으로 나뉜다. 평균 1.1km지만, 높이의 경우 상층부보다 지표면에 가까운 쪽이 우리 삶에 영향을 많이 끼치기 때문에 아래쪽은 좁고 위쪽은 넓게 층이 나뉜다. 10km 이하에 절반 이상인 39개 층이 존재한다(평균 0.26km). 가로, 세로, 수직으로 나뉜 이 수많은 격자가 상하좌우로 영향을 주고받으며 이후 어떻게 변할 것인지 예측하는 것이 수치 예보 모델이다. 엄청나게 작은 격자로 가득 찬 지구를 떠올려보라. 리처드슨이 계산에 왜 그리 오랜 시간이 걸렸는지 이해가 갈 것이다.

하지만 아무리 촘촘히 나눠도 빈틈은 있다. 한 칸으로 퉁쳐지는

10km 안에서 얼마나 많은 차이와 변화가 일어나겠는가. 그나마 이 격자도 과거에 비하면 엄청나게 세밀해진 것이다. 컴퓨터가 더 좋아지면 격자를 더 촘촘히 구분할 수도 있다. 하지만 그러기 위해서는 각 격자에 맞는 더 많은 관측 자료가 필요하다. 무엇보다 격자가 아무리 줄어든다 해도 빈틈은 언제나 생긴다.

또한 모델 외부의 요소가 영향을 줄 수도 있다. 고도 80km 이상이나 땅속의 변화도 작지만 날씨에 영향을 미친다. 이 때문에 해저나 땅속의 정보까지 포함하는 경우도 있는데, 이렇게 되면 또 관측이 추가되어야 하고 계산은 더 복잡해진다. 그렇게 된다 해도 바깥은 언제나 존재한다. 우주에서 날아오는 먼지나 빛도 날씨에 영향을 미칠 수 있다. 또 범위 안에 있지만 우리가 날씨 예측에 사용하지 않는 요소가 영향을 끼칠 수도 있다. 얼마나 사소한 것까지 날씨에 영향을 끼치느냐면, 비행기가 지나가도 작은 구름이 생기고 강수량이 늘어난다(비행기가 다니는 곳은 근처 다른 지역보다 강수량이 더 많다고 한다). 미세먼지도 대류의 움직임에 영향을 주고, 바다에 떠 있는 크릴새우도 해류의 움직임에 영향을 준다.

이렇게 변수가 많으니 수치 예보 모델이 내놓는 예측의 신뢰도는 시간이 지날수록 급격히 떨어진다. 각 단계에서 발생한 작은 변수가 시간이 지날수록 제곱으로 오차를 만들기 때문에, 2주 정도 지나면 예측은 거의 맞지 않는다. 하지만 이도 평균치일 뿐, 대기가 불안정한 경우는 하루만 지나도 예측을 크게 벗어난다. 보통 고기압의 영향권 아래

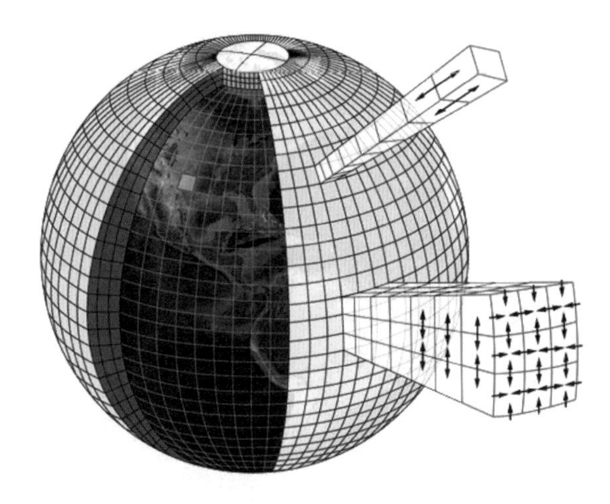

단순화한 수치 예보 모델, 실제는 훨씬 촘촘하다.

놓여 있을 때는 기상이 안정적으로 변해 예측도 정확한 편이지만, 저기압에 놓이면 대기가 불안정해 당장 내일 날씨도 확신할 수 없다. 그래서 한국을 비롯해서 대부분 국가가 1주일 내지 10일 정도의 예보만 제공한다. 심지어 그 예측도 틀릴 수 있다는 건 다들 경험으로 알고 있을 것이다.

현재 우리가 관측하는 기상 정보는 전체 정보의 1% 수준이다. 물론 꼭 많은 정보가 옳은 답을 내는 것은 아니다. 어느 날은 단순하게 계산했을 때 더 정확한 예측을 얻기도 한다. 하지만 모든 정보를 알 수 없다면, 예보가 맞든 틀리든, 그 답은 어디까지나 근사치다. 그러니 당연히 틀릴 수밖에.

어느 나라의 수치 예보 모델이든 기본은 전 지구 모델이다. 대기에는 국경이 없기 때문에 원하는 지역만 살펴서는 제대로 예측을 할 수가 없다. 그래서 대다수 나라는 선진국이 만들어놓은 수치 예보 모델을 가져와 사용한다. 기존 모델을 그대로 사용하는 것은 아니고, 자국의 상황에 맞게 조금씩 변경해 사용한다. 현재 자체적인 수치 예보 모델을 가진 곳은 유럽연합, 미국, 캐나다, 일본, 중국, 영국, 프랑스, 독일뿐이다.

한국은 1997년 일본 모델을 들여와 2010년까지 사용하다 조금 더 평가가 좋은 영국 모델로 변경했다. 그런데 영국 모델을 적용한 이후 오히려 정확도가 떨어졌다는 지적도 있다. 이 때문에 기존의 일본 모델을 다시 사용하자고 주장하는 이도 있지만, 이는 예측 과정을 정확히 몰라 생기는 오해다. 영국 모델을 사용한다고 하더라도 일본 모델을 포함해 다른 모델의 예측 역시 늘 전송받아 참고하기 때문에, 모델의 변화 때문에 정확도가 떨어졌다고 보기는 어렵다. 현재 기상 관측은 단순히 모델 하나의 결과를 예보하는 것이 아니라, 전 세계 모든 모델이 내놓은 결과의 평균치를 예보한다. 이를 앙상블 예측이라 한다. 음치 1명이 노래를 부르면 음을 틀리지만, 음치 100명이 함께 노래를 부르면 이상하게 음과 박자가 정상에 가까워진다. 앙상블 예측은 이와 비슷하다. 각각의 모델은 오차도 있고 실력 차이도 있지만, 그 평균치는 오차가 적어지는 것이다. 그런데 앙상블 예측까지 하는데 왜 정확도가 더 떨어졌을까?

기상청은 최근 정확도가 떨어진 것이 기후 변화 때문이라고 한다. 비가 내리는 패턴의 변화를 떠올리면 쉽게 이해가 될 것이다. 과거의 여름을 떠올려보라. 장마가 와서 오랫동안 비가 내리고 이후 무더위가 이어졌다. 하지만 현재 여름은 장마는 사라지고, 비가 스콜처럼 갑자기 퍼붓다가 언제 그랬냐는 듯 그친다. 비구름이 넓게 형성되어 지속해서 내리는 비는 예측하기 쉽지만, 불안정한 적란운에서 내리는 소나기는 예측하기 어렵다. 기후 변화는 우리가 당연하다고 생각하는 패턴을 무너뜨려서, 앞으로 일기예보는 한층 어려워질 가능성이 높다.

특히 한국은 유독 어려운 점이 많다. 삼면이 바다로 둘러싸여 해양기후의 특성이 있으면서도, 편서풍대에 위치해 대륙의 영향 역시 많이 받는다. 나라는 좁은데 지역은 많이 나뉘어 있고 산줄기가 많아, 바로 옆 동네인데도 날씨가 다른 경우가 많다. 한반도에 한해 1.5km 격자를 쓰는 것도 작은 차이를 극복하기 위해서지만, 관측 자체가 그 정도로 세밀하게 이루어지지 않아 예보의 정확도가 떨어진다(이 때문에 좁은 범위의 예보보다 넓은 범위의 예보가 맞을 확률이 더 높다. 가령 중부 지방, 서부 지방, 남부 지방 같은 범위의 예측은 어느 정도 정확하지만, 동 단위 예보는 정확도가 떨어진다. 그래서 큰 단위 예보는 1주일 뒤까지 제공하고, 작은 단위 예보는 3일 치만 제공하는 것이다).

기상청은 2011년부터 한국형 수치 예보 모델을 만들고 있다. 현재 계획으로는 2020년 도입될 예정이다. 언론에서는 한국형 수치 예보 모델이 완성되면 정확도가 크게 향상될 것처럼 떠들지만, 아마 한국형 모델이 완성되더라도 눈에 띄는 차이는 없을 것이다. 기존에 사용하던 모델도 전 지구 모델을 기본으로 하고 있고 관측 수치 역시 달라지지 않기 때문에, 모델 변경만으로 획기적인 변화가 생기진 않는다. 언론에서는 "왜 아직도 틀리느냐?", "예전보다 더 오차가 많은 것 같다" 등의 기사를 쓰고 싶어서 미리 포석을 깔고 있는지도 모르겠다. 하지만 장기적으로 보면 한국 모델이 생기는 것은 바람직하다. 관측이든 기상 모델이든 어쨌든 조금씩은 나아질 것이고, 체감하진 못하겠지만 오차율도 줄어들 것이다. 또한 천리안2A호가 정상 작동되면 기존보다 4배 더 선명한 화질의 데이터를 제공하고, 한반도 관측 역시 기존 15분 간격에서 2분으로 줄어 예보 정확도가 향상될 것으로 보인다.

물론 100%에는 닿을 수 없다. 대기과학은 애초에 정확한 답을 구할 수 있는 학문이 아니다.

●▶▶

1961년, 미국 MIT 기상학자 에드워드 로렌츠Edward Norton Lorenz는 연속적으로 이어지는 날씨를 끊어서 계산하는 수치 모델에 회의를 느끼고 다른 예보 방식을 찾기 시작한다. 그는 과거에 기록된 날씨 중에서 오늘과 가장 비슷한 날을 찾아서 이후 날씨가 어떻게 변했는지 살펴보면 미래의 날씨를 예측할 수 있다고 가정했다. 일종의 빅데이터를 도입한 것이다. 날씨는 매우 복잡하지만, 역사는 길고 같은 지역에서는 계절별로 날씨가 비슷하니 일기도가 비슷한 날이 하루쯤은 있지 않겠나. 로렌츠는 50년간의 기록을 토대로 자료를 분석했다. 하지만 그의 기대는 크게 빗나갔다. 일기도가 거의 똑같은 날 A와 B를 관찰해보니, 시간이 흘러감에 따라 전혀 다른 날씨가 되는 것이다. 경우에 따라서는 하루 만에 완전히 다른 날씨가 되기도 했다. 평균적으로 날씨는 2.5일에 두 배씩 틀어졌고, 2주가 지나자 A와 B는 아무 날씨나 붙여놓은 것처럼 완전히 다른 날씨가 됐다.

로렌츠는 이를 "브라질 나비의 날갯짓이 2주 뒤 텍사스에 돌풍을 일으킬 수도 있다"라는 유명한 비유를 들어 설명했다(이분은 과학자가 아니라 시인을 했어도 성공했을 거다). 2주면 사소한 변수 하나가 날씨를 완전히 바꿔버릴 수 있다는 것이다. 여기서 발전한 것이 '카오스(혼돈) 이론'이다. 카오스 이론이란 초깃값에 따라 변화가 너무 커서, 결과만 보고는 도저히 규칙을 찾기 어려운 체계를 말한다. 카오스 이론이 확장돼 복잡계Complex System가 된다. 복잡계는 다양한 요소가 선형·비선형적으로 엮여 완전히 질서 있지도, 완전히 무질서하지도 않은 세계를 말한다. 날씨가 대표적인 복잡계다.

로렌츠의 일기예보 방식은 당시에는 성과를 거두지 못했지만, 빅데이터가 등장하면서 다시 주목받고 있다. 로렌츠가 실험할 당시에는 관측 데이터가 적은데다, 있는 데이터마저도 정확하지 않았지만, 지금은 데이터도 많고 관측도 훨씬 정교해졌다. 현재는 로렌츠가 생각한 대로 기존 날씨의 변화를 참고해 수치 예보 모델을 보완하고 일기예보에 반영하고 있다.

정리하자면, 일기예보는 관측 자료에도 오차가 있고, 그 자료를 풀어내는 방정식 역시 정확하지 않다. 그러니 결과도 확실하지 않다. '미래에는 날씨를 완벽하게 예측할 수 있지 않을까…'라고 기대하고 싶지만, 나비의 날갯짓조차 변수가 되는 세계에서 그 모든 초깃값을 우리가 정확히 알아내는 것은 불가능할 것 같다. 사실 일기예보가 지금의 정확도에 이른 것만도 인류의 무지막지한 성취인 것이다.

일주일 뒤는 몰라도 30년 후는 안다?

이쯤 읽었다면 의문이 생길 것이다. 당장 내일의 날씨도 정확히 알 수 없는데, 기상학자들은 어떻게 30년 뒤를 걱정하며 기후 변화(지구 온난화)를 말하는 걸까? 혹시 지구 온난화는 음모가 아닐까? 과거에도 온난기가 있었다면 지금의 온난화도 자연스러운 현상 아닐까? 심지어 그 시기는 잘나갔다며?

먼저 짚고 넘어가야 할 부분은, 특정 지역의 특정 시간 날씨를 예측하기 어렵다고 해서 전반적인 흐름까지 예측할 수 없는 것은 아니라는 점이다. 날씨는 사람의 기분과 같다. 기분이라는 건 시시각각 변한다. 죽고 싶지만 떡볶이는 먹고 싶은 것이다. 조금 전까지 기분이 좋았는데 갑자기 나빠질 수도 있다. 항상 차분하던 사람이 뜬금없는 사건에 크게 흥분할 수도 있고, 우울증에 걸린 사람도 가끔은 기분이 좋아진다. 기분은 정확히 예측할 수 없다. 반면 기후는 성품과 비슷하다. 사람을 어느 정도 겪어보면 그 사람의 기본적인 성품을 알 수 있다. 성품은 잘 바뀌지 않는다. 바뀌더라도 아주 천천히 바뀐다. 가끔 기분에 따라 성품에 반하는 행동을 할 때도 있지만, 긴 기간을 놓고 보면 우리는 한 사람의 성품을 알 수 있다. 즉, 2050년 6월 17일 서울의 날씨는 알 수 없지만, 지금과 같이 탄소가 배출될 경우 2050년경 지구의 기후가 어떨지는 예측할 수 있다.

지구의 기온에 영향을 끼치는 요소는 매우 많지만, 가장 큰 것은 2가지다.

하나는 열원인 태양이다. 당연한 말이지만, 지구에 닿는 태양열의 양이 달라지면 기온이 변한다. 14세기부터 19세기까지 지구는 소빙하기였는데, 실제로 이 시기에 태양의 흑점 감소로 태양 에너지가 0.3% 가량 약했다. 또 하나 큰 요인은 지구의 대기층이다. 대기 중에 있는 온실가스(수증기, 이산화탄소, 메탄, 오존 등)는 열을 잘 흡수한다. 온실가스는 지구에서 반사한 에너지 중 일부가 우주로 빠져나가지 못하게 해 지구의 온도를 높인다. 만약 온실가스가 전혀 없다면 지구의 평균 기온은 지금보다 30도 이상 낮고 일교차와 지역별 차이가 훨씬 클 것이다. 지구의 기후는 지구 탄생 이후 끊임없이 변해왔다.

다음 페이지의 그래프는 지난 50만 년간 지구의 대기 중 이산화탄소 농도와 기온, 해수면의 변화를 나타낸 것이다. 먼저 기온을 보자. 기온은 끊임없이 변해왔다. 기후도 계속 변해왔다. 기후 변화 덕분에 생명이 태어나고, 인간은 인간으로 진화하고, 농경을 시작하고, 지금에 이를 수 있었다. 그렇다면 현재 문제로 지적되는 기후 변화는 무엇일까?

이번에는 세 그래프를 모두 보자. 이산화탄소 농도와 지구의 기온, 해수면의 높이는 거의 유사한 패턴을 그린다. 서로 상관관계가 있음을 유추할 수 있다. 이산화탄소는 인간이 가장 많이 배출하는 온실가스다. 정확히 따지면 가장 많은 건 수증긴데, 수증기는 인간이 인위적으로 배출한다기보다는 자연 현상과 기온에 따라 자연스럽게 생기고 줄어들어 보통 언급하지 않는다(하지만 기후 변화로 기온이 계속 상승하면 그만큼 수증기의 양도 늘어나 기후 변화를 가속화할 수 있으므로 주시해야 한다). 아무튼 탄소가 늘어나면 지구에서 빠져나가지 못한 열이 늘어나 지구의 기온이 상승한다.

그래프에도 드러나듯이 이산화탄소의 농도 변화가 꼭 최근 일은 아니다. 대륙 이동이나 화산 폭발 같은 현상도 이산화탄소 농도를 변화

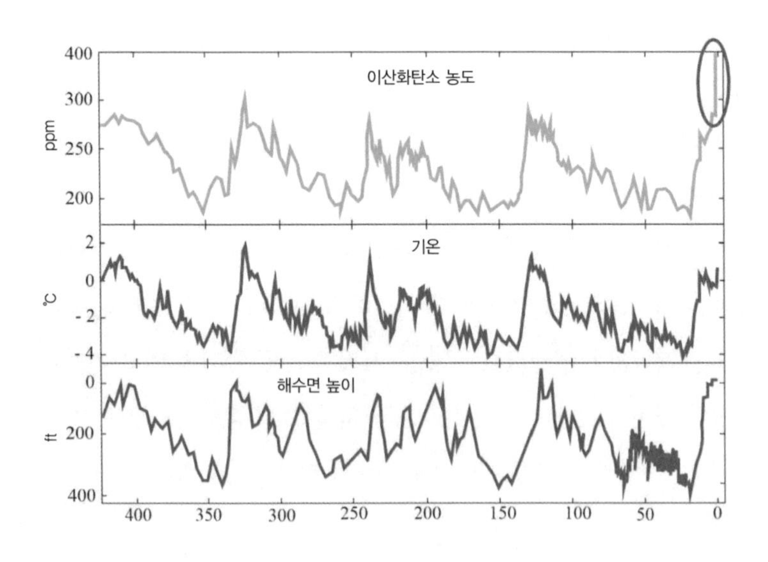

시킨다. 동물도 탄소를 배출하고, 인류도 등장과 동시에 탄소를 늘려왔다. 불을 쓰고, 농사를 짓고, 가축을 키우고, 산림을 개척하는 모든 행동이 탄소를 배출한다. 물론 탄소가 쌓이기만 하는 것은 아니다. 바닷물에 용해되기도 하고 여러 이유로 대기 중 탄소는 자연스럽게 줄어든다.

산업혁명 전까지의 탄소 배출은 지구가 수용 가능한 수준이었다. 하지만 산업혁명 이후 탄소량이 급격히 늘어났다. 석탄과 석유, 천연가스 등 화석연료로 에너지를 만들면 그만큼 탄소가 배출된다. 생산력 증가는 인구 증가로 이어졌고, 이는 더 많은 화석연료 사용으로 이어졌다. 화석연료에 의한 경제 발전은 땅속에 잠자고 있던 탄소를 대기에 폭발시켰다.

인위적 기후 변화의 증거는 차고 넘친다. 기온과 이산화탄소의 상관관계를 볼 때, 치솟아오른 이산화탄소 그래프가 무엇을 의미하는지는 명확해 보인다. 웬만큼 둔감한 사람이 아니고서는 이미 몸으로 기후 변화를 체감하고 있을 것이다. 물론 기후 변화가 없다거나, 있지만 큰 문제가 되지 않을 거라 주장하는 학자들도 아주 조금 있다. 학술적으로 반론을 연구하는 것은 필요하다고 생각한다. 하지만 비전문가들이 전문가 다수의 의견을 무시하고 기후 변화를 음모론으로 몰고 가는 것은 심각한 문제다. 이제는 미국 대통령까지 나서서 그 짓을 하고 있으니, 우습다기보다는 무섭다. 단순히 트럼프의 문제가 아니다. 2017년 조사에서 미국 공화당 지지자의 37%만이 "기후 변화를 믿는다"라고 답변했고, 공화당 정치인의 절반이 "기후 변화가 의심스럽다"라고 답변했다. 정말 그렇게 생각하는지, 그렇게 말해야 인기가 있기 때문인지 모르겠지만, 어쨌든 그들은 그렇게 답했다. 우리나라는 음모론을 믿는 사람이 미국처럼 많진 않지만, 그럼에도 일부는 잘못된 믿음을 굳게 가지고 있다.

굳이 기후 변화의 증거를 장황하게 설명할 생각은 없다. 기후 변화를 믿지 않는 사람 중에 정합적으로 따져서 증거가 부족하다고 여겨 믿지 않는 사람은 없기 때문이다. 그들은 그냥 그 수많은 정보를 안 믿기로 결정한 것이다. 기후 변화를 받아들이면 너무 많은 것이 피곤해지므로.

산업화 이후 지구의 기온은 0.85℃ 상승했다. 같은 기간 한국은 2℃ 넘게 상승했다. 지금과 같은 상황이 지속되면, 2100년에는 지구의 평균 기온이 산업화 이전보다 4~6℃ 상승할 것으로 보인다. 지금 우리가 겪고 있는 기후 변화는 수십 년 전의 결과다. 인간이 배출한 탄소를 자연이 받아들이는 데 시간이 걸리므로 변화는 수십 년 뒤에 나타난다. 우리는 최근 수십 년간 과거보다 더 많은 탄소를 배출했다. 즉, 지금 당장 탄소 배출을 줄인다 해도 향후 수십 년간은 지금까지보다 더 심한 기후 변화가 이어진다는 뜻이다.

2018년 IPCC(유엔 산하 기후 변화에 관한 정부 간 협의체) 총회에 참석한 학자들은 기온 상승으로 인한 치명적인 변화를 방지하기 위해서는 산업화 이후 기온 상승을 1.5℃ 이내로 억제해야 한다고 발표했다. 1.5℃로 막아내도 폭염일수는 지금보다 2배 증가한다(참고로 산업화 이전과 비교해 이미 폭염일수는 5배 증가했다). 그나마 1.5℃ 이내로 기온 상승을 막아야 아마존 열대 우림을 보존하고, 툰드라 지역이 녹는 것을 막을 수 있다. 툰드라 지역은 추운 날씨 때문에 영구적으로 얼어 있는 층이 있는데, 이 층에는 현재 대기에 존재하는 탄소의 2배 정도 되는 어마어마한 탄소가 잠들어 있다. 특히 메탄이 많은데, 메탄은 온실 효과가 이산화탄소보다 25배 강력하다. 만약 툰드라가 깨어나면, 우리가 탄소 배출을 아무리 줄이더라도 기후 변화를 막지 못할 것이다.

1.5℃ 이내로 기온 상승을 막기 위해서는 2030년까지 탄소 배출을 지금의 절반 수준으로 줄이고, 2050년 이후에는 하나도 배출해서는 안 된다. 촉박한 시간이다. 지금 당장 산업 구조를 개혁해도 가능할지 확신할 수 없다. 이런 상황이니 기후 변화를 믿고 싶지 않은 사람의 마음도 이해는 간다. 큰 문제가 발생하기 전에 자신은 세상을 떠날 테니까, 그냥 편한 대로 믿고 다음 세대에 떠넘기면 그만인 것이다(기후 변화를 불신하는 비율이 세계에서 가장 높은 곳은 기름이 많이 나는 미국과 중동 지역 국가들이다. 바로 이해가 가지 않는가).

기온 상승을 기술로 막을 수 있을까?

물론 모든 인류가 무책임하지는 않다. 파리기후협정(비록 미국은 탈퇴했지만), 탄소 배출권(여전히 미흡하지만) 등 국제적으로 탄소 배출을 줄이려는 다양한 노력이 이어지고 있다. 그중에는 단순히 탄소 배출을 줄이는 것이 아니라 기술적으로 기후 변화를 막으려는 시도도 진행되고 있다.

크게 두 가지 방법이 있다.

하나는 태양에서 들어오는 열을 막는 방법이다. 앞에서 이야기했듯이 지구의 기온에 영향을 미치는 가장 큰 요소는 태양이다. 태양에서 지구로 오는 열의 양을 줄이면, 설사 탄소 배출 저지에 실패하더라도 기온 상승을 막을 수 있다. 지구의 기후 변화가 태양 변화 때문은 아니지만, 어쨌든 들어오는 열을 줄이면 온도 자체는 떨어진다. 문제는 어떻게 태양열을 줄이느냐는 거다.

1991년 필리핀 루손섬에 위치한 피나투보Pinatubo 화산이 폭발했다. 그런데 이 폭발 이후 지구의 평균 기온이 3년간 0.5도 떨어졌다. 어찌 된 것일까? 폭발 당시 2,000만 톤의 이산화황이 하늘로 솟구쳐 올라 성층권을 덮어버린 것이다. 성층권은 대류권과는 달리 대류 현상이 잘 일어나지 않는다(바람이 안 분다는 뜻이다). 이 때문에 이산화황이 안정적인 층을 형성해 지구로 오는 태양열을 일부 막은 것이다. 이에 영감을 얻은 몇몇 지구과학자는 성층권에 에어로졸(미세 입자)을 뿌려 태양열을 반사하는 막을 만들면 기온 상승을 막을 수 있다는 의견을 제시했다.

황당하게 들리지만 기술적으로 불가능하지는 않다. 하지만 누구나 예상할 수 있듯이, 인공 반사층이 지구 생태계에 어떤 영향을 줄지 정확히 알 수 없다. 온도만 떨어지고 자연재해는 오히려 늘어날 수도 있다. 피나투보 화산이 폭발했을 때 남아프리카와 남아시아 지역의 강수량이 20%가량 줄어들었다. 또한 인공 반사층이 지구 밖으로 빠져나가는 열까지 막아 일부 지역에서는 오히려 기온이 상승할 수도 있다. 그리고 계획대로 지구의 기온이 떨어진다 해도 탄소 자체가 줄어드는 것은 아니므로 기온 외에 다른 피해는 그대로 입는다. 현재 지구는 우리가 배출한 탄소보다 적은 기후 변화를 겪는데, 이는 바다가 탄소의 대부분을 흡수해주기 때문이다. 하지만 탄소를 흡수하면 할수록 바다는

피나투보 폭발 당시.
만약 인공 반사막이 실제로 지구 전역에 펼쳐진다면, 우리는 필터를 낀 것같이 흐린 하늘만 보면서 살아야 할 수도 있다. 물론 저 사진처럼 극단적이진 않겠지만 어쨌든 하나의 막이 하늘에 생기게 되고, 그 이미지 자체가 일종의 디스토피아처럼 느껴질 것이다.

산성화된다. 바다의 산성화는 당연히 해양 생물에게 직접적 피해를 준다. 즉, 만약 태양열을 줄이는 방법이 성공해 기온 상승을 막더라도 바다는 포기해야 한다.

무엇보다 이 방법의 가장 큰 문제는 사전에 제대로 된 실험을 할 수 없다는 점이다. 지구는 우리가 살아가는 유일한 공간이다. 대체재가 없다. 우리는 어떤 피해를 가져올지 모르는 상황에서 바로 실전을 해야만 한다. 컴퓨터로 시뮬레이션을 할 수 있지만, 기상 모델에서 봤듯이 아무리 정확히 예측하려고 해도 변수가 생기는 게 대기다. 현재 이 연구를 일선에서 진행하는 하버드 대학의 데이비드 키스David W. Keith 박사 연구팀은 시범적으로 1kg의 탄산칼슘을 성층권에 뿌려 기온 변화를 관측할 예정이다(2019년 예정). 규모가 작아 효과나 부작용을 명확히 알 수는 없겠지만, 일단은 이 정도가 최선인 셈이다.

또 다른 방법은 탄소 포집과 저장이다. 말 그대로 대기 중의 탄소를 모아 땅속 깊숙이 숨기는 것이다. 탄소 포집은 앞의 방식에 비해서는 부작용의 우려가 적다. 하늘이 맑을 수 있다는 것만으로도 얼마나 훌륭한가. 다만 문제는 비용이다. 공기 중 이산화탄소의 비율은 0.04%가 조금 넘는다. 1만 개 속에서 4개를 찾는 것이니 얼마나 많은 비용이 들겠는가. 하버가 바닷물에서 금 찾기를 포기한 것이 금이 없어서가 아니라는 사실을 복기하자(무슨 말인지 모르겠다면 1장 참고). 한마디로 수지가 맞지 않는다. 하버가 금을 찾으려는 의지보다 탄소를 줄이려는 우리의 의지가 더 절박하길 바랄 뿐이다.

이미 대기 중에 퍼진 탄소를 모으기가 부담스럽다면, 일단 탄소가 많이 배출되는 발전소와 공장에 탄소 포집 장비를 도입하는 방법도 있다. 이 방법은 공기 중에서 탄소를 찾는 것보다는 상대적으로 가격이 저렴하다. 이렇게 하면 이제까지 나온 탄소는 어쩔 수 없지만, 적어도 앞으로 나올 탄소는 줄일 수 있다. 실제로 독일의 한 발전소에서는 2009년에 해당 장치를 설치하고 시범적으로 운영해 탄소 배출량을 80% 줄였다. 하지만 이 장비를 설치한 공장이나 발전소를 만드는 데는 일반 공장이나 발전소를 만드는 것의 2배 정도의 비용이 들어간다. 이 정도 비용은 우리 사회가 당연히 지불해야 한다고 생각하지만, 모두가 그렇게 생각하는지는 잘 모르겠다.

과학이 기우제를 지낼 때

2008년 베이징 올림픽은 강국으로 떠오른 중국이 자신의 위상을 세계에 과시하는 자리였다. 개막식은 8월 8일. 준비는 완벽했다. 반항하는 소수민족은 제압했고, 인터넷과 언론도 침묵시켰다. 그런데 이게 무슨 일인가. 개막식 날에 비가 온다는 것이 아닌가! 모든 것이 완벽해도 비가 오면 행사는 끝이다. 사람들은 미신을 믿지 않는다고 말하지만, 행사날 비가 중국의 앞날이 좋지 않을 징조로 여길 것이다. 결국 중국 정부는 결단을 내린다. 개막식이 열리기 8시간 전, 베이징 주변으로 미사일 1,104발이 발사된다. 곧 베이징 주변으로 비가 쏟아졌고, 베이징 근방의 모든 구름이 사라졌다. 베이징의 강수 확률은 0%로 떨어졌다. 저녁 8시, 베이징의 하늘에는 구름 한 점 없었고, 개막식은 성황리에 진행됐다.

날씨는 역사를 바꾼다. 농업이 산업의 90% 이상을 차지하던 근대 이전에는 비가 제때 오지 않으면 지도자는 자리를 유지하기 힘들었다. 그래서 동서고금을 막론하고 모든 문화권에서 기우제를 지냈다. 주로 동물을 제물로 바쳤지만, 종종 사람을 바치기도 했다(노예 같은 하층민만 제물로 바쳤을 거라 생각하기 쉽지만, 의외로 신분이 높은 사람을 바치는 경우도 많았다. 과거에는 목숨에도 귀천이 있었고, 신에게 천한 것을 바치면 더 노여움을 산다고 믿었다). 기우제는 최고 지도자가 직접 주관하는 경우가 많았고, 성공률은 100%였다. 왜냐면 비가 올 때까지 기우제를 끝내지 않았기 때문이다. 가뭄뿐 아니라 자연재해가 발생하면 사람들은 신이든 자연이든 무언가를 향해 늘 제사를 지냈다. 유교를 믿은 조선에서는 조상들에게 제사를 지냈고, 비가 오지 않으면 모시지 않던 조상의 조상까지 들춰내서 제사를 지냈다.

현대 과학은 이런 미신을 쫓아버렸다. 하지만 미신을 쫓아낸다고 재해까지 사라지는 것은 아니다. 재해는 여전히 발생한다. 그래서 사람들의 불만이 높아지면, 미신을 쫓아낸 과학은 그 부름에 응답해야 한다. 현대 과학은 날씨에 영향을 미치는 모든 정보를 알지 못한다. 하지만 기상 현상이 일어나는 주요 원인에 대해서는 어느 정도 파악하고 있다. 사람들은 자연스럽게 '몇 가지 요인을 조작하면 원하는 날씨를 만들 수 있지 않을까?' 하는 생각을 하게 된다. 과학의 기우제가 시작된 것이다.

기상 조절의 역사는 20세기 초반까지 거슬러 간다. 시작은 역시 비였다. 인공강우(인공적으로 비를 내리게 하는 기술)를 이해하기 위해서는 비가 어떻게 만들어지는지 알아야 한다.

혹시 겨울 하늘에 떠 있는 구름을 보면서 이상하다는 생각을 해본 적이 있는가? 구름은 20㎛(마이크로미터, 1㎛=백만분의 1m) 지름의 아주 작은 물방울로 이루어져 있다. 이 물방울은 중력보다 부력이 더 크기 때문에 땅으로 떨어지지 않고 하늘에 떠 있을 수 있다. 즉, 구름은 물이다. 물은 0℃에서 언다. 그런데 구름은 어떻게 영하의 기온에서도 얼지 않고 물인 상태로 남아 있는 것일까? 단순히 겨울만의 문제도 아니다. 보통 구름이 떠 있는 높이는 1년 내내 0℃ 이하인 경우가 많다(만년설을 떠올리면 이해가 쉬울 것이다). 그럼에도 구름은 액체 상태로 존재한다. 이렇게 물이 영하의 온도에서도 얼지 않는 현상을 '과냉각'이라 한다(과냉각은 이론적으로 영하 48.3℃까지 일어날 수 있다). 그런데 이렇게 과냉각된 구름 속에 얼음 결정이 생기기 시작하면, 물이 자신의 본분을 깨닫고 얼음 결정 주변으로 모여들어 같이 얼어버린다. 그렇게 얼음 결정이 커지면 어느 순간 무게를 감당하지 못하고 아래로 떨어져 비와 눈이 되는 것이다.

1946년 11월 13일, 제너럴일렉트릭General Electric 소속 연구원 빈센트 섀퍼Vincent Joseph Schaefer는 인류 최초로 날씨를 바꾼다. 복잡하지도 않았다. 그는 비행기를 타고 4,000m 상공으로 올라가 잘게 부순 드라이아이스 1.5kg을 구름 위로 뿌렸다. 드라이아이스는 영하 79℃에서 어는 고체 이산화탄소다. 구름이 드라이아이스를 접하면 순간적으로 온도가 영하 40℃ 이하로 떨어져 과냉각 상태가 깨지고 얼어버린다. 그리고 그 얼음 결정 주변으로 물이 모여들어 더 큰 얼음이 되고, 그것은 곧 눈이나 비가 된다. 섀퍼가 드라이아이스를 투하하고 5분이 지나자 구름은 눈송이로 변해 아래로 떨어졌다.

1947년, 섀퍼의 동료였던 버나드 보니것Bernard Vonnegut은 드라이아이스 대신 요오드화은(AgI)을 사용하는 방법을 제안한다. 요오드화은을 태울 때 나오는 증기는 공기 중에서 냉각되어 현미경으로 보이지 않을 정도의 작은 결정을 이루는데 얼음 결정과 구조가 매우 비슷하다. 이 결정 주변으로 과냉각된 물이 모여들어 얼음이 생기고 비와 눈이 되는 것이다. 꼭 드라이아이스나 요오드화은이 아니더라도 과냉각 상태의 구름은 매우 불안정해서 작은 충격에도 쉽게 얼어붙는다. 미세먼지 정도에도 얼음 결정이 생겨 비를 내리기도 한다.

열대 지방이나 여름철 중위도 지방의 구름은 온도가 영상인 경우가 많다. 이 구름은 과냉각 상태가 아니라 정상 상태의 물이므로 요오드화은이나 드라이아이스를 사용하는 건 큰 효과가 없다. 이때는 염화나트륨(NaCl)이나 염화칼륨(KCl)을 뿌린다. 이들은 물을 빨아들이는 성질이 있어서 구름 속의 물을 흡수한다. 물이 모여 물방울이 되면 중력을 이기지 못하고 아래로 떨어져 비가 된다. 인공강우를 영어로 'Cloud seeding(구름 씨 뿌리기)'이라고 하는데 이는 은유적 표현이 아니다. 씨가 될 물질을 비행기에 싣고 투하하거나 미사일로 쏘아 올리면 비가 내린다.

●▶▶

기상 조절 기술은 현재 60여 개국에서 사용 중이다.

기상 조절을 하는 대부분 국가가 인공강우(설)를 한다. 특히 중국이 가장 적극적이다. 3만여 명이 관련 업에 종사 중이며, 1년에 5만 번 이상 인공강우를 시행한다. 연구 전문 인력만 1,500명이 넘는다. 가뭄뿐 아니라 스모그와 미세먼지 저감, 화재 진압에도 인공강우를 한다. 한국은 인공강우를 할 정도로 가뭄이 심하지는 않지만, 필요한 경우 태백산맥을 중심으로 종종 인공강우를 시행한다. 평창 올림픽 기간에는 경기장 컨디션을 위해 인공강설을 하기도 했다.

캐나다와 러시아처럼 우박이 잦은 국가들은 우박 억제술을 사용한다. 우박이 떨어지면 농작물과 기물이 파손되고 인명사고가 발생할 수 있다. 방법은 인공강우와 같다. 우박이 생길 수 있는 구름을 사전에 파악한 다음 씨앗을 뿌려, 우박이 생기기 전에 비를 쏟아내게 하는 것이다. 이미 우박이 만들어졌다면 로켓을 발사해 구름 속에서 우박을 폭파하기도 한다. 무식한 방법이지만, 무식한 게 언제나 가장 효과적이다.

한국이 가장 적극적으로 사용하는 기술은 '안개 제거'다. 한국은 지형 특성상 안개가 발생하는 곳이 많은데, 공항이나 도로는 안개가 시야를 막으면 사고의 위험이 높고 경우에 따라서는 아예 운행을 할 수 없어 경제적 피해가 크다. 안개 제거는 다른 기술에 비해 대기 전체에 미치는 영향이 적어 사용하는 데 부담이 적다. 제거하는 방식은 크게 세 가지다.

(1) 증발. 안개 역시 구름과 마찬가지로 물 입자로 되어 있다. 이 물에 열을 가해 날려버리는 것이다. 공항 활주로처럼 지속해서 안개를 제거할 필요가 있는 곳에 가열 장치를 설치해두고, 안개가 생기면 제거한다. 하지만 넓은 공간의 안개를 가열로 모두 제거하려면 엄청나게 많은 에너지가 필요하다는 단점이 있다.

(2) 침적. 침적은 인공강우와 같다. 뭉칠 수 있는 입자를 뿌려 비가 내리게 한다. 넓은 지역에 안개가 발생한 경우 적합하지만, 안개는 구름과 달리 낮은 지형에 산발적으로 흩어져 있어 시행하기 어려운 경우가 많다.

(3) 헬기의 프로펠러 등을 이용해 엄청난 바람으로 안개를 날려버리는 방법. 넓은 범위에 적용하기 힘들고 에너지 소비가 많다는 단점이 있지만, 당장 필요한 곳에 즉각 사용할 수 있다는 점이 큰 장점이다. 무식한 게 언제나 효과는 빠르다.

인공강우의 실효성 논란

인공강우는 기상 조절 기술 중에 가장 먼저 시행됐고, 가장 많이 시행됐으며, 성공률 역시 가장 높다. 그럼에도 여전히 많은 문제가 있다.

일단 평지에서의 성공률이 매우 낮다. 씨를 뿌려도 산맥같이 걸리는 곳이 없으면 비가 내리지 않고 그냥 지나치는 경우가 많다. 그래서 현재 인공강우는 대부분 높은 산맥을 중심으로 이루어진다. 우리나라도 주로 태백산맥에서 한다. 만약 평야인 호남에 가뭄이 들어 인공강우를 시행한다 하더라도 구름이 걸리는 곳이 없어 그대로 남해로 빠져나가 버릴 가능성이 높다. 2018년 중국발 미세먼지가 이슈가 되자 한국 정부는 서해 지역에 인공강우를 검토한 적이 있는데, 전문가들은 이런 지형적 특성 등을 이유로 큰 효과를 보지 못할 것이라 지적했다(그리고 국내 미세먼지의 주요인이 과연 중국발인지 명확하지도 않다).

또 인공강우는 구름이 전혀 없으면 사용할 수 없다. 그러니까 정확히 따지자면 인공강우는 강우가 아니라 증우를 할 뿐이다. 그래서 비가 절실하게 필요한 때(구름 한 점 없이 건조한 날)에는 사용할 수 없다. 전자기를 이용해 구름 입자를 만들어내는 연구가 진행 중이지만 아직 제대로 된 성과는 없다. 그 때문에 인공강우가 강우량 증가에 실질적인 도움이 되지 않는다는 지적도 있다. 어차피 어디선가 내릴 비가 내릴 뿐이라는 것이다. 인공강우 실험 보고서를 보면 강수량이 10~20% 정도 늘었다고는 되어 있지만, 인공강우를 하지 않은 주변 지역에서 그만큼 손해를 봤을 가능성을 배제할 수 없다. 이 때문에 일본에서는 가뭄 때 인공강우를 하는 것이 아니라, 댐 위로 구름이 지나가거나 가벼운 비가 내릴 때 인공강우를 한다. 이렇게 되면 같은 양의 비가 내려도 댐에 저장되는 물의 양이 크게 늘어난다. 비의 양은 정해져 있으니 효과적으로 사용할 방법을 찾는 것이다.

날씨는 무기가 될 수 있을까?

세상의 모든 기술은 군사 기술이라는 말이 있다. 기상 조절 역시 마찬가지다.

베트남전 당시 미국은 북베트남군의 보급품 수송을 방해하기 위해 뽀빠이 작전Operation Popeye을 수행했다. 작전은 간단했다. 장마 기간에 베트남 하늘에 구름 씨를 퍼붓는 것이다. 이로 인해 베트남의 장마가 보름 이상 길어졌고 땅이 진창이 되는 바람에 북베트남군은 보급에 차질을 빚었다(치사하게 느껴지는 이 작전의 이름이 왜 뽀빠이인지 모르겠다).

그런데 이 사건은 기상 조절이 전쟁에서 사용된 처음이자 마지막 사례가 되었다. 베트남전이 끝나고 얼마 지나지 않아 미국과 소련이 군축 합의를 진행하게 되는데, 여기서 환경 변경 기술 사용 금지 협약Environmental Modification Convention을 체결하기 때문이다. 1977년 체결된 이 협약에는 총 78개국이 참여했다. 미국, 러시아, 중국, 영국, 독일 등 대다수 강대국이 참여했고, 국제 협약에 잘 끼지 않는 북한까지 참여했다. 사실상 날씨 전쟁이 시작도 하기 전에 끝나버린 셈이다. 이 협약은 체결 이후 지금까지 잘 지켜지고 있다. 조금 삐딱하게 말하자면, 굳이 협약을 어길 만큼 기상 조절 무기가 강력하진 않은 것이다.

하지만 날씨를 무기로 사용한다는 것이 주는 매력 때문인지, 여전히 음모론에서는 기상 조절 무기가 자주 등장한다. 그중 가장 뜨거운 떡밥이 하프HAARP다. 하프 자체는 실제로 존재한다. 미 해군과 공군, 다르파(DARPA, 미국방고등연구계획국)가 주도한 프로젝트로, 연구진은 알래스카에 대규모로 고주파를 쏠 수 있는 시설을 설치하고 전리층과 관련된 다양한 실험을 진행했다. 전리층은 상공 60km에서 1,000km까지인데, 태양 에너지에 의해 공기 분자가 전리(이온화)되어 자유전자가 밀집되어 있다. 즉, 전기가 통하는 대기층이다. 전리층은 지상에서 발사한 전파를 흡수해 반사하는데, 이로 인해 전파 통신이 먼 곳까지 가능하도록 도와준다. 그래서 전리층을 교란하면 일시적으로 통신을 마비시킬 수 있다.

음모론자들은 미국이 전리층을 교란해 전 세계에 홍수와 태풍, 지진과 쓰나미, 심지어 화산 폭발까지 일으킨다고 주장한다. 이들이 가장 의심하는 사건은 2004년 발생한 남아시아 대지진이다. 당시 지진과 쓰나미로 인근 지역에서 약 30만 명의 인명 피해가 났는데, 어찌 된 일인지 진앙지 근처에 위치한 미군 기지에서는 아무도 피해를 입지 않았다. 미군과 지원 인력 4,000여 명은 쓰나미가 오기도 전에 고지대로 대피했기 때문이다. 우연이라고 하기에는 다분히 의심스러운 상황이었고, BBC조차 이 재난이 미국과 관련되어 있는 것이 아니냐는 의혹을 제기할 정도였다.

하프 음모론의 시작은 1980년대 초까지 올라간다. 미국이 처음에 하프를 만든 것은 지구에 숨겨져 있는 지하자원을 찾기 위해서였다. 석유와 천연가스 같은 지하자원은 고유의 주파수를 가지고 있는데, 하프에서 강력한 전파를 전리층으로 쏘면 전리층이 전파를 지구 곳곳으로 반사해서 지하자원의 주파수를 찾아내는 방식이다. 문제는 미군이 하프를 자원 탐사에만 사용한 것이 아니었다는 점이다. 그들은 하프가 어떤 식으로든 다양한 용도로 사용될 수 있다고 판단했고, 이를 위해 다양한 실험을 진행했다. 하지만 하프의 설립 멤버인 이스트런드 Bernard J. Eastlund 박사는 이 과정이 마음에 들지 않았고, 결국 미군과 충돌해 프로젝트에서 하차하게 된다. 그런데 그가 쫓겨나고 얼마 되지 않아 알래스카 근처에서 해저 지진이 발생한다. 그러자 그는 "미군이 오래전부터 지구 기후를 조작하고 있다"면서, 알래스카의 지진 역시 하프 때문이라는 일종의 내부 고발을 한다.

이 폭로가 진실인지, 이스트런드의 망상인지, 혹은 미군에게 복수하기 위해 지어낸 거짓말인지는 명확히 밝혀지지 않았다. 하지만 그는 하프의 초기 멤버였고 하프 기술에 일부 특허권도 가지고 있는 전문가였기 때문에 하프 음모론은 사실인 것처럼 퍼지게 되고, 이후 하프는 자연재해가 발생할 때마다 불려나왔다. 2010년 아이티 대지진이 발생했을 때는 베네수엘라 차베스 대통령이 "하프의 실험 때문에 지진이 발생했다"라고 공식 석상에서 이야기할 정도였다.

당연히 미국은 하프 음모론을 전면 부인했다. 그들은 하프 홈페이지에 "전리층에 실험을 한 것은 맞지만, 기후에 영향을 줄 정도는 아니었다"는 입장문을 올렸다. 미군이 정말로 비밀 실험을 진행했는지, 그로 인해 강력한 무기를 만들었는지 일반인은 진실을 알기 어렵다. 하프로 이런저런 실험을 하면서 무기로 사용 가능한지에 대해서도 실험을 해 봤을 수도 있다. 하지만 앞뒤 상황을 고려해 봤을 때 하프가 무기일 것 같지는 않다. 미국의 발표를 믿어서가 아니다(지난 세월 미국이 벌인 일들을 보면 충분히 그런 짓을 하고도 남는다). 다만 하프가 생긴 이후 세계에 일어난 재난을 봤을 때, 그 재난이 미국에 별로 도움이 되진 않았기 때문이

알래스카 외곽에 위치한 하프. 180개의 거대한 전봇대(안테나)에서 전리층으로 전파를 쏜다. 여러모로 음모론을 양산하기에 적합한 디자인이다.

다. 조작이었다면 교묘하게 미국에 유리하게 일어났어야 했는데, 그런 경향은 보이지 않는다. 그리고 설혹 하프가 기상 무기 실험을 위해 만들어졌다고 해도, 이미 미국은 기상 조절 무기가 효용성이 떨어진다고 판단한 것으로 보인다. 하프는 2014년 공식적으로 폐쇄됐다. 하프가 효과적인 무기였다면 미국이 고작 음모론 때문에 포기하진 않았을 것이다(물론 음모론자들은 이것이 교묘한 위장이며, 증거를 은폐한 것이라 주장한다).

인간이 날씨를 바꿔도 괜찮을까?

기상 조절 기술은 전쟁이나 권력 과시처럼 불필요한 경우에 사용된 적도 있지만, 대부분은 가뭄 해갈이나 재해 예방처럼 필요하다고 여겨지는 경우에 사용되었다. 그럼에도 우리는 불안한 마음을 지울 수가 없다. 과연 인간이 날씨를 임의로 바꿔도 괜찮을까?

인간은 날씨를 100% 알지 못한다. 옛말에 선무당이 사람 잡는다고 했다. 누군가를 이해했다고 착각하고 함부로 대했다가 관계가 돌이킬 수 없게 악화될 수 있다. 날씨를 바꾸는 행위가 그런 것일지도 모른다. 예정에 없던 비를 특정 지역에 내리게 하면, 원래 그 비가 내렸어야 할 곳은 가뭄이 될 수도 있고, 지구 전체 흐름에 피해를 줄 수도 있다. 허리케인을 없애려고 인공적인 충격을 줬는데 허리케인이 사라지지 않고 방향만 바꿔 다른 지역을 덮친다면 누가 책임져야 할까?

단순한 공상이 아니다. 1947년, 미 공군과 제너럴일렉트릭 사는 인공강우로 허리케인을 변형하거나 제거하는 방법을 연구 중이었다. 때마침 대서양에 허리케인이 나타났다. 이 허리케인은 육지에 올라오지 않고 해상에서만 머물다 사라질 것으로 예측되었다. 연구팀 입장에서는 실험하기 딱 좋은 대상이었다. 그들은 드라이아이스 82kg을 비행기에 싣고 허리케인 위로 올라가 투하했다. 연구팀은 드라이아이스가 비를 유도해 허리케인이 약화되거나 사라질 것으로 예측했다. 그런데 허리케인은 갑자기 방향을 선회해 조지아주 사바나시를 덮친다.

기상 조절은 주변 지역과 기상 조건에 매우 민감하게 반응한다. 기술이 어느 정도 발전한 지금도 인공강우를 하기 전에 철저한 준비를 하며, 그렇게 해도 성공 확률은 50% 수준이다. 그러니 이런 사고는 언제든 일어날 수 있다. 그나마 이 사건처럼 인과가 밝혀지는 경우에는 잘잘못을 따질 수 있다. 하지만 나비의 날갯짓처럼 우리도 모르는 사이에 남에게 피해를 주거나 받을 수 있다.

예를 들어 우리나라는 2008년 3월에 강원도 지역에 인공강설을 시행했다. 그런데 며칠 지나지 않아 강원도뿐 아니라 전국에 폭설이 내렸다. 폭설이 온 것이 문제가 아니다. 문제는 이 폭설이 인공강설 때문인지 그냥 우연히 내린 건지 누구도 정확히 알 수 없다는 점이다. 이런 문제는 한 국가 내에서만 발생하지 않는다. 대기에는 국경이 없다. 한국은 수년째 가뭄이다. 그런데 중국에서는 매년 수만 건의 인공강우를 실시한다. 한국의 비구름은 주로 해안에서 오기 때문에, 중국의 인공강우가 한국 가뭄의 직접적인 원인은 아닐 것이다. 하지만 한국 가뭄

허리케인 조종을 실험한 프로젝트 새털구름Project Cirrus.
깜찍한 이름이지만 끔찍한 결과를 낳았다. 사건 이후 팀은 바로 해체되었다.

에 전혀 영향을 주지 않았다고 누가 100% 장담할 수 있겠는가.

이런 생각들은 우리를 부정적인 결론으로 유도한다. 하지만 우리의 생각과 무관하게 기상 조절은 앞으로 더 자주 시행될 것이다. 기후 변화로 가뭄이나 홍수 등의 재난이 늘어날 것이고, 그러면 국가는 단기적인 해결책을 제시할 수밖에 없다.

히말라야산맥과 티베트고원 지역은 중국 대형 강(브라마푸트라강, 메콩강, 양쯔강, 황허)의 발원지로 중국 내륙의 식수 공급에 매우 중요한 곳이다. 하지만 기후 변화로 최근 몇 년간 이 지역 강수량이 크게 줄어들었다. 현재 티베트고원의 강수량은 연 100mm도 안 되는데, 이는 웬만한 사막보다 적은 양이다. 중국 정부는 해당 지역의 사막화를 막고 식수를 공급하기 위해, 티베트고원을 중심으로 한반도 8배 크기에 지속해서 인공강우를 할 수 있는 시스템을 구축하고 있다. 중국의 목표는 중국 인민이 사용하는 담수의 7%에 해당하는 비를 매년 이 지역에 퍼붓는 것이다. 너무 거대한 계획이라 정말 실행될지는 모르겠지만, 이미 해당 지역에서는 부분적으로 테스트를 진행하고 있다. 주변 국가들은 중국의 이런 조치가 기후 변화를 가속할 수 있다며 우려를 표하고 있지만, 상황이 급박하다고 판단하면 중국은 계획을 밀어붙일 것이다.

인도 역시 가뭄이 반복되자 인공강우를 늘릴 계획이라고 밝혔다. 농업 의존도가 높은 인도에 강수량 감소는 생존을 위협하는 문제다. 사막이 많아 강수량이 절대적으로 부족한 중동 국가들과 호주 역시 인공강우가 이미 필수로 자리 잡았다.

가속화되는 기후 변화로 앞으로 태풍 등의 자연재해가 늘어날 것으로 예측된다. 만약 기상 조절 기술이 발달해 이런 자연재해를 예방할 수 있다고 해보자. 그러면 혹시나 있을지 모르는 부작용 때문에 이 기술을 사용하지 말아야 할까?

결국 기상 조절은 늘어날 수밖에 없다. 우리가 당장 큰 피해를 보지 않는다고 해서 '안 하는 게 좋다'는 식의 안일한 태도를 보일 수는 없다. 해야만 한다면 중요한 건 세계 협력이다. 기상 조절을 위한 국제적 협의체가 필요하다. 현재도 세계기상기구(WMO)에서 정기적으로 기상 조절 회의를 개최하지만, 이 정도 수준의 느슨한 협력체로는 늘어나고 있는 국가 간의 날씨 분쟁을 해결할 수 없다. 최대한 효율적인 방식으로 기상 조절을 하고, 피해받는 국가나 지역에 보상할 수 있는 시스템과 대책이 필요하다(무엇보다 기상 조절에 대한 정확한 연구가 필요하다). 한 국가가 기상 조절 계획을 세우고 다른 국가에 통보하는 방식이 아니라, 계획부터 전 세계가 참여해 신중하게 집행할 수 있는 강제력 있는 국제기구가 필요하다. 기상 조절을 할 때마다 국가 간 힘겨루기를 하다간 지구보다는 우리가 먼저 끝장날 판이다. 영화 〈지오스톰〉에서는 세계 정부가 기상 조절을 제어하다가 지구가 개판이 되는 상황이 발생한다. 하지만 아무것도 하지 않고 개판이 되느니, 뭐라도 해보고 개판이 되는 것이 낫지 않은가.

내일의 날씨

2018년 3월 17일, 중국 전국인민대표대회에서 시진핑習近平이 국가주석으로 재선출됐다. 시진핑 장기 집권의 막이 오른 날이다. 당시 베이징은 심각한 가뭄으로 145일 동안 눈과 비가 내리지 않고 있었다. 그런데 시진핑이 재선출된 그날, 마치 신이 그를 축하하기라도 하듯 베이징 하늘에서 눈이 떨어졌다. 전날까지 전혀 예보되지 않은 눈이었다. 겨우내 단 한 번도 내리지 않은 눈이 초봄에 예고도 없이 내린 것이다. 언론은 "상서로운 눈"이라며 용비어천가를 썼고, 인민들은 시진핑을 칭송했다. 그런데 얼마 지나지 않아 그날 눈은 중국 정부가 인공적으로 내린 것임이 밝혀졌다. 기상 조절은 위험한 기술이고 이를 모르는 이는 없다. 하지만 국가는 고작 권력을 위해 너무도 쉽게 이 기술을 사용한다. 중국뿐만 아니다. 러시아의 전승 기념일 행사가 진행되는 붉은 광장에는 지난 40년간 행사 당일에 단 한 차례도 비가 내리지 않았다.

기후 변화, 기상 조절 등 날씨에 관련된 문제는 세계 단위의 해결책이 필요하다. 지금도 기상 분야는 다른 어떤 분야보다 국제 협력이 잘 되는 편이다. 정확한 예보를 위해 정보를 공유한다. '환경 변경 기술 사용 금지 협약' 역시 이런 협의의 결과물이다. 오존층을 파괴해 문제가 된 프레온 가스(염화불화탄소)의 사용도 협약을 통해 막아냈다. 하지만 생존은 또 다른 문제다. 날씨는 여전히 우리 삶에 강력한 영향력을 행사한다. 1장에서 언급했듯이 시베리아의 가뭄이 중동의 혁명을 낳고, 그 혁명이 IS와 시리아 내전을 낳고, 내전은 40만 명이 넘는 난민을 낳고, 난민은 유럽 정치 지형을 흔들었다. 그 작은 혼란에도 전 세계가 자국의 이익을 외치며 서로를 증오하고 있다.

관심도 없는 먼 나라 이야기라고? 한국도 결코 안전하지 않다.

한국의 연간 강수량은 지구 평균보다 많지만, 영토가 좁고 인구가 많아 상대적 물 부족 국가로 분류된다. 그럼에도 우리가 물이 부족하다는 사실을 느끼지 못하는 것은 우리나라가 식량 대부분을 수입하기 때문이다. 한국의 식량 자급률은 47%로 상당히 낮은 편이다. 가축 사

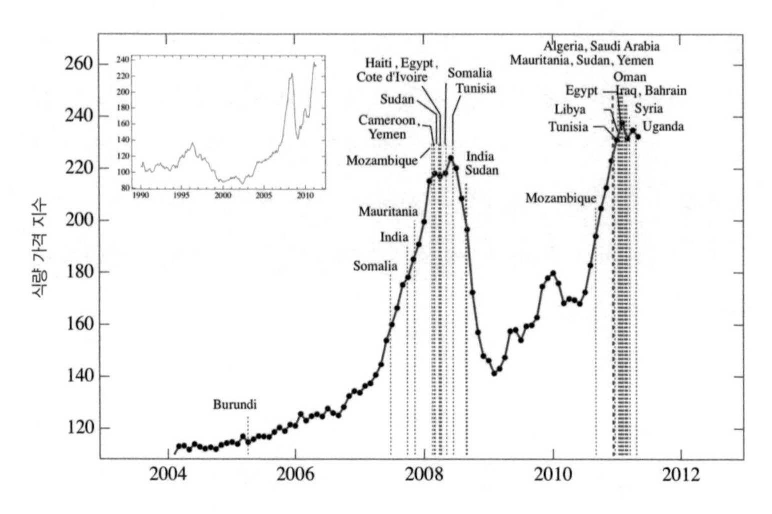

2004년부터 2011년 5월까지 식량가격지수. 빨간 선은 당시 북아프리카와 중동 지역에서 있었던 큰 시위나 폭동을 표시한 것이다. 식량 가격 폭등과 사회적 격변이 상관관계가 있음을 확인할 수 있다.

료까지 포함하면 24%까지 떨어진다. 우리가 먹든 가축이 먹든 합쳐서 76%는 해외에서 수입한다. 해외에서 식량을 사 온다는 것은 식량 자체를 사는 것이기도 하지만, 식량을 기르는 데 들어가는 물을 사는 것이기도 하다. "식량 안보" 같은 유치한 이야기를 하려는 게 아니다. 한국은 식량 자급을 하고 싶어도 물이 부족해서 할 수가 없다. 농사를 짓고 가축을 키우는 데는 엄청나게 많은 물이 들어간다. 해외에서 식량을 사 오기 때문에 우리가 물을 펑펑 쓰면서 살아갈 수 있는 것이다. 그런데 이런 상황에서 기후 변화와 세계 인구 증가로 식량 부족 사태가 벌어지면, 식량 수출국들은 수출을 줄이거나 가격을 올릴 것이고, 그러면 한국에서 어떤 사태가 벌어질지 아무도 장담할 수 없다. 최악의 경우 시리아 사태가 한국에서 재현될 수도 있다.

가끔 기후 변화가 개발도상국이 발전하지 못하게 하려는 선진국의 음모라고 말하는 이들이 있다. 하지만 재난은 언제나 약자에게 먼저 찾아온다. 이미 저위도(적도 근처) 국가에서는 기후 변화의 피해가 속출하고 있다. 남아시아는 기후 변화로 가장 큰 피해를 받는 지역 중 하나다. 지구 온난화가 지속되면 방글라데시는 영토 20%가 물에 잠길 것으로 예측된다. 유엔은 방글라데시에서만 2천만 명이 넘는 난민이 발생할 것으로 추정하고 있다. 이 난민이 동아시아로 쏟아진다면, 우리는 지금의 미국이나 유럽보다 나은 모습을 보여줄 수 있을까? 불이익이 눈앞에 보이는 상황에서 이웃을 끌어안을 수 있을까? 국가 중심 사회에 살고 있는 인류가 국가를 넘어서는 해결책을 제시할 수 있을까?

우리가 내일의 날씨에 가져야 할 의문은 100% 정확한 예측이 아니라 이 질문이다.

〈기상청 체육대회의 진실〉

끝내기 전에 앞에서 던진 떡밥을 회수하자.

"기상청 체육대회에 비가 온다"는 밈에 관한 진실. 이 말이 기상청의 무능함을 나타내는 것이라는 다수 의견(예측을 잘못해서 체육대회를 비 오는 날 잡았다)과, 기상청의 '빅 피처'라는 소수 의견(누가 회사 체육대회를 하고 싶어 하나? 일부러 비 오는 날 잡은 것이다)이 있다. 이에 대해 기상청 관계자는 "체육대회 같은 행사는 1분기 전에 계획하기 때문에 일기예보와 무관하다"라고 밝혔다. 타당한 말이다. 행사를 일주일 전에 잡을 리는 없지. 그런데 그 답변이 우리의 궁금증을 해결해주진 않는다. "그래서 기상청 체육대회에는 비가 온 거야, 안 온 거야?"

《일요신문》의 취재에 따르면, 2007년 이후 기상청 체육대회는 총 세 번 있었고, 체육대회 날 체육대회가 벌어진 곳은 모두 맑았다. 다만 1993년과 1994년 2년 연속 기상청 체육대회에 비가 왔다는 신문 기사가 남아 있다. 기상청 홈페이지에서 해당 날짜의 일기를 확인해보면 그날 비가 내렸음을 확인할 수 있다.

결론: 기상청 체육대회 날은 비가 왔었다.

에필로그

우리는 어쩌다 생각하기를 멈추고 폭탄을 사랑하게 되었을까

"호레이쇼, 세상천지에는 더 많은 것들이 있소.
당신의 철학이 꿈꾸는 것보다 말이오."

- 희곡 <햄릿> 中

페르디난드 데마라Ferdinand Waldo Demara라는 사기꾼이 있다. 누군가를 대놓고 사기꾼이라고 소개하니 이상하지만, 본인이 인정했으니 그냥 사기꾼이라 하자. 데마라가 벌인 사기 행각은 단순하다.

(1) 다른 사람인 척한다. (2) 그 사람의 직업을 갖는다. (3) 업무를 수행한다.

그는 평생 열 명이 넘는 사람의 신분을 훔쳐 열 개가 넘는 직업을 가졌다. 그냥 직업이 아니라 심리학자, 철학 박사, 신학자, 교사, 의사, 교도관 등 전문적인 교육을 받아야만 할 수 있는 일이었다. 그는 단순히 흉내를 낸 것이 아니라 진짜로 그 일을 했다. 절정은 군의관으로서 한국전쟁에 참여한 것이다.

그는 신학자 행세를 하던 시절에 알게 된 의사의 면허를 훔쳐 군의관에 지원한다. 전쟁 기간이라 의사가 많이 필요했기에 신분 검사가 까다롭지 않았고 바로 채용될 수 있었다. 그는 캐나다 군함에서 군의관으로 복무하며 수없이 많은 부상병을 치료했다. 생사가 달린 외과 수술도 많았다. 부상당한 한국군 19명을 하룻밤에 수술한 적도 있었다. 놀랍게도 19명은 모두 생존했을 뿐 아니라 상태도 좋아졌다. 데마라는 군의

관이 없을 때 병사들이 참고하는 응급 처치 지침서와 전문 의학 서적 한 권만 보고 군의관 일을 훌륭히 해냈다. 얼마나 일을 잘했는지, 그의 활약에 감명받은 종군 기자가 그에 관한 기사를 낼 정도였다.

그는 평생 사기를 쳤지만, 일을 못해서 발각된 적은 한 번도 없다. 대부분 도용한 명의의 원 주인이 나타나거나 신분 검사에서 사기가 드러났다. 군의관에서 쫓겨난 것도, 명의를 도용당한 의사의 어머니가 우연히 기사를 보고 신고했기 때문이다(이래서 일을 너무 잘해도 문제다). 캐나다 해군은 자신들이 사기꾼에게 속았다는 사실이 알려지는 게 두려워 그를 처벌하지 않고 조용히 쫓아냈다.

데마라는 발각되는 걸 두려워하지 않았다(그게 두려웠다면 애초에 기사가 나가게 하지도 않았겠지). 그는 발각되면 아무 미련 없이 새로운 곳으로 떠나 새로운 이름으로 새 직업을 가졌다. 그리고 대부분 훌륭히 해냈다. 그가 사기꾼이란 것이 밝혀진 뒤에도, 그와 함께 일했던 동료들은 그가 대단히 유능한 사람이었다고 칭송했다. 심지어 한 고용주는 "지금이라도 그가 자격증을 취득하면 얼마든지 다시 고용할 의사가 있다"라고 인터뷰하기도 했다. 〈신비한 TV 서프라이즈〉에나 나올 법한 황당한 이야기라고 소개하려고 찾아봤더니, 이미 서프라이즈에 소개된 적이 있었다.

데마라의 사례를 보면, 책의 프롤로그에 인용한 아인슈타인의 말(당신이 알고 있는 것을 여러분의 할머니가 이해할 수 있게 설명하지 못한다면, 당신은 그것을 진정으로 알고 있는 것이 아니다)은 그럴싸하지만 진실이 아니다. 사회를 바꾼 위대한 업적을 쌓은 사람 중에 강연이나 저술은 형편없는 사람도 있다. 그렇다고 그들이 자신의 일을 이해하지 못했다고 할 수는 없을 것이다. 그들이 이해를 못한 거라면 대체 누가 이해한단 말인가. 반면 말주변이 좋은 사람은 어려운 내용을 풀어서 다른 사람에게 쉽게 설명해준다. 정작 본인은 잘 모르는데 들은 사람은 이해하는 이상한 상황이 벌어지기도 한다. 아마 아인슈타인보다 데마라가 '상대성 이론'을 훨씬 쉽게 설명했을 것이다. 설사 데마라가 '상대성 이론'을 제대로 이해하지 못했다 하더라도(물론 아인슈타인은 상당히 멋진 비유로 자신의 이론을 쉽게 설명했다). 이렇게 길게 사기꾼 이야기를 하는 건 찔리는 구석이 있기 때문이다.

이 책은 나의 두 번째 책이다. 첫 번째 책은 '마약'에 관한 책이었다. 첫 책을 냈을 때, 주변 사람들의 반응은 한결같았다.

"축하해. 근데 무슨 책이야?

"그게… 마약 관련 책인데."

"마약? 너 마약 해봤어?

"…."

"해보지도 않은 사람이 책을 써도 되는 거야? 사기 아냐?"

늘 이런 패턴이었다. 이 질문을 너무 자주 들어서 나 역시 적당한 답변을 찾아냈다.

"야, 지금 조선 시대 역사서 쓰는 사람 중에 조선 시대에 살았던 사람 한 명도 없어."

논리적 맥락은 전혀 없는 답변이지만 다들 웃고 말았다. 보통 대화는 이런 식으로 마무리되었다.

"책 또 쓸 거야?"

"이미 쓰고 있어."

"무슨 책인데?"

"과학 기술 관련된 내용인데."

"… 과학? 네가?"

그렇다. 제3자가 보기에 나에게 과학은 마약보다도 관련이 없다. 친구들을 따라 공업고등학교에 진학했다면 그나마 과학과 관련이 있었겠지만, 줏대가 없던 나는 성적에 맞춰 인문계 고등학교에 진학했다. 심지어 문과라 과학 공부를 한 기억이 전혀 없다. 알다시피 문과는 수능에서 과학 탐구 영역을 치지 않고, 한국 고등학생은 수능에 나오지 않으면 공부하지 않는다. 하지만 뭐 어떤가. 데마라는 책 한 권 보고 수술도 했는데, 비전공자가 책 한 권쯤 못 쓸 것도 없지.

그런데 책을 다 쓴 지금 돌이켜보니, 나는 적어도 과학 분야에서만큼은 조선 시대 역사서를 쓰는 조선 시대 사람이었다. 현대를 살아가는 우리 모두는 과학의 내부인이다. 우리는 모두 과학이 이룩한 성취 위에 산다. 과학 기술을 알든 모르든 그것이 삶에 영향을 끼친다는 점은 달라지지 않는다.

데마라와 내가 다른 점이 있다면, 나는 공개하고 사기를 친다는 것이다. 훌륭한 사기꾼을 만나면 사기인 줄 알면서도 속는다는 말이 있다. 데마라는 나이가 들어서는 자신의 사기 경험담을 언론사에 팔아 생계를 유지했는데, 자신의 전기를 쓰러 온 작가에게도 사기를 쳤다. 전기 작가는 그가 사기꾼이라는 사실을 누구보다 잘 알고 있었음에도 사기를 당했다. 당신에게 이 책이 데마라의 사기 같았으면 좋겠다. 저자가 사기꾼이라 해서 독자가 손해 볼 것은 없다. 즐겁게 읽는다면 속아도 좋은 것이고, 재미가 없다면 사기에 넘어가지 않았으니 좋은 것이다. 어찌 됐든 독자의 승리다.

과거의 철학, 당대의 철학

제정 러시아 말기에는 유독 길이가 무지막지한 소설이 쏟아졌다. 도스토옙스키, 톨스토이 모두 러시아 이름만큼이나 긴 소설을 썼다. 《죄와 벌》, 《카라마조프의 형제들》, 《안나 카레니나》, 《전쟁과 평화》…. 현대 작가들은 이 정도 길이의 대작을 잘 쓰지 않는다.

당시 러시아에서는 왜 유독 긴 작품이 많이 나왔을까? 이유는 생각보다 단순하다. 원고료를 글자 수만큼 줬기 때문이다. 도스토옙스키는 돈을 벌기 위해 열심히 글을 썼고, 그 돈을 대부분 도박으로 날렸다. 그리고 도박 빚을 갚기 위해 막장 드라마 작가가 분량을 늘리듯 다시 소설을 썼다. 그의 작품을 폄하하는 것이 아니다. 사람은 누구나 현실에 발 붙이고 살아갈 수밖에 없다는 말을 하려는 것이다. 어쩌면 글자 수 원고료라는 현실이 있었기에 그는 위대한 작품을 남길 수 있었는지도 모른다. 어떤 식으로든 우리 모두 시대의 한계 속에서 살아간다.

이 책은 인문계 대학을 다니고 있거나 졸업한 소위 '문돌이'를 독자로 가정하고 썼다(내가 그런 부류에 속하는 사람이기 때문에 어렵지는 않았다). 문학, 철학, 사회학 등등 구분은 잘 안 되지만 그 비슷한 언저리에 속하는 부류가 있다. "문송합니다(문과라 죄송합니다)"란 표현이 유행하기도 했지만, 문과적 사고는 여전히 우리 삶의 전반을 지배한다. 우리는 과학 기술과 관련된 이야기는 생활과 동떨어진 것으로 생각하고, 인문학은 삶에 가까운 것이라 여긴다.

우리는 여전히 공자와 플라톤을 읽고, 그들에게 삶의 가르침을 받으며, 별 필요도 없는데 단지 있어 보이려고 그들의 말을 인용한다(이 책도 그렇다). 그런데 철학이 그 이상으로 나가는가 하면 그렇지 않다. 그럭저럭 르네상스까지 넘어오면 우리의 사고는 멈춰버린다. 기껏해야 칸트나 마르크스를 들먹이지만, 그들조차 우리의 삶과는 전혀 다른 시대를 살았다. 스마트폰과 SNS가 없었고, 인공지능이 운전을 하지도 않았다. 근대 프롤레타리아는 자본가의 착취에 시달렸지만, 현대의 잉여들은 제발 자신을 착취해달라며 일을 구걸한다.

과거 철학자들은 과학자였다. 그런데 우리는 과학에 점점 무지해진다. 요즘처럼 학문이 분화되고 복잡해진 시대에 우리 모두가 르네상스인처럼 이것저것 다 잘할 수는 없다. 하지만 적어도 시대의 흐름 정도는 파악해야 하며, 최소한 알기 위해 노력해야 한다. 철학이든 인문학이든 현실과 동떨어지면, 지적 놀음일 뿐이다. 물론 놀이가 나쁜 것은 아니다. 하지만 많은 이가 자신의 놀이가 진지한 무언가라 착각한다.

지구가 우주의 중심이라고 믿었던 때와, 지구가 태양 주위를 돈다는 사실을 알고 나서의 철학은 같을 수 없다. 인간이 신의 모습을 본뜬 특별한 존재라고 믿었던 때와, 인간이 지구상의 모든 생물과 한 뿌리에서 갈라져 나온 일개 종이라는 사실을 깨닫고 난 후의 철학이 같을 수 없다. 핵무기로 인류가 끝장날 수 있는 시대에《손자병법》과《군주론》이 이전 시대와 같은 의미일 수 없고, 수술로 성별을 바꿀 수 있는 시대에 과거와 같은 성관념을 가질 수는 없다. 스마트폰이 생긴 후의 민주주의가 어떻게 그 이전 민주주의와 같고, 유전자를 조작할 수 있는 시대의 철학이 어찌 과거와 같을 수 있겠는가. 공화정과 왕정의 철학이 같을 수 없고, 자본주의 시대에 공자의 예를 논할 수는 없다.

그런데도 우리는 이성과 감성을 논하고, 지덕체를 떠들며, 관념론이니 유물론이니 하는 논쟁에 머물러 있다. 생물학적으로 인종 개념은 폐기됐지만 여전히 사회에는 인종 차별이 만연하고, 자유의지가 허상이라고 밝혀진 시대임에도 자유는 여전히 최상의 가치로 여겨진다(물론 자유는 여전히 중요하다. 하지만 예전과 같은 방법으로는 결코 지킬 수 없다). 수많은 이가 종교의 어리석음을 에둘러 비판했고, 리처드 도킨스는《만들어진 신》이라는 백과사전 두께의 책을 써 종교를 조목조목 비판했지만(606페이지짜리 책을 쓰다니, 도킨스에게 성령이 임한 것이 분명하다), 종교는 여전히 사회에 막강한 영향력을 발휘한다. 심지어 아직까지 종교 경전을 문자 그대로 받아들이는 이들도 있다. 과거의 철학이나 종교를 배우는 것이 잘못됐다는 뜻은 아니다. 그들에게도 분명 배울 점이 있다. 하지만 그들의 말이 현재의 정답이 될 수는 없다. 변하지 않는 유일한 진리는 모든 것은 변한다는 것뿐이다.

"새로운 과학적 진리는 반대자들을 설득하거나 감화시키지 않는다. 그보다는 반대자들이 다 죽고 나서 새로운 진리에 익숙한 새로운 세대가 나타날 때 비로소 승리한다."

물리학자 막스 플랑크Max Karl Ernst Ludwig Planck의 말이다. 간단히 말해서 과학이 발전하기 위해서는 이전 세대가 죽어야 한다는 뜻이다. 그런데 내가 보기에 이 말은 과학보다 철학에 더 어울린다. 과학으로 다가오는 실체적 변화는 받아들이기 싫어도 받아들일 수밖에 없다. 하지만 실체가 없는 이 생각이란 놈은 고쳐 먹으려고 부단히 노력하지 않으면 결코 바뀌지 않는다. 이전 세대가 죽지 않으면 세계의 철학은 정체될 수밖에 없다. 그런데 이 시대를 살아가는 사람들은 기술의 발전으로 점점 더 오래 살고 있다. 그러니 현실에 맞게 끊임없이 변하고 가끔은 앞에 서서 사회를 이끌어야 할 철학의 시간은 점점 느려진다.

과학 교육의 좋은 점은 과거보다 현재를 중요하게 여긴다는 것이다. 틀린 것으로 밝혀진 과학은 그 과정을 배울 수는 있지만 진리로 받아들이지는 않는다. 철학에도 그런 자세가 필요하다. 물론 철학은 과학처럼 맞고 틀림을 명확히 따질 수는 없다. 하지만 적어도 당대의 철학을 가르쳐야 한다. 필요하다면 과거를 배워도 좋지만, 그게 현실을 대체할 순 없다.

사람마다 공산주의와 페미니즘에 대한 생각은 다르겠지만, 이 두 사상이 인류에 강력한 힘을 발휘했다는 것에는 모두 동의할 것이다. 이 사상들은 등장할 당시 시대적 상황에 잘 들어맞았고, 그렇기에 강력한 힘을 발휘했다. 그들은 산업 사회의 권력 관계를 파악했고, 이전의 역사를 당대의 관점으로 재해석했다. 공산주의는 산업화된 자본주의 사회를 제대로 직시했고, 정신이 아니라 물질로 세계를 해석했다. 그들이 과거를 배운 것은 과거가 반복되지 않도록 하기 위해서였다. 그들은 자신들을 속박했던 올가미에서 벗어나기 위해 최선을 다했고, 자신들만의 해석으로 시대를 선도했다. 공산주의에 반대하는 사람조차 공산주의가 만들어낸 역사 해석을 받아들였고, 공산주의가 던진 문제의식을 해결하기 위해 다양한 시도를 했다. 페미니즘 역시 마찬가지다. 스스로 페미니스트가 아니라고 강조하는 사람조차 성차별은 없어져야 한다고 말한다(하지만 아직도 페미니즘을 받아들이지 못하고 징징거리는 이들이 많은 것 같다).

하지만 이 위대한 사상들조차 등장한 지 한 세기가 지났다. 중앙집권으로 문제를 해결하려 했던 공산주의는 산업화 이후의 변화에 적응하지 못하고 침몰했다. 민족주의, 나치즘, 자본주의, 자유주의 모두 마찬가지다. 좋든 나쁘든 모두 당대의 기술을 받아들이고 새로운 노선을 제시했지만, 끊임없이 변하는 세계에 적응하지 못하고 침몰했거나 침몰 중이다. 새로운 기술이 등장하고 사회가 변하는데 새로운 철학은 나타나지 않았다.

사람들은 과거에 천착한다. 그런 태도를 이해 못하는 바는 아니다. 바뀌는 세계는 도저히 따라갈 수 없을 것 같고, 따라간다 해도 앞을 내

다볼 수 있을 것 같지도 않다. 현대 사회는 정보를 가지면 가질수록 더 복잡해지고 예측 불가능해진다. 반면 과거의 것은 명확해 보인다. 그래서 누군가는 멈추자고 말한다. 멈추면 비로소 보인다고 말한다. 하지만 사회는 멈출 수 없다. 멈추면 붕괴한다. 사실 사회는 한 번도 멈췄던 적이 없다. 애초에 멈추는 옵션 따위 존재하지 않았다. 우리가 할 일은 포기하는 게 아니라 최대한 앞으로 나가서 제대로 된 방향을 잡는 것이다. 멈추기 위해서는 멈추기 위한 방향으로 가야지, 진짜 멈춰서는 안 된다.

다윈이 《종의 기원》을 쓴 후 인류는 우생학이라는 폭풍을 만났다. 현대 학자들은 다윈과 우생학을 떼어놓고 생각하려고 한다. 《종의 기원》은 과학적 사실로, 우생학은 이를 잘못 이해한 유사 과학으로 여긴다. 분명 그렇다. 《종의 기원》은 과학이고, 우생학은 유사 과학이다. 하지만 《종의 기원》에는 우생학으로 연결되는 부분이 숨어 있다. 우생학을 창시한 프랜시스 골턴Francis Galton은 다윈의 사촌이다. 그는 다윈의 연구에 영감을 받아 우생학을 시작했고, 다윈과 편지를 주고받으며 자신의 사상을 확장했다. 다윈은 인종주의를 혐오했지만, 골턴의 의견에도 상당 부분 동의했다(정도의 차이만 있을 뿐, 당시 인류학자들은 대부분 이런 생각을 가지고 있었다).

우생학은 이후 인종 학살을 비롯해 수많은 차별을 낳았다. 물론 우생학이 학살로 이어지기까지 또다시 몇 가지 비약을 거치지만, 어쨌든 《종의 기원》에는 그 씨앗이 들어 있었다. 다윈을 비난하자는 게 아니다. 새로운 사실이 밝혀졌을 때 철학이 이를 제대로 해석하지 못하면 어떤 일이 벌어질 수 있는가를 이야기하는 것이다.

과학자도 자신만의 사고관과 철학을 가지고 있다. 그가 밝혀내는 과학적 사실은 분명 객관적인 것이겠지만, 그가 그 과정에 이르는 데는 그의 방향성이 작용할 수밖에 없다. 그래서 철학자는 새로운 발견(혹은 발명)에 대해 해석을 할 의무가 있는 것이다. 과학적 발견(혹은 발명)은 세상을 바꿔놓을 것인데, 철학자들은 그 과정을 전혀 알지 못한다. 철학의 아노미 상태에서 과거만 아는 똑똑한 멍청이들은 앞장서서 세상을 망친다. 다들 나름의 철학적 해법을 내놓지만, 과거의 잔재에 묻혀 보이지 않는다. 사회에는 어떤 이념도 없고, 세상은 점점 나빠진다. 그나마 기술의 발전이 이런 후퇴를 가리고 있을 뿐이다. 지금은 어쨌든 세계가 발전하는 것처럼 보여 문제가 드러나지 않지만, 철학의 부재는 언젠가 우리를 지옥으로 몰아 넣을 것이다. 우리는 진보하는 것이 아니라 후퇴하고 있다.

심각해지는 빈부 격차와 경제 위기는 다시 우생학을 깨운다. 우리는 우생학의 망령을 넘어서지 못했다. 단지 그들이 일으킨 끔찍한 범죄 때문에 그대로 묻었을 뿐이다. 자국 우선주의, 난민 사태, 모든 것이 이전과 달라지지 않은 우리의 빈곤한 철학을 보여준다. 이 시대에 맞는 새로운 철학이 필요하다. 그러기 위해서라도 우리는 과학을 알아야 한다. 군대를 군인에게만 맡길 수 없듯이 과학을 과학자에게만 맡길 순 없다. 그러기에 과학은 너무도 중요하다.

물론 철학도 마찬가지다.

참고 자료

* 해외 자료 중 국내에 정식 번역된 경우는 한국어로, 번역되지 않은 경우 원어로 표기합니다.

프롤로그. 농담 반, 진담 반

책

박노자, 《당신들의 대한민국》, 한겨레출판, 2006

1. 악마가 너의 죽음을 알기 전에

책

커트 스테이저, 《원자, 인간을 완성하다》, 반니, 2014

토머스 헤이거, 《공기의 연금술》, 반니, 2015

기사, 논문

A. G. 엑스트란드, 〈[화학] 1918년 – 원소로부터 암모니아 합성(프리츠 하버)〉, 노벨 e-Library, 2014

Wendy Broadgate, 〈The Great Acceleration〉, Future Earth, 2015

2. 너와 / 나의 / 연결 고리

책

김일선, 《단위로 읽는 세상》, 김영사, 2017

이정모, 《달력과 권력》, 부키, 2001

그레이엄 도널드, 《세상을 측정하는 위대한 단위들》, 반니, 2017

울리히 린스, 《위험한 언어》, 갈무리, 2013

호시다 타다히코, 《별걸 다 재는 단위 이야기》, 어바웃어북, 2016

기사, 논문

〈국제단위계 해설〉, 한국표준과학연구원

강지희, 〈kg, 초 이런 단위는 어떻게 정했을까?〉, 이웃집과학자, 2018

구자현, 〈프랑스 혁명이 탄생시킨 미터법〉, 과학동아, 1998

David Riedel "Zodiac: What's Your New Sign", CBS, 2011

웹, 영상, 기타

http://esperanto.net/ko

3. 지금은 플라스틱 시대

책

그레이엄 도널드, 《세상을 바꾼 우연》, 글램북스, 2015

로이스톤 M. 로버츠, 《우연과 행운의 과학적 발견이야기》, 국제, 1994

기사, 논문

김기범, 〈플라스틱이 '멸종'을 부른다면… 돌고래 다음은 인간〉, 경향신문, 2018

김정금, 〈플라스틱 시대 연 베이클라이트〉, 주간동아, 2006

김형근, 〈우리 일상 속의 플라스틱〉, LG케미토피아, 2016

김형근, 〈화학개론〉, LG케미토피아, 2016

박소희, 〈잘 안썩는 종량제 봉투 1년에 10억매… 생분해성 봉투 '0'〉, 그린포스트코리아, 2018

신현호, 〈바다에 물고기보다 플라스틱이 더 많아진다면〉, 한겨레, 2018

유영선, 오유성, 홍승회, 최성욱, 〈국내외 바이오 플라스틱의 연구개발, 제품화 및 시장 동향〉, CLEAN TECHNOLOGY Vol. 21, 2015

이근영, 〈지금까지 플라스틱 총생산량 83억톤 대부분 쓰레기로 버려져〉, 한겨레, 2017

이정구, 〈바이오 플라스틱 기술 및 시장동향〉, 2011

정원우, 〈당구공, 플라스틱을 낳다〉, The First, 2016

진병두, 〈화학산책: 플라스틱〉, 과학창의재단, 2011

한국과학기술정보연구원, 〈제3의 혁명, 금속이 된 플라스틱〉, KISTI의 과학향기 제562호, 2007

Fiona Harvey, Jonathan Watts〈Microplastics found in human stools for the first time〉, The Guardian, 2018

Hyun Gi Kong, Hyun Ho Kim, Joon-hui Chung, (…), Seung Gu Park, Jong Bhak, Choong-Min Ryu , 〈The Galleria mellonella Hologenome Supports Microbiota Independent Metabolism of Long-Chain Hydrocarbon Beeswax〉, Cell Reports, 2019

〈Revealed: plastic ingestion by people could be equating to a credit card a week〉, WWF, 2019

Sherri A. Mason, Victoria Welch, Joseph Neratko, 〈Synthetic Polymer Contamination in Bottled Water〉, FREDONIA, 2018

4. 우리는 어디에나 있다

책

김승섭, 박주영, 이혜민, 이호림, 최보경, 《오롯한 당신》, 숨쉬는 책공장, 2018
연분홍치마, 김성희, 조혜영, 루인, 《3×FtM》, 그린비, 2008
로버트 크룩스, 《우리들의 성》, 라이프사이언스, 2008
수잔 스트라이커, 《트랜스젠더의 역사》, 이매진, 2016

기사, 논문

김진홍, 〈성전환 수술의 역사적 배경 및 국내 현황〉, 대한성학회지, 2014
박희석, 〈세계최초 성(性)전환 수술 300건 달성한 김석권 교수〉, 조선일보, 2012
아디티아 콘달라마하티, 〈트랜스젠더의 전쟁터 '화장실'〉, Newsweek, 2016
이세아, 〈네덜란드 법원, 여성도 남성도 아닌 '제3의 성' 인정〉, 여성신문, 2018
이호림, 이혜민, 윤정원, 박주영, 김승섭, 〈한국 트랜스젠더의 의료적 트랜지션 관련 경험과 장벽: 정신과진단, 호르몬요법, 성전환수술을 중심으로〉, epiH, 2018
이호림, 이혜민, 윤정원, 박주영, 김승섭, 〈한국 트랜스젠더 의료접근성에 대한 시론〉, 보건사회연구, 2015
최성경, 〈성전환자의 성별정정 허가기준과 그 입법적 제안〉, 한국가족법학회, 2011
현, 〈세르비아 닥터 미로 FTM 성기재건수술(메토) 후기〉, 2014
〈휴지통〉, 동아일보, 1955
International Academy of Sex Research 〈Archives of Sexual Behavior〉, Springer, 2017
Judith Bradford, Sari L. Reisner, Julie A. Honnold, Jessica Xavier , 〈Experiences of Transgender-Related Discrimination and Implications for Health: Results From the Virginia Transgender Health Initiative Study〉, Am J Public Health, 2013
Kamol Cosmetic Hospital, 〈음경성형술〉

웹, 영상, 기타

〈EXPLAINED〉 〈The Female Orgasm〉, 넷플릭스, 2018
〈Follow This〉 〈Intersex〉, BuzzFeed, 2018
〈FTM Djordjevic Single Stage Metoidioplasty〉, Acibadem Sistina, 2017

〈Gender-Reassignment – Male to Female Surgery 2009〉, Azraels-Art, 2009
https://femiwiki.com/w/간성
https://ko.wikipedia.org/wiki/성_지정

5. 허세가 쏘아 올린 작은 별

책

브라이언 하베이, 《러시아 우주개척사》, 북스힐, 2012

기사, 논문

사이언스, 〈구소련 우주프로그램이 지금봐도 믿기지 않는 이유〉, 젠틀몬스터, 2018
〈우주여행보다 비싼 결혼비용… 대한민국의 현실〉, YTN, 2016
정홍철, 〈로켓 원리 밝힌 치올코프스키 논문1 백주년〉, 과학동아, 2003
McNicholl, 〈10 Animal Space Travellers〉, Astronotes, 2011

웹, 영상, 기타

〈과학하고 앉아있네〉 '러시아 우주탐사의 할아버지와 부모님들', 과학과 사람들
https://en.wikipedia.org/wiki/Satellite

6. 잠자는 인문학은 과학의 꿈을 꾸는가

책

장석권, 《데이터를 철학하다》, 흐름출판, 2018
니시다 케이스케, 《빅데이터를 지탱하는 기술》, 제이펍, 2018
다니엘 페나크, 《몸의 일기》, 문학과지성사, 2015
세스 스티븐스 다비도위츠, 《모두 거짓말을 한다》, 더퀘스트, 2018
스콧 갤러웨이, 《플랫폼 제국의 미래》, 비즈니스북스, 2018
에레즈 에이든, 장바티스트 미셸, 《빅데이터 인문학: 진격의 서막》, 사계절, 2015
캐시 오닐, 《대량살상 수학무기》, 흐름출판, 2017
토마 피케티, 《21세기 자본》, 글항아리, 2014

기사, 논문

김태환, 〈모든 것은 데이터로 통한다… 빅데이터가 스마트시티 역량 좌우〉, Tech M, 2018

Bill Turque, 〈Creative··· motivating and fired〉, The Washington Post, 2012
Connor Simpson, 〈Amazon Will Sell You Things Before You Know You Want to Buy Them〉, The Atlantic, 2014
Constance L. Hays, 〈What Wal-Mart Knows About Customers' Habits〉, The New York Times, 2004
Dan Siroker, 〈How Obama Raised $60 Million by Running a Simple Experiment〉, Optimizely Blog, 2010
J. Vernon Henderson, Adam Storeygard, David N. Weil 〈Measuring Economic Growth from Outer Space〉, National Bureau of Economic Reserch, 2009
Jordan Ellenberg, 〈The Summer's Most Unread Book Is···〉, The Wall Street Journal, 2014
Justin Fox, 〈Piketty's "Capital," in a Lot Less than 696 Pages〉, Harvard Business Review, 2014
Luis R. Martinez, 〈How Much Should We Trust the Dictator's GDP Estimates Harris School of Public Policy, 2017
Seth Stephens-Davidowitz, 〈Google, Tell Me. Is My Son a Genius?〉, The New York Times, 2014
Seth Stephens-Davidowitz, 〈The Cost of Racial Animus on a Black Presidential Candidate : Using Google Search Data to Find What Surveys Miss〉, 2011
Seth Stephens-Davidowitz, 〈Searching for Sex〉, The New York Times, 2015
Seth Stephens-Davidowitz, Hal Varian, 〈A Hands-on Guide to Google Data〉, Google, 2014
Steven Henshaw, 〈Homicides in Reading rise, other crimes down, police say〉, Reading Eagle, 2015

웹, 영상, 기타

네이버 데이터랩 https://datalab.naver.com
구글엔그램 뷰어 https://books.google.com/ngrams
구글 트렌드 https://trends.google.co.kr/trends
〈An Introduction to Thomas Piketty's Capital in the 21st Century- A Macat Economics Analysis〉, MACAT, 2014
Cathy O'Neil, 〈The era of blind faith in big data must end〉, TED, 2017
Karen Reimer, 〈Legendary, Lexical, Loquacious Love〉, 1996

7. 기상무한육면각체의 비밀

책

기상조절연구그룹, 《날씨를 마음대로, 기상조절》, 김영사, 2009

로날트 D. 게르슈테, 《날씨가 만든 그날의 세계사》, 제3의 공간, 2017

로베르 사두르니, 《일기예보를 믿을 수 있을까》, 민음in, 2006

벤저민 리버만, 엘리자베스 고든, 《시그널》, 진성북스, 2018

《초급 예보관 훈련용 교재》, 기상청, 2017

기사, 논문

김규환, 〈진화하는 중국의 인공강우… 숫자로 보니〉, 서울신문, 2013

박영숙, 〈한반도 8배 면적의 '인공강우' 계획하는 중국〉, News1, 2018

이진아, 〈급격한 한랭 기후가 고려를 멸망시키고 조선을 세웠다〉, 시사저널, 2018

장기호, 최지원, 정진임, 서성규, 양하영, 채상희, 고아름, 박동오, 이종호, 김백조, 〈기상조절 현황 및 향후 계획〉, 한국기상학회, 2015

조천호, 〈전 지구 기온 상승 1.5도는 무엇을 의미하는가?〉, 한겨레, 2018

조천호, 〈조천호의 빨간 지구〉 경향신문, 2018

최선재, 〈[팩트체크] 기상청 체육대회 날은 비가 온다고? 진실은 바로 이것〉, 일요신문, 2017

한승조, 신진, 〈기상조절기술의 군사적 활용방안과 연구 우선순위 도출에 관한 연구〉, 융합보안논문지, 2018

Marco Lagi, Karla Z. Bertrand, Yaneer Bar-Yam, 〈The Food Crises and Political Instability in North Africa and the Middle East〉, New England Complex Systems Institute, 2011

Peter Lynch, 〈Lewis Fry Richardson's remarkable weather forecast factory〉, The Irish Times, 2018

Susan Joy Hassol, 〈Impacts of a Warming Arctic〉, CAMBRIDGE UNIVERSITY PRESS, 2004

웹, 영상, 기타

https://en.wikipedia.org/wiki/List_of_satellites_in_geosynchronous_orbit

https://en.wikipedia.org/wiki/Weather_modification

https://ko.wikipedia.org/wiki/기상_위성

에필로그. 우리는 어쩌다 생각하기를 멈추고 폭탄을 사랑하게 되었는가

책

마리아 코니코바, 《뒤통수의 심리학》, 프런티어, 2018

작가 후기 & 감사의 글

10년 전, 인공 비료가 인류를 구한 이야기를 처음 들었을 때 받은 충격이 생각난다. 충격의 포인트는 하버의 업적 그 자체가 아니라, 70억 현대인을 먹여 살리는 이 기술에 대해 내가 이전에 한 번도 들어보지 못했다는 것이었다. 이후 나는 사람을 만날 때마다 질소 고정에 대해 떠들고 다녔다. 하지만 내 주변에는 다 나 같은 사람들뿐이었는지 한결같이 처음 들어본다는 표정을 지었고, 이 중요한 걸 전혀 모른다는 사실이, 무엇보다 별로 알고 싶어 하지 않는다는 사실이 나를 당혹스럽게 만들었다.

그때부터 언젠가 '인류를 바꿨지만 우리가 잘 모르는 과학 기술에 관한 이야기를 사회, 역사, 정치, 철학과 묶은 잡탕 같은 책'을 써야겠다는 생각을 했다. 어떤 것이 과학이고 어떤 것이 철학이고 역사인지 구분되지 않도록. 세상의 모든 것은 함께 맞물려 돌아가는 것이니까.

한동안 잊고 지냈는데, 출판사와 미팅을 하면서 10년 전 기억이 떠올랐다. 사실 꼭 이 주제로 책을 쓰려던 것은 아니었다. 출판 계약을 할 당시 생활비가 필요했고, 어떻게든 계약을 하려고 편집자에게 생각나는 대로 몇 가지 아이템을 던졌다. 덜컥 계약에 성공하긴 했지만, 나 스스로도 책 한 권을 채울 수 있을지 확신이 없었다. 1장 외에는 정해진 내용이 없었다. 나는 쓸 거리를 찾아 주변을 헤집고 다녔다. 그러다 한 가지 놀라운 사실을 알게 되었다. 인공 비료뿐 아니라 우리는 우리 삶을 지탱해주는 거의 모든 것을 잘 모르고 있다는 것이다. 그래서 역설적으로 책은 쉽게 쓰였다. 모두 중요했기 때문에, 그때그때 쓰고 싶은 소재를 골라 분량을 채울 수 있었다.

오히려 원고를 완성한 뒤가 더 힘들었다. 여러 사건이 겹쳐 출간이 점점 늦어졌다. 그 시간동안 많은 것이 바뀌었고, 세상이 변한만큼 내 글은 촌스러워졌다. 세상 모든 것이 그렇듯이 글에도 유통기한이 있는데, 다행히 겉으로 드러나진 않기에 늦게나마 독자를 만날 수 있게 됐다.

한 권의 책이 나오기 위해서는 많은 이의 노동이 필요하다. 교정을 보는 사람, 디자인을 하는 사람, 인쇄를 하는 사람, 마케팅을 하는 사람, 유통을 하는 사람 등등, 그들의 노동이 없었다면 이 책은 나오지 못했을 것이다. 그들 모두와 그 모든 과정을 함께한 김건태 편집자에게 감사의 말을 전한다. 기사에서 봤는데, 출판 시장의 열악한 사정과 과중한 업무 탓에 출판사를 관두거나 이직하는 편집자가 많다고 한다. 한국에 안 그런 직업이 몇이나 있겠냐마는, 함께 책을 내는 동지로서 세상의 모든 편집자들이 평안하길 빈다.

이 책의 내용 중 순전히 나의 것이라 할 만한 것은 없다. 과학자와 공학자, 그 외 수많은 이들이 이룩한 세계 구석에 숟가락을 꽂은 것뿐이다. 어려운 내용을 내가 이해할 수 있는 수준으로 풀어준 여러 작가와 기자에게도 큰 빚을 졌다. 참고한 자료는 따로 정리해두었다.

당연한 말이지만 이 책에서 다룬 기술들이 세상에서 가장 중요한 것은 아니다. 훨씬 중요하지만 다루지 않은 기술도 많다. 아마 독자 여러분의 머릿속에도 떠오르는 소재가 한두 개쯤 있을 것이다. 그런 의미에서 마지막 챕터는 독자 여러분에게 맡긴다. 블로그든 SNS든 어디든 좋다. 스스로 정리해보면 책을 읽을 때와는 다른 것을 배울 수 있다. 무언가를 쓸 작정을 하고 세상을 바라보면 모든 것이 새롭게 다가온다. 이건 내가 직접 경험한 것이니 믿어도 좋다.

두 권의 책을 냈지만, 여전히 자식이 글을 쓴다는 사실을 모르는 부모님에게 사랑의 말을 전한다. 부모들은 종종 자녀라는 희망에 사기를 당하는데, 사기를 당하는 게 꼭 나쁜 것은 아니라고 믿는다. 원고를 쓰는 내내 한 번도 사망하지 않은 나의 노트북(제품명을 말하면 곱등이에 비교당하기 때문에 밝히지 않겠다), 나의 일용할 양식인 커피와 맥주, 닭과 돼지, 언제나 애정하는 양파와 청양고추, 굴소스와 치킨 스톡, 설탕, 이케다 기쿠나에 박사, 한국과 제3세계의 노동자들, 그리고 도도한 친구 재미와 재미 가족에게도 감사의 인사를 전한다.

마지막으로 이렇게 마지막까지 헛소리를 늘어놓을 수 있게 해준 독자 여러분에게 감사의 인사를 전한다(태초에 독자가 있었나니, 아멘). 특히 책을 빌리지 않고 사서 읽으신 분들에게는 두 번 감사드린다.

todayohoo@gmail.com으로 구매 인증을 해주시면, 너무 길어서 책에 싣지 못한 두 챕터 〈살아 있는 해커들의 밤〉과 〈참을 수 없는 유전자의 가벼움〉을 보내드리겠다. 다음 책을 위해 남은 글을 쟁여둘까도 생각했지만, 유통기한이 짧아서 아끼지 않기로 했다. 책을 사서 보는 분들에게 무언가 하나라도 더 챙겨주고 싶기도 하고. 1+1, 아마 읽어보면 사은품이 본품보다 더 낫다는 생각이 들 것이다. 많이 받아 가시라.

그 외 오타, 질문, 의견, 후기, 강연, 원고 청탁, 기타 고수익 알바, 제보, 고백, 사주, 운세, 고민 상담도 메일로 받는다. 그럼 마무리 인사는 아래 말로 대신한다.

- 나의 Android에서 보냄

나는 농담으로 과학을 말한다

초판 1쇄 발행 2019년 7월 19일
초판 19쇄 발행 2023년 12월 20일

지은이 오후
펴낸이 권미경
편집 김건태
마케팅 심지훈, 강소연, 김재이
디자인 어나더페이퍼
펴낸곳 ㈜웨일북
출판등록 2015년 10월 12일 제2015-000316호
주소 서울시 마포구 토정로 47 서일빌딩 701호
전화 02-322-7187 **팩스** 02-337-8187
메일 sea@whalebook.co.kr **페이스북** facebook.com/whalebooks

ISBN 979-11-88248-92-6 03400

소중한 원고를 보내주세요.
좋은 저자에게서 좋은 책이 나온다는 믿음으로, 항상 진심을 다해 구하겠습니다.

「이 도서의 국립중앙도서관 출판예정도서목록(CIP)은
서지정보유통지원시스템 홈페이지(http://seoji.nl.go.kr)와
국가자료공동목록시스템(http://www.nl.go.kr/kolisnet)에서 이용하실 수 있습니다.
(CIP제어번호: CIP2019024938)」